JN017505

MATHEMATICAL STATISTICS:
AN INTRODUCTION TO
STATISTICAL INFERENCE

数理統計学
統計的推論の基礎

黒木 学 [著]

共立出版

まえがき

　本書は，横浜国立大学理工学部の数理科学教育プログラムに在籍する3年生を対象とした講義「統計数理工学」の内容をまとめたものである．筆者の専門分野は応用統計学に属するが，本書は，データ解析の数理的側面を担う数理統計学の基本的事項とその論理展開の一部を垣間見ること，そして，統計数理的な視野に基づいてデータ解析技術を開発する際の一助となることを目的として執筆している．

　本書を読むにあたって必要となる数理的予備知識として，微分積分，線形代数，そしてわずかではあるが関数論と測度論が仮定されている．それらをすべて本書に盛り込むことはかなり厳しいことから，本書に直接的に関係する概念で多くの準備を必要としないものについてのみ，直感的な定義や定理を与えることとした．したがって，厳密な理論展開については関連する専門書を参照していただくことになる．一方，応用統計学分野でよく見かける定理や性質についてはやや厳しい条件を課したうえで証明の概略を与えて，本書のなかだけで数理統計学の論理が追えるように配慮したつもりである．

　本書を執筆するにあたり，当時3年生であった神田博君，永峰拓哉君，南茂尚義君には学生という立場から初稿を通読していただき，多くのコメントをいただいた．また，九州大学の廣瀬雅代先生と慶應義塾大学の松浦峻先生からは，統計科学の専門家という立場からご意見をいただいた．加えて，今回も共立出版の菅沼正裕氏には編集という立場からさまざまなアドバイスをいただいただけでなく，ケアレス・ミスも指摘していただいた．『構造的因果モデルの基礎』でも書かせていただいたが，今回も菅沼氏の丁寧な編集態度には感心させられることばかりであった．この場を借りて，これらの方々にお礼申し上げたい．

2019年10月

黒木 学

目　次

第 I 部
基本事項

第1章
データの整理

1.1 母集団と標本

　母集団 (population) とは，調査あるいは解析の対象として興味ある性質や特徴（属性）を有する要素（個体：unit）の全体からなる集合である．我々が扱う解析対象は，天気予報や株価予測であったりすることもあるだろうし，患者の健康状態であったり，身長や体重といった成長の記録であったりすることもあるだろう．統計科学が扱う解析対象は実にさまざまである．しかし，統計科学においては，少なくとも，個体それぞれに何が起こるかが確実にわかるような，いわゆる，確実性のある現象が解析対象となることはない．たとえば，サイコロ投げの場合，1 から 6 までの整数のいずれか 1 つの値が観察されることはわかっているものの，サイコロを投げるまでは，そのうちのどれが出るかはわからない．このような不確実性をともなう現象は統計科学における解析対象となりうる．一方，1, 0, 1, 0, . . . のように，1 と 0 が交互に現れることがわかっているような現象が統計科学の範疇で議論されることはない．

　このように，統計科学が解析対象とするのは，不確実性をともなう現象である．そして，不確実性をともなう現象を観察し，後述する属性情報の「位置」や「ばらつき」などを評価することで，母集団の性質や特徴を明らかにすることが統計科学の役割であるといえる．ただし，統計科学が不確実性をともなう現象を扱う研究分野とはいえ，母集団が「集合」として定義される以上，母集団は単なる「個体の寄せ集め」であってはならない．すなわち，母集団を設定する際には，集合の定義にしたがって，個体一つひとつについて，それが興味ある母集団に含まれるのかどうかが明確に判断できるものを考えておく必要がある．

　母集団の性質や特徴を明らかにしようとしている解析者に対して，極端な提案をするならば，それに含まれる個体の属性を一つひとつしらみつぶしに調べあげるということになるであろう．ところが，母集団に含まれる個体の数が非常

に多くなると，このようなやり方で調査を行うことが物理的に難しくなる．また，時間や費用，モラルといった制約のなかで調査を行わなくてはならない状況も日常茶飯事のように起こりうる．加えて，現在起こっている現象が完全に把握できたところで，我々には「現在起こっていること」しかわからないといった問題にも直面する．すなわち，「現在」が完全にわかったところで，我々が将来に対してできることは予測でしかない．このときに想定される母集団はとてつもなく大きく，個体の属性を一つひとつ調べあげることは不可能である．そこで，統計科学では，母集団からいくつかの個体を取り出してそれらがどのような性質をもっているのかを調べることで，母集団の性質や特徴を明らかにすることが行われる．このように，母集団から個体を取り出す作業を**抽出** (sampling)という．

　母集団から抽出された個体の集まりを**標本** (sample) という．また，母集団の属性を把握することを目的として，標本に属する個体のそれぞれから得られる（採取・観測・測定される）情報（**属性値**）を**データ** (datum) という．データの集まりを**データ・セット** (data set)，まぎれのない場合には単にデータ (data)ということもある．このときのデータは数値でなくてもかまわない．たとえば，人間の行動が解析対象となっている場合には，研究目的にしたがって，性別や職業などもデータになりうるし，身長や体重などといった成長記録もデータとなりうる．性別や職業のように，形式的に整数値が割り当てられるような（いうなれば，'数'えられる）データを，**質的データ**（計数値データ，離散データ：qualitative data）といい，身長や体重のように，実数値で代替されるような（いうなれば，'量'られる）データを**量的データ**（計量値データ，連続データ：quantitative data）という．ただし，人間の身長にしても，高・中・低で評価されている場合には質的データであるが，メートル単位で評価されている場合には量的データと解釈される．

　さて，母集団にはさまざまな個体が含まれている．それゆえに，統計科学では，母集団の性質や特徴は**位置** (location)（母集団はどのような属性値で代表できるのか）や**ばらつき** (variation)（母集団はどのように広がっているのか）などといったもので要約され，母集団の特徴づけが行われる．このような母集団を特徴づける特徴量を**パラメータ**（母数：parameter）という．これに対応して，個体が恣意的に取り出されたものでない限り，母集団と同様に，標本に

含まれる個体から得られたデータ・セットも位置やばらつきなどにより特徴づけられる．標本に属する個体から得られるデータ・セットを解析し，そのデータ・セットの背後に隠された母集団の特徴を明らかにする統計科学分野を**推測統計学** (inferential statistics) という．推測統計学においては，標本がその母集団を適切に代表したもの，言い換えるならば，母集団の性質や特徴を正しく評価できるような標本となっていることが仮定されている．この仮定を保証するために，個体の抽出方法（標本抽出法）としてさまざまなものが提案されている．しかし，本書で想定されているのは，主に，どの個体が選ばれるのかは**同程度に確からしい** (equally likely)，いわゆる，**単純無作為抽出** (simple random sampling) である．ここに，同程度に確からしいとは，標本抽出を行う際にどの個体が選ばれやすいとか選ばれにくいといった，いわゆる，どの個体も選ばれやすさに優劣関係がないと期待できることを意味する．

　推測統計学に対して，得られたデータ・セットを整理したりまとめたりするなどの手続きを行い，そのデータ・セットが持つ特徴を簡潔かつ明らかにする統計科学分野を**記述統計学** (descriptive statistics) という．また，標本の特徴をあらわす指標でデータ・セットから計算されたものを**記述統計量** (descriptive statistic) という．なお，第8章以降では，未知パラメータを含まない確率変数（3.1 節を参照）の関数という意味で**統計量** (statistic) という言葉を用いているが，本章でいうところの記述 '統計量' とは，データ・セットから計算される特徴量，言い換えるならば，データ・セットの値を第8章以降でいうところの統計量に代入したものである．これら二つの関係については，本書を読み進めていくうちに明らかになっていくであろう．

　本書では，標本の個数を**標本数** (the number of samples) と呼び，標本に属する個体の数を**サンプルサイズ**（標本の大きさ：sample size）と呼ぶことにする．数え方に誤解がない場合には，サンプルサイズをデータ数などということもある．ときとして，母集団から抽出された個体それぞれを標本ということがあり，この立場からサンプルサイズが標本数と呼ばれることがある．しかし，本書では，母集団に含まれる要素を個体と定義し，標本を母集団から抽出された個体の集まりと定義する．したがって，本書では，標本数は標本の個数を意味しており，この意味において，サンプルサイズと標本数は区別される．ちなみに，3.4 節で無作為標本という言葉が n 個の確率変数を用いて定義される．こ

のとき，それぞれの確率変数が，対応する個体それぞれの属性をあらわしているため，n はサンプルサイズをあらわしている．

1.2　データの種類

　データは，解析目的や解析対象に応じて，名義尺度，順序尺度，間隔尺度，比例尺度に区別される．

　血液型や性別のように，個体を分類するために用いられる尺度を**名義尺度** (nominal scale) という．名義尺度の場合，属性値どうしに，どちらの値が大きくてどちらの値が小さいかといった大小関係や，どちらが優れていてどちらが劣っているかといった優劣関係が定義されていないか，あるいはそういった大小関係や優劣関係が定義されていてもその情報がデータ解析で考慮されることはない．このような大小関係や優劣関係を**順序関係** (order relation) という．たとえば，個体の属性として血液型を考えた場合，その属性値は「A 型」「B 型」「AB 型」「O 型」のように単なる名称で定義されている．しかし，データ解析に何らかの特別な目的がなければ，「A 型」の人間が優れていて，「O 型」の人間が劣っているなどといった優劣をつけることは難しいであろう．それゆえに，特別な解析目的がない限り，血液型は名義尺度と考えることができる．なお，血液型の「A 型」に 0 を，「B 型」に 1 を，「AB 型」に 2 を，「O 型」に 3 を割り当てるといったように，属性値に対して数値を割り当てても問題はない．しかし，名義尺度データにおいては，その割り当てられた数値は単なる名称でしかないことに注意しておく必要がある．名義尺度データでは属性値どうしの順序関係が考慮されないため，次節で紹介する標本平均や標本中央値などについては定義することができない．しかし，順序関係に関する情報を必要としない標本最頻値などについては計算することができる．

　属性値どうしに順序関係があるものの，その間隔（差異の大きさ）については定義されない，あるいは属性値どうしの間隔に関する情報を無視した尺度を**順序尺度** (ordinal scale) という．たとえば，個体の属性として学生の成績を考えた場合，成績の優れた順に「秀」「優」「良」「可」「不可」で評価されているのであれば順序尺度と解釈される．このとき，「秀」と「優」，「優」と「良」といった成績の間の差異が定量的に定義されているわけではない．順序尺度データといった場合，属性値どうしの間に加法 ($+$)，減法 ($-$)，乗法 ($\times$)，除法 ($\div$)

といった四則演算は定義されないか（「優」＋「優」＝「秀」というわけではない
し，「優」や「可」になるわけでもない），あるいはそういった情報は無視され
る．そのため，標本平均などを定義することはできないが，四則演算を必要と
しない標本最頻値などについては計算することができる．

属性値どうしの加法と減法は定義されるものの，乗法と除法については定義
されない尺度を**間隔尺度** (interval scale) といい，四則演算がすべて定義される
尺度を**比例尺度** (ratio scale) という．これらの尺度においては加法や減法を行
えることから，標本平均，標本中央値，標本最頻値などを計算することができ
る．比例尺度の場合，属性値における原点（0 という値）のとり方が大きな意味
を持つ．これに対して，間隔尺度は原点のとり方に依存しない．すなわち，間
隔尺度データにおける原点は，データどうしの相対的な位置関係をあらわす値
にすぎない．たとえば，成長記録の一つとして体重 (kg) を取り上げた場合，0
という原点が意味を持つ（0 は「存在しない」ことの数値表現）．また，「A 君
は B 君より○ kg だけ重い」といったことや「A 君の体重は B 君の体重の○倍
である」といった表現も可能である．そのため，データ解析に特別な意図がな
い限り，体重は比例尺度とみなせる．一方，大学入試の模擬試験で使われる**偏
差値** (standard score)（6.2.1 項の例 6.2 を参照）の場合には，偏差値が 0 だか
らといってその受験生の学力がまったくないというわけではない．また，偏差
値 75 の受験生の学力が偏差値 50 の受験生の 1.5 倍だけ高いといえるわけでも
ない．その意味で，偏差値は間隔尺度とみなせる．

1.3 位置をあらわす記述統計量

n 個の量的データ $x_1, x_2, \ldots, x_n$ が得られているとき，データ・セットの位
置をあらわす代表的な記述統計量として，**標本平均** (sample mean)

$$\bar{x} = \frac{x_1 + x_2 + \cdots + x_n}{n} = \frac{1}{n} \sum_{i=1}^{n} x_i \tag{1.1}$$

がある．標本平均は，小学校の算数で「いくつかの数量を，等しい大きさにな
るようにならしたもの」という国語表現，そして「合計 ÷ 個数」という定義で
すでに登場している．また，本書でもいたるところに現れるので，ここでの説
明は省略する．

標本平均の場合と同じく, n 個の量的データ $x_1, x_2, \ldots, x_n$ が得られている とき, **標本幾何平均** (sample geometric mean) は

$$x_G = \sqrt[n]{x_1 \times x_2 \times \cdots \times x_n} \tag{1.2}$$

と定義される. 標本幾何平均は, 主に, 成長率や人口増加率などといった率や 比に関して, 上述の国語表現でいうところの「平均」をあらわすために用いら れる. ただし, サンプルサイズが偶数であるとき, データの積が負になると標 本幾何平均は虚数になる. また, データ・セットのなかに 0 が含まれていると 他の値が 0 でなくとも標本幾何平均は 0 となってしまう. そのため, 一般に, 標本幾何平均は正の値のみをとるデータ, すなわち, $x_1, x_2, \ldots, x_n > 0$ を満た すデータ・セットに対して適用される. このことは, 正の値や負の値といった データの符号に制約をおく必要のない標本平均とは異なる.

✔ 例 1.1　ある農産物の収穫率が前年度と比べて 80%, 20%, 50% 増加してい たとする. この状況において, 初年度に 100 個の農産物が収穫されたとしよ う. このとき, 次年度には $1.8 \times 100 = 180$ 個の農産物が, その次の年度には $1.8 \times 1.2 \times 100 = 216$ 個の農産物が, 最終年度には $1.8 \times 1.2 \times 1.5 \times 100 = 324$ 個の農産物が収穫されることになる. ここで, 収穫率の標本平均を求めると $(1.8 + 1.2 + 1.5)/3 = 1.5$ となる. この結果に基づいて, 収穫率が毎年 50% ずつ 増加しているとみなしてしまうと, 最終年度では $1.5 \times 1.5 \times 1.5 \times 100 = 337.5$ 個となり, 最終的に得られた 324 個にはならない.

　一方, 収穫率 80% 増は 1.8 倍と解釈できることから, 標本幾何平均を使うと,

$$x_G = \sqrt[3]{1.8 \times 1.2 \times 1.5} = 1.48 \tag{1.3}$$

となり, 収穫率は平均して約 48% ずつ増加していたことになる. 実際, 初年度 の農産物の収穫量を 100 個として, その後毎年 48% ずつ収穫量が増加してい たとすると, 最終年度には約 324 個となる. このように, 初年度の収穫量から 最終年度の収穫量に至るまでの 1 年あたりの平均的な増加率を求める場合, 標 本幾何平均が用いられる. ■

　標本幾何平均と同じ設定の下で, **標本調和平均** (sample harmonic mean) は

$$x_H = \frac{n}{\dfrac{1}{x_1} + \dfrac{1}{x_2} + \cdots + \dfrac{1}{x_n}} = \frac{n}{\displaystyle\sum_{i=1}^{n} \dfrac{1}{x_i}} \tag{1.4}$$

と定義される。標本幾何平均と同様に，標本調和平均も成長率や人口増加率などといった率や比に関して，上述の国語表現でいうところの「平均」をあらわすために用いられる。ただし，標本調和平均の場合，データ・セットのなかに 0 が含まれていたり，正の値をとるデータと負の値をとるデータが混在して (1.4) 式の分母が 0 となったりすると，適切に定義できなくなることがある。そのため，一般に，正の値のみをとるデータ・セットに対して適用される。

✔ **例 1.2**　標本調和平均が利用される代表例の一つが小学校の算数でならう平均時速の話であろう。たとえば，同じ $x\,\mathrm{km}$ の道のりを行きは時速 $4\,\mathrm{km}$，帰りは時速 $6\,\mathrm{km}$ で歩いた状況を考える。このとき，全体の道のりは $2x\,\mathrm{km}$ であり，この道のりを歩いた時間は全部で $\dfrac{x}{4} + \dfrac{x}{6}$ 時間となる。したがって，$2x\,\mathrm{km}$ を歩いたときの平均時速は標本調和平均

$$x_H = \frac{2x}{\dfrac{x}{4} + \dfrac{x}{6}} = \frac{2}{\dfrac{1}{4} + \dfrac{1}{6}} = 4.8\,\mathrm{km/h} \tag{1.5}$$

となり，標本平均から得られる $(6+4)/2 = 5\,\mathrm{km/h}$ とはならない。　■

標本平均，標本幾何平均，標本調和平均の間には以下の関係がある。

> **定理 1.1**　正の値をとる n 個の実数 $x_1, x_2, \ldots, x_n$ に対して，
>
> $$\frac{1}{n} \sum_{i=1}^{n} x_i \geq \sqrt[n]{x_1 \times x_2 \times \cdots \times x_n} \geq \frac{n}{\displaystyle\sum_{i=1}^{n} \dfrac{1}{x_i}} \tag{1.6}$$
>
> が成り立つ。ここに，等号は
>
> $$x_1 = x_2 = \cdots = x_n \tag{1.7}$$
>
> であるときのみ成り立つ。

この不等式を証明するために，以下に紹介するイェンセンの不等式（定理 1.2）を用いる。ただし，定理 1.2 では，x がとりうる値全体からなる集合を D_X と

するとき，D_X 上で定義された実数値関数 $f(x)$，すなわち，任意の $x \in D_X$ に対して実数値を割り当てる関数 $f(x)$ について二次導関数 $f''(x)$ が存在することを仮定している．

　ちなみに，イェンセンの不等式そのものは，もっと緩やかな条件の下で，$f(x)$ が（下に）**凸関数** (convex function)，つまり，D_X で定義された実数値関数 $f(x)$ で，D_X の任意の 2 点 x, y と $0 < t < 1$ なる任意の t に対して

$$f(tx + (1-t)y) \leq tf(x) + (1-t)f(y) \tag{1.8}$$

を満たすものに対して成り立つ．なお，D_X で定義された実数値関数 $f(x)$ が二次導関数 $f''(x)$ を持つとき，D_X において $f(x)$ が下に凸関数であることと，$f''(x)$ が非負実数値関数，すなわち，D_X に含まれる任意の x に対して $f''(x) \geq 0$ であることは同値である．

> **定理 1.2**（イェンセンの不等式：**Jensen's inequality**）　D_X 上で定義された実数値関数 $f(x)$ の二次導関数 $f''(x)$ が非負実数値関数であり，非負実数値関数 $g(x)$ が
>
> $$\int_{D_X} g(x)dx = 1 \tag{1.9}$$
>
> を満たすとき
>
> $$\int_{D_X} f(x)g(x)dx \geq f\left(\int_{D_X} xg(x)dx\right) \tag{1.10}$$
>
> が成り立つ．ここに，積分記号 $\left(\int_{D_X}\right)$ は x について D_X の範囲で積分することを意味している．

　定理 1.2 において，D_X が有限個あるいは**可算無限個** (countable infinity)[1] の要素からなる集合として定義されている場合には，積分記号は和記号 $\left(\sum_{D_X}\right)$ に置き換えられる．ここに，$\sum_{D_X}$ は x について D_X の範囲で和をとることを意味する．

　定理 1.2 の証明　まず，$f(x)$ の二次導関数 $f''(x)$ が非負実数値関数であることか

---

[1] 自然数全体からなる集合の要素と D_X の要素の間に一対一の対応がつけられる，すなわち，自然数全体からなる集合に含まれる要素の数と D_X に含まれる要素の数が同じであることを意味する．

ら，$x \in D_X$ に対して

$$f(x) \geq \alpha x + \beta \tag{1.11}$$

でかつ，$f(a) = \alpha a + \beta$ となるような一次関数 $h(x) = \alpha x + \beta$ を構成することができる．実際，$f(x)$ および $f'(x)$ に対して平均値の定理（補足 1.1 を参照）を適用することにより，$a, b, c \in D_X$ に対して

$$f(x) - f(a) - f'(a)(x - a) = f'(b)(x - a) - f'(a)(x - a)$$
$$= \{f'(b) - f'(a)\}(x - a) = f''(c)(b - a)(x - a) \geq 0 \tag{1.12}$$

が得られる．ここに，b は a と x の間にある値であり，c は a と b の間にある値である．したがって，$h(x)$ として，$x = a$ における接線の方程式

$$h(x) = f'(a)(x - a) + f(a) \tag{1.13}$$

を考えればよい（(1.11) 式の右辺において $\alpha = f'(a)$，$\beta = f(a) - f'(a)a$ と対応させればよい）．したがって，(1.13) 式において，$a = \int_{D_X} xg(x)dx$ とおけば，$a \in D_X$ に対して

$$\int_{D_X} f(x)g(x)dx \geq \int_{D_X} (\alpha x + \beta)g(x)dx = \alpha \int_{D_X} xg(x)dx + \beta$$
$$= f\left(\int_{D_X} xg(x)dx\right) \tag{1.14}$$

を得る．最後の等式は，接線の方程式 (1.13) 式が $x = a$ において $f(x)$ と一致することから得られる．　　　　　　　　　　　　　　　　　　　　　　　　　□

補足 1.1（平均値の定理：mean-value theorem）　閉区間 $[a, b]$ で連続でかつ開区間 (a, b) で微分可能な実数値関数 $f(x)$ に対して，

$$\frac{f(b) - f(a)}{b - a} = f'(c)$$

を満たす $c \ (a < c < b)$ が存在する．

定理 1.1 の証明　定理 1.2 において，

$$f(x) = -\log(x), \quad g(x_1) = g(x_2) = \cdots = g(x_n) = \frac{1}{n} \tag{1.15}$$

とおく．ここに，$\log(\cdot)$ は底を**ネイピア数** (Napier's constant)$e = 2.7182\cdots$ とす

る対数関数である．このとき，$g(x)$ は $x_1, x_2, \ldots, x_n > 0$ に対して (1.9) 式を満たしており，$f(x)$ は $x > 0$ に対して

$$f'(x) = -\frac{1}{x}, \quad f''(x) = \frac{1}{x^2} > 0 \tag{1.16}$$

が成り立つ．したがって，定理 1.2 より

$$-\log\left(\frac{1}{n}\sum_{i=1}^{n} x_i\right) \le -\frac{1}{n}\sum_{i=1}^{n}\log(x_i) = -\log(\sqrt[n]{x_1 \times x_2 \times \cdots \times x_n}) \tag{1.17}$$

を得ることができ，1 番目の不等式が成り立つことがわかる．2 番目の不等式は，1 番目の不等式において x_i をその逆数 $1/x_i$ $(i = 1, 2, \ldots, n)$ に置き換えることによって得られる．　　　　□

n 個の量的データ $x_1, x_2, \ldots, x_n$ を大きさの順に $x_{(1)} < x_{(2)} < \cdots < x_{(n)}$ と並べかえたとき，**標本中央値**（メディアン：sample median）は

$$m_x = \begin{cases} x_{\left(\frac{n+1}{2}\right)} & n \text{ が奇数であるとき} \\[2mm] \dfrac{x_{\left(\frac{n}{2}\right)} + x_{\left(\frac{n}{2}+1\right)}}{2} & n \text{ が偶数であるとき} \end{cases} \tag{1.18}$$

と定義される．この式からわかるように，標本中央値は，順序尺度データであれば，量的データでなくても適用可能である．ただし，n が偶数である場合には加法を用いて定義されていることに注意されたい．この意味では，$x_{\left(\frac{n}{2}\right)}$ と $x_{\left(\frac{n}{2}+1\right)}$ は量的データでなければならないということになる．また，量的データ・セットが標本平均 $\bar{x}$ について左右対称にばらついている場合には，標本中央値は標本平均に等しくなる．標本中央値はデータの順序関係に基づいて定義されており，データどうしの間隔には依存しない．そのため，量的データに対して標本中央値を使う利点として，**外れ値** (outlier)[2] の影響を受けにくいことがあげられる．これに対して，標本平均は，外れ値の影響を受ける傾向があるため，外れ値が含まれているデータ・セットを用いたときは有用な情報が得られないことがある．

---

[2] 他のデータと比べて著しく異なる値をとるデータを**外れ値** (outlier) という．また，外れ値を取り除いたデータから求めた値と，それを取り除く前のデータから求めた値が大きく異なることの少ない記述統計量を「外れ値の影響を受けにくい」（または，外れ値に対して頑健（ロバスト：robust）な）記述統計量という．一方，外れ値を取り除いたデータから求めた値と，それを取り除く前のデータから求めた値が大きく異なる記述統計量を「外れ値の影響を受けやすい」記述統計量という．

✔ 例 1.3　単純なケースとして

$$\{1.0, 2.0, 3.0, 4.0, 5.0\} \tag{1.19}$$

からなるデータ・セットの場合，標本平均と標本中央値はともに 3.0 となる．一方，極端なケースとして，

$$\{1.0, 2.0, 3.0, 4.0, 90.0\} \tag{1.20}$$

からなるデータ・セットを考えた場合，標本中央値は 3.0 となり，90.0 を除いたときには 2.5 となる．一方，5 つのデータを用いたときの標本平均は 20.0，90.0 を除いたときの標本平均は 2.5 となり，標本中央値とくらべて標本平均は外れ値の影響を受けやすいことがわかる．　■

　もっとも出現回数の多い値を**標本最頻値**（モード：sample mode）という．標本最頻値を使う利点として，標本最頻値はデータどうしに順序関係がなくても計算可能であること，そして，標本中央値と同様に，外れ値の影響を受けにくいことがあげられる．一方，標本最頻値の欠点として，もっとも頻繁に出現する値は 1 つとは限らず，標本最頻値が一意に定まらないといったことがあげられる．特に，6.1 節で紹介する一様分布のような「平らな」分布においては，何かしらの基準を追加しない限り，標本最頻値を特定の値に定めることができない．なお，標本最頻値を求めるために，中学校の数学で登場するヒストグラムが用いられることが多い．しかし，階級幅のとり方によってヒストグラムの形状が異なることが多く，それに応じて標本最頻値が異なることも少なくない．また，ヒストグラムが単峰となっている場合，標本平均，標本中央値，標本最頻値の間には図 1.1 のような関係がある．

　外れ値がある場合，標本平均ではなく**標本調整平均**（**標本トリム平均**，**標本刈り込み平均**：sample trimmed mean）と呼ばれる記述統計量が用いられることがある．n 個の量的データ $x_1, x_2, \ldots, x_n$ を大きさの順に $x_{(1)} < x_{(2)} < \cdots < x_{(n)}$ と並べかえたとき，$\left(100 \times \dfrac{k}{n}\right)$ ％ 標本調整平均は最初の k 個と最後の k 個を取り除いた標本平均

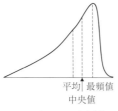
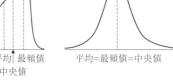
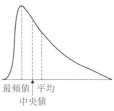

(a) ヒストグラムが左側に　　(b) ヒストグラムが左右対称　　(c) ヒストグラムが右側に
　　裾を引いているケース　　　　になっているケース　　　　　　裾を引いているケース

図 1.1　標本平均，標本中央値，標本最頻値の関係

$$\frac{1}{n-2k} \sum_{i=k+1}^{n-k} x_{(i)} \tag{1.21}$$

と定義される．

1.4　ばらつきをあらわす記述統計量

n 個の量的データ $x_1, x_2, \ldots, x_n$ が得られているとする．標本平均 $\bar{x}$ をデータ・セットの位置をあらわす記述統計量とするとき，そこからのデータ・セットのばらつきの程度をあらわす代表的な記述統計量として，**標本分散** (sample variance) がある．標本分散は

$$s_{xx} = \frac{1}{n} \sum_{i=1}^{n} (x_i - \bar{x})^2 \tag{1.22}$$

と定義される．標本分散の正の平方根をとった $\sqrt{s_{xx}}$ を**標本標準偏差** (sample standard deviation) という．標本分散は以下のように変形できる．

$$s_{xx} = \frac{1}{n} \sum_{i=1}^{n} (x_i - \bar{x})^2 = \frac{1}{n} \sum_{i=1}^{n} (x_i^2 - 2\bar{x}x_i + \bar{x}^2)$$

$$= \frac{1}{n} \sum_{i=1}^{n} x_i^2 - 2\bar{x}^2 + \bar{x}^2 = \frac{1}{n} \sum_{i=1}^{n} x_i^2 - \bar{x}^2 \tag{1.23}$$

これに対して，**標本不偏分散** (sample unbiased variance) は

$$\hat{\sigma}_{xx} = \frac{1}{n-1} \sum_{i=1}^{n} (x_i - \bar{x})^2 = \frac{n}{n-1} \frac{1}{n} \sum_{i=1}^{n} (x_i - \bar{x})^2 = \frac{n}{n-1} s_{xx} \tag{1.24}$$

と定義される．標本不偏分散の正の平方根をとった $\sqrt{\hat{\sigma}_{xx}}$ を**標本不偏標準偏差** (sample unbiased standard deviation)，まぎれのない場合には単に**標本標準偏差**ということがある [3]．定義をみればわかるように，標本分散は標本不偏分散よりも小さい値をとる．また，標本平均と同様に，標本分散や標本不偏分散も外れ値の影響を受けやすい．

なお，標本平均 $\bar{x}$ とデータそれぞれの差そのものの総和として，データ・セットのばらつきの程度を評価することは適切ではない．なぜなら

$$\sum_{i=1}^{n}(x_i - \bar{x}) = \sum_{i=1}^{n} x_i - n\bar{x} = \sum_{i=1}^{n} x_i - \sum_{i=1}^{n} x_i = 0 \tag{1.25}$$

となり，データの値によらずに 0 になってしまうからである．これに対して，ある位置を α とするとき，そこからのデータ・セットのばらつきの程度を評価するために，α とデータの差の 2 乗（**二乗損失**：squared loss）の総和（平方和）を考えると

$$\sum_{i=1}^{n}(x_i - \alpha)^2 = n(\alpha - \bar{x})^2 + \sum_{i=1}^{n} x_i^2 - n\bar{x}^2 \tag{1.26}$$

となる．このことから，α として標本平均を考えることによって，(1.26) 式が最小になることがわかる．$\alpha = \bar{x}$ としたうえで，これを n で割れば標本分散に，$n-1$ で割れば標本不偏分散になる．

また，n 個の量的データ $x_1, x_2, \ldots, x_n$ が得られているとき，**標本平均偏差** (sample mean absolute deviation) は

$$\frac{1}{n}\sum_{i=1}^{n}|x_i - \bar{x}| \tag{1.27}$$

と定義される．ここに，$|\cdot|$ は 2 つの '|' にはさまれた数値の**絶対値** (absolute value) をとることを意味する．標本平均偏差の考え方は，以下に述べる絶対損失の最小化という観点から重要な役割を果たす．

ここで，標本平均偏差を定義する際，標本平均 $\bar{x}$ とデータとの差ではなく，標本中央値 m_x とデータとの差に基づいて，

---

[3] 標本不偏標準偏差は標準偏差の不偏推定量（8.2 節を参照）ではないことに注意されたい．

$$\frac{1}{n} \sum_{i=1}^{n} |x_i - m_x| \tag{1.28}$$

と定義するケースもあることに注意しておこう．この根拠として，ある位置を α とするとき，そこからのデータ・セットのばらつきの程度を評価するために，α とデータの差の絶対値（**絶対損失**：absolute loss）の総和

$$\sum_{i=1}^{n} |x_i - \alpha| \tag{1.29}$$

を考えてみればよい．この式において，n 個の量的データ $x_1, x_2, \ldots, x_n$ を大きさの順に $x_{(1)} < x_{(2)} < \cdots < x_{(n)}$ を並べかえてみる．このとき，α より小さなデータ・セット $x_{(1)}, x_{(2)}, \ldots, x_{(k-1)}$ と大きなデータ・セット $x_{(k)}, x_{(k+1)}, \ldots, x_{(n)}$ に分割することにより

$$\begin{aligned}
\sum_{i=1}^{n} |x_i - \alpha| &= -\sum_{i=1}^{k-1} x_{(i)} + (k-1)\alpha + \sum_{i=k}^{n} x_{(i)} - (n-k+1)\alpha \\
&= -\sum_{i=1}^{k-1} x_{(i)} + \sum_{i=k}^{n} x_{(i)} + (2k-2-n)\alpha
\end{aligned} \tag{1.30}$$

を得る．これをできる限り小さくするためには $k > \dfrac{n}{2} + 1$ ならば α をできる限り小さな値に，$k < \dfrac{n}{2} + 1$ ならば α をできる限り大きな値にする必要がある．一方，$k = \dfrac{n}{2} + 1$ のとき，(1.30) 式は α の値に依存しない．このことから，α として標本中央値を考えれば絶対損失の総和が最小となると予想される．

　この考察にしたがって，サンプルサイズ n が偶数であるとき，$k = \dfrac{n}{2} + 1$ とすれば，

$$\sum_{i=1}^{n} |x_i - \alpha| = -\sum_{i=1}^{\frac{n}{2}} x_{(i)} + \sum_{i=\frac{n}{2}+1}^{n} x_{(i)} \tag{1.31}$$

となる．すなわち，α は $x_{\left(\frac{n}{2}\right)} < \alpha < x_{\left(\frac{n}{2}+1\right)}$ を満たせばよいという意味で一意ではない．しかし，それゆえに，α の候補の一つとして，標本中央値を採用することが考えられる．一方，サンプルサイズ n が奇数であるとき，(1.30) 式の第一項の $k-1$ は $\dfrac{n}{2}$ を超えてはならず，第二項の k は $\dfrac{n}{2} + 1$ を超えなければならないことに注意して，(1.30) 式を整理すると

$$\sum_{i=1}^{n} |x_i - \alpha| = -\sum_{i=1}^{\frac{n-1}{2}} x_{(i)} + \left|x_{\left(\frac{n+1}{2}\right)} - \alpha\right| + \sum_{i=\frac{n+1}{2}+1}^{n} x_{(i)} \qquad (1.32)$$

を得る．したがって，α として標本中央値をとれば，(1.32) 式の第二項は 0 となり，絶対損失の総和が最小となる．

n 個の量的データ $x_1, x_2, \ldots, x_n$ を大きさの順に $x_{(1)} < x_{(2)} < \cdots < x_{(n)}$ と並べかえたとき，標本中央値より小さい方のデータ・セットの標本中央値を**第 1 標本四分位数** (sample first quartile)，標本中央値より大きい方のデータ・セットの標本中央値を**第 3 標本四分位数** (sample third quartile) という．これに関連して，標本中央値を**第 2 標本四分位数** (sample second quartile) ということがあり，第 1 標本四分位数，第 2 標本四分位数，第 3 標本四分位数をまとめて**標本四分位数**（**標本四分位点**：sample quartile）という．このとき，**標本四分位範囲** (sample interquartile range) は

$$\text{第 3 標本四分位数 − 第 1 標本四分位数} \qquad (1.33)$$

と定義される．サンプルサイズが奇数である場合，第 1 標本四分位数と第 3 標本四分位数は，標本中央値よりも大きいほうのデータ・セットにも小さいほうのデータ・セットにも標本中央値を含めずに計算することが多い．

✔ **例 1.4**　例として，

$$\{2.0, 4.0, 5.0, 6.0, 7.0, 8.0, 10.0, 13.0, 17.0, 20.0, 22.0\} \qquad (1.34)$$

からなる 11 個のデータを考えてみよう．このデータ・セットの標本中央値は 8.0，第 1 標本四分位数は 5.0，第 3 標本四分位数は 17.0 である．このことから，標本四分位範囲は $17.0 - 5.0 = 12.0$ となることがわかる．ここに，第 1 標本四分位数を求めるために使われるデータ・セットは $\{2.0, 4.0, 5.0, 6.0, 7.0\}$，第 3 標本四分位数を求めるために使われるデータ・セットは $\{10.0, 13.0, 17.0, 20.0, 22.0\}$ である．これらのデータ・セットの境界にあたる標本中央値はいずれのデータ・セットにも含まれていない．　　　　　　　　　■

最後に，n 個の量的データ $x_1, x_2, \ldots, x_n$ が得られているとき，四分位範囲に似た記述統計量として，

$$\max\{x_1, x_2, \ldots, x_n\} - \min\{x_1, x_2, \ldots, x_n\} \tag{1.35}$$

を**標本範囲** (sample range) という．ここに，$\max\{\cdot\}$ と $\min\{\cdot\}$ はそれぞれ括弧内にあるデータ・セットのなかで最大値と最小値をとるデータを与える関数である．このように，(1.35) 式はデータ・セットの最大値と最小値によって定義されていることから，標本範囲は外れ値の影響を受けやすいことがわかる．

演習問題

問題 1.1 n 個の異なる量的データ $x_1, x_2, \ldots, x_n$ が得られている．このとき，次の問いに答えよ．

(1) $n = 3, 4, 5$ のとき，

$$\text{第 1 標本四分位数} \leq \text{標本平均} \leq \text{第 3 標本四分位数} \tag{1.36}$$

であることを示せ．

(2) $n > 5$ のとき，(1.36) 式が成り立たない数値例をあげよ．

問題 1.2 n 個の異なる量的データ $x_1, x_2, \ldots, x_n$ が得られているとき，

$$\text{標本範囲} \geq \text{標本標準偏差}$$

であることを示せ．

問題 1.3 2 つの属性 X と Y が対となった n 個の量的データ $(x_1, y_1), (x_2, y_2), \ldots,$ (x_n, y_n) が得られているとき，このデータ・セットを $z_i = ax_i + b$，$w_i = \alpha y_i + \beta$ にしたがって変換した属性 Z と W の組 $(z_1, w_1), (z_2, w_2), \ldots, (z_n, w_n)$ を考える．$a \neq 0$，$\alpha \neq 0$ であるとき，次の問いに答えよ．

(1) Z の標本平均と標本分散を求め，X の標本平均や標本分散とどのような関係があるのか確認せよ．

(2)
$$s_{xy} = \frac{1}{n} \sum_{i=1}^{n} (x_i - \bar{x})(y_i - \bar{y})$$

を X と Y の**標本共分散** (sample covariance) という．Z と W の標本共分散を s_{zw} とおくとき，s_{xy} と s_{zw} の関係を示せ．

(3) $s_{xx} \neq 0$，$s_{yy} \neq 0$ のとき，

$$r_{xy} = \frac{s_{xy}}{\sqrt{s_{xx}}\sqrt{s_{yy}}}$$

を X と Y の**標本相関係数** (sample correlation coefficient) という．Z と W の標本相関係数を r_{zw} とおくとき，r_{xy} と r_{zw} の関係を示せ．

第 2 章

確率

2.1 事象

　母集団からデータを採取するために，同じ条件の下で繰り返し行うことのできる実験や観測を**試行** (trial) という．1.1 節で述べたように，統計科学が解析対象とするものは，興味ある現象が不確実性をともなって観察されるような状況である．一般に，この状況では，起こりうる（観測しうる）結果（属性値）の全体は概ねわかっているものの，個体のそれぞれに対してそのなかのどれが起こる（観測できる）のかをあらかじめ知ることはできない．このような場合の実験や観測のことを**確率試行** (stochastic trial) という．また，確率試行を行ったときに起こりうる結果の全体からなる集合を**標本空間** (sample space) といい，Ω であらわす（標本空間は必ずしも実数値で定義されたものとは限らない）．

　標本空間の部分集合を**事象** (event) といい，$A, B, C, \ldots$ のように大文字のアルファベットであらわす．ここに，集合 A が集合 B の**部分集合** (subset) であるとは，集合 A に含まれるすべての要素が集合 B に含まれるという包含関係があること（すなわち，$a \in A \Rightarrow a \in B$）をいう．このことを $A \subset B$ であらわす．集合 A が集合 B の部分集合であるとき，集合 A は集合 B よりも小さいといったり，集合 B は集合 A よりも大きいといったりすることがある．なお，3.1 節で定義する確率変数も X, Y, Z といった大文字のアルファベットであらわしている．しかし，それらが事象をあらわしているのか，それとも確率変数をあらわしているのかについては文脈から判断できるであろう．したがって，本書では，これらの記号を区別することなく用いる．

　標本空間に含まれる要素は**観測値** (observed value)，**根元事象** (elementary event)，**実現値** (realized value)，**単一事象** (simple event)，**標本点** (sample point) などといわれる．ただし，実現値や観測値といった言葉は確率試行によって起こった（あるいは，起こるであろう）結果に対して用いられることが

ある．一方，根元事象という言葉は，それ以上分割できない事象，すなわち，確率試行によって起こりうる結果の最小単位を強調するために用いられることが多い．根元事象に対して，いくつかの根元事象に分解できる事象を**複合事象** (compound event) ということがある．標本空間の定義からわかるように，標本空間は何を目的として確率試行を実施するのかによって異なる．

事象を標本空間 Ω の部分集合であると定義したので，事象 A と事象 B に対して**和事象** (union of events) $A \cup B$，**積事象**（共通事象：intersection of events）$A \cap B$，**差事象** (difference of events) $A \backslash B$，**余事象** (complement of an event) A^c を考えることができる．和事象 $A \cup B$ は事象 A に含まれる要素と事象 B に含まれる要素をすべてあわせたものである．積事象 $A \cap B$ は事象 A と事象 B の両方に共通に含まれる要素をすべてあわせたものである．差事象 $A \backslash B$ は事象 A から事象 B に含まれる要素すべてを取り除いた後に残った事象 A の要素すべてからなるものである．余事象 A^c は差事象 $\Omega \backslash A$ を意味する．加えて，標本空間 Ω の要素をまったく含まない事象や Ω 自身も Ω の部分集合とみなす．前者の事象を**空事象** (impossible event) といい ϕ であらわす．また，後者の事象を**全事象** (certain event) という．さらに，積事象 $A \cap B$ が空事象 ϕ，すなわち，事象 A と事象 B が共通の要素を持たないとき，事象 A と事象 B は**互いに排反** (mutually exclusive) であるという．

✔ **例 2.1**　標本空間を $\Omega = \{1, 2, 3, 4\}$ とすると，その根元事象は $\{1\}, \{2\}, \{3\}, \{4\}$ である．ここで，A を偶数からなる事象，B を奇数からなる事象，C を 1 と 2 からなる事象としよう．このとき，A と B は互いに排反であり，A と C の和事象 $A \cup C$ は $\{1, 2, 4\}$，A と C の積事象 $A \cap C$ は $\{2\}$ となる．また，差事象 $A \backslash C$ は $\{4\}$ であり，C の余事象 C^c は $\{3, 4\}$ となる．　　■

事象の演算として，次の定理 2.1 が成り立つ．これらは高校の教科書でも紹介されているものであるが，詳細については集合論の教科書を参照してほしい．

定理 2.1

A, B, C を事象とするとき，次が成り立つ．

(i)（**交換法則**：commutative property）

$$A \cup B = B \cup A$$

(ii) （**結合法則**：associative property）

$$A \cup (B \cup C) = (A \cup B) \cup C, \ A \cap (B \cap C) = (A \cap B) \cap C$$

(iii) （**分配法則**：distributive property）

$$A \cup (B \cap C) = (A \cup B) \cap (A \cup C), \ A \cap (B \cup C) = (A \cap B) \cup (A \cap C)$$

(iv) （**ド・モルガンの法則**：De Morgan's laws）

$$(A \cup B)^c = A^c \cap B^c, \ (A \cap B)^c = A^c \cup B^c$$

上記では，集合という観点から事象の概念を導入した．次節で確率と呼ばれる概念を定義するために，まずは，完全加法族と呼ばれる集合（事象）の集まり（**集合族**：family of sets）に議論を制限する．ここに，$\mathcal{F}$ が Ω 上の**完全加法族** (completely additive class of sets) であるとは，次の条件 (i)〜(iii) を満たすことをいう．

(i) $\Omega \in \mathcal{F}$

(ii) Ω の部分集合 A に対して，$A \in \mathcal{F}$ ならば，$A^c \in \mathcal{F}$

(iii) Ω の部分集合 $A_1, A_2, \ldots$ に対して，$A_1, A_2, \ldots \in \mathcal{F}$ ならば，$\displaystyle\bigcup_{i=1}^{\infty} A_i \in \mathcal{F}$

✔ **例 2.2**　標本空間を $\Omega = \{$ 晴れ, 曇り, 雨 $\}$ とすると，その根元事象は $\{$ 晴れ $\}$，$\{$ 曇り $\}$，$\{$ 雨 $\}$ である．このとき，$\{$ 晴れ, 曇り $\}$ に基づいて完全加法族を生成すると

$$\mathcal{F} = \{\phi, \Omega, \{\text{晴れ, 曇り}\}, \{\text{雨}\}\} \tag{2.1}$$

となる．なお，$\{$ 曇り, 雨 $\}$ と $\{$ 晴れ, 曇り $\}$ から生成される Ω 上の完全加法族 [1] は Ω の**べき集合** (power set)（Ω の部分集合の全体からなる集合）となる．　∎

完全加法族の考え方は問題設定を明らかにするのに重要な役割を果たす．例として，サイコロ投げを考えてみよう．このとき，標本空間が同じ $\Omega = \{1, 2, 3, 4, 5, 6\}$ であっても，偶数／奇数が出る目を解析対象とするのか，それとも出る目そのものを解析対象とするのかによって，構成される Ω 上の完全

---

[1] 標本空間 Ω 上の集合族 $\mathcal{F}$（完全加法族でなくてもよい）に対して，$\mathcal{F}$ に属する元をすべて含むような最小の Ω 上の完全加法族を「$\mathcal{F}$ が生成する Ω 上の完全加法族」という．

加法族は異なる．実際，前者の場合の Ω 上の完全加法族は

$$\mathcal{F} = \{\phi, \Omega, \{1, 3, 5\}, \{2, 4, 6\}\} \tag{2.2}$$

であり，後者の場合の Ω 上の完全加法族はべき集合である．ここに，後者の完全加法族には前者の完全加法族の要素だけでなく，$\{1, 2\}$ などのような偶数／奇数といった分類とは無関係な事象も含まれていることに注意しよう．このサイコロの例では，偶数／奇数が出る目を解析対象とした場合であっても，後者の完全加法族に基づいて議論してもかまわない．しかし，偶数／奇数といった区別に関係のない事象はこの解析に使われることがなく，この意味において，後者の完全加法族は冗長的である．逆に，(2.2) 式のような完全加法族にとらわれてしまうとサイコロの目に関する詳細な解析を行うことが難しくなる．したがって，解析目的を達成するためには，その目的に合致した「最小の完全加法族」を考えることになる（実は，数学的にも細かければ細かいほどよいというわけではなく，確率を定義する上である程度の制約はある）．この意味で，本書で想定する完全加法族は，解析目的を達成するのに十分でかつ要素の数が最小の完全加法族である．なお，データ解析を想定した統計科学分野において，完全加法族の概念が表立って現れることは少ない．このことを踏まえて，本書でも，完全加法族については必要最低限に触れるにとどめることにする．詳細についてはルベーグ積分の教科書を参照してほしい．

2.2 確率

統計科学では，確率試行を行ったときに興味ある事象 A（A に含まれる要素のうちいずれか）がどの程度起こりうるのかを適切に評価することが目的となる．ここでいう「程度」という概念は，日常生活における「割合」の考え方をとおして，より抽象化された概念である「確率」と結びつく．そして，この確率の考え方に基づいて，事象 A が起こる不確実性が定式化される．そこで，本書では，事象 A が起こる確率を $\mathrm{pr}(A)$ とあらわすことにしよう．ここに，**確率** (probability) （**確率分布**：probability distribution；**確率測度**：probability measure）とは，標本空間 Ω と Ω 上の完全加法族 $\mathcal{F}$ に対して定義された実数値関数 $\mathrm{pr}(\cdot)$ で，次の (i)，(ii)，(iii) を満たすものをいう．

(i) $A \in \mathcal{F}$ に対して,

$$0 \leq \mathrm{pr}(A) \leq 1 \tag{2.3}$$

(ii) $$\mathrm{pr}(\Omega) = 1 \tag{2.4}$$

(iii) $A_1, A_2, \ldots \in \mathcal{F}$ に対して, 任意の $i, j (i \neq j)$ に対して A_i と A_j が互いに排反であるならば,

$$\mathrm{pr}\left(\bigcup_{i=1}^{\infty} A_i\right) = \sum_{i=1}^{\infty} \mathrm{pr}(A_i) \tag{2.5}$$

標本空間 Ω, Ω 上の完全加法族 $\mathcal{F}$, $\mathcal{F}$ に対して定義された上記の (i)〜(iii) を満たす実数値関数 $\mathrm{pr}(\cdot)$ をひとまとめにした $(\Omega, \mathcal{F}, \mathrm{pr}(\cdot))$ を**確率空間** (probability space) という.

さて, 事象 A は 積事象 $A \cap B$ と積事象 $A \cap B^c$ という 2 つの事象の和事象として記述でき, 事象 $A \cap B$ と事象 $A \cap B^c$ は互いに排反である. このことと $B \cup B^c = \Omega$ であることから, 事象 A と事象 B に対して, 定理 2.1(iii) より

$$A = A \cap \Omega = A \cap (B \cup B^c) = (A \cap B) \cup (A \cap B^c) \tag{2.6}$$

を得る. したがって, (2.5) 式より, 事象 A に対応する確率 $\mathrm{pr}(A)$ は, 積事象 $A \cap B$ の確率 $\mathrm{pr}(A \cap B)$ と積事象 $A \cap B^c$ の確率 $\mathrm{pr}(A \cap B^c)$ を用いて

$$\mathrm{pr}(A) = \mathrm{pr}\left((A \cap B) \cup (A \cap B^c)\right) = \mathrm{pr}(A \cap B) + \mathrm{pr}(A \cap B^c) \tag{2.7}$$

と書ける. もっと一般に, $B_1, B_2, \ldots, B_n$ を互いに排反で標本空間 Ω を完全に分割する事象, すなわち, $\Omega = B_1 \cup B_2 \cup \cdots \cup B_n$ でかつ $i \neq j$ $(i, j = 1, 2, \ldots, n)$ に対して積事象 $B_i \cap B_j$ が空事象となるような事象の集まりとする. このとき, 定理 2.1(iii) を繰り返し適用することにより

$$\begin{aligned} A &= A \cap \Omega = A \cap (B_1 \cup B_2 \cup \cdots \cup B_n) \\ &= (A \cap B_1) \cup (A \cap B_2) \cup \cdots \cup (A \cap B_n) \end{aligned} \tag{2.8}$$

を得る. したがって, 積事象の排反性と (2.5) 式より, $\mathrm{pr}(A)$ は $\mathrm{pr}(A \cap B_1)$, $\mathrm{pr}(A \cap B_2), \ldots, \mathrm{pr}(A \cap B_n)$ を用いて

$$\mathrm{pr}(A) = \mathrm{pr}(A \cap \Omega) = \mathrm{pr}((A \cap B_1) \cup (A \cap B_2) \cup \cdots \cup (A \cap B_n))$$

$$= \sum_{i=1}^{n} \mathrm{pr}(A \cap B_i) \tag{2.9}$$

とあらわすことができる. この公式を**全確率の公式** (law of total probability) という. 一方, (2.9) 式において, 積事象 $A \cap B_i$ の確率 $\mathrm{pr}(A \cap B_i)$ が与えられたとき, すべての B_i について確率を足し合わせることによって得られる確率 $\mathrm{pr}(A)$ を事象 A の**周辺確率** (marginal probability) といい, 確率 $\mathrm{pr}(A \cap B_i)$ を事象 A と事象 B_i の**同時確率** (joint probability) という.

ここで, 事象 A とその余事象 A^c のうちどちらか一つは必ず起こることに注意しよう. この考察に基づいて, (2.7) 式において A と B をそれぞれ Ω と A と置きなおせば, $A \cup A^c = \Omega$, $A \cap A^c = \phi$, $\mathrm{pr}(\Omega) = 1$ より,

$$\mathrm{pr}(A) + \mathrm{pr}(A^c) = \mathrm{pr}(A \cup A^c) = \mathrm{pr}(\Omega) = 1 \tag{2.10}$$

が得られる. また, この式において, 事象 A を標本空間 Ω に置きなおせば, その余事象 A^c は空事象 ϕ となる. したがって, (2.4) 式より,

$$\mathrm{pr}(\phi) = 1 - \mathrm{pr}(\Omega) = 1 - 1 = 0 \tag{2.11}$$

が導かれる.

ここで, 全確率の公式から導かれる基本公式として加法定理を紹介しよう. まず, 定理 2.1(iii) より, 事象 $A \cup B$ と事象 B はそれぞれ

$$A \cup B = A \cup (A^c \cap B), \;\; B = (A \cap B) \cup (A^c \cap B) \tag{2.12}$$

と書ける. また, 事象 A と事象 $A^c \cap B$ は互いに排反であり, 事象 $A \cap B$ と事象 $A^c \cap B$ も互いに排反である. これらのことから

$$\mathrm{pr}(A \cup B) = \mathrm{pr}(A \cup (A^c \cap B)) = \mathrm{pr}(A) + \mathrm{pr}(A^c \cap B) \tag{2.13}$$

$$\mathrm{pr}(B) = \mathrm{pr}((A \cap B) \cup (A^c \cap B)) = \mathrm{pr}(A \cap B) + \mathrm{pr}(A^c \cap B) \tag{2.14}$$

を得る. したがって, (2.13) 式から (2.14) 式を引くことによって, **加法定理** (addition theorem)

$$\mathrm{pr}(A \cup B) = \mathrm{pr}(A) + \mathrm{pr}(B) - \mathrm{pr}(A \cap B) \tag{2.15}$$

が得られる．特に，$A \subset B$ であるとき，(2.12) 式より

$$B = A \cup B = A \cup (A^c \cap B) \tag{2.16}$$

である．このことから，(2.13) 式と確率の定義 (2.3) 式より

$$\mathrm{pr}(B) = \mathrm{pr}(A) + \mathrm{pr}(A^c \cap B) \geq \mathrm{pr}(A) \tag{2.17}$$

が得られる．

✔ **例 2.3 （誕生日のパラドックス）** 確率の計算例として，「n 人がいる部屋に自分と同じ誕生日の人がいる確率」と「n 人がいる部屋に同じ誕生日の人が少なくとも 2 人いる確率」を計算してみよう．簡単のために，

(i) 部屋にいる人たちが生まれた年はうるう年ではなく，部屋には双子もいない

(ii) 部屋にいる人たちのそれぞれがどの日に生まれるかは同じ確率である

(iii) n 人のそれぞれについて，どの日に生まれるかは他の人がいつ生まれたのかといったこととは無関係である

を仮定する．

まず，「n 人がいる部屋に自分と同じ誕生日の人がいる確率」について考えてみる．ここでは「自分」はその部屋にいないものとする．このとき，1 人目の誕生日が自分と異なる確率は $\dfrac{364}{365}$ である（自分の誕生日は決まっているので，それ以外の 364 日から 1 日を選べばよい）．したがって，(2.10) 式より，1 人目と誕生日が同じ確率は $1 - \dfrac{364}{365}$ となる．次に，2 人目の誕生日も自分と異なる確率は $\dfrac{364}{365} \times \dfrac{364}{365}$ となる（自分以外の人は同じ誕生日であってもかまわない）．したがって，2 人のうちのいずれかと誕生日が同じ確率は $1 - \left(\dfrac{364}{365}\right)^2$ となる（自分の誕生日は決まっているので，それとは異なる 1 日が選ばれればよい）．これを n 人まで拡張していくと，「n 人がいる部屋に自分と同じ誕生日の人がいる確率」は

$$1 - \left(\frac{364}{365}\right)^n \tag{2.18}$$

となる.

　次に,「n 人がいる部屋に同じ誕生日の人が少なくとも 2 人いる確率」を計算してみよう. まず, 1 人目と 2 人目の誕生日が異なる確率は $\frac{364}{365}$ である（1 人目の誕生日はいつでもよいが, 2 人目の誕生日は 1 人目と異なる必要がある）. さらに, 3 人目も異なる確率は $\frac{364}{365} \times \frac{363}{365}$ であり, 4 人目も異なる確率は $\frac{364}{365} \times \frac{363}{365} \times \frac{362}{365}$ となる（同じ誕生日が選ばれてはならないので, 1 日ずつ減っていく）. これを n 人まで拡張すると, n 人の誕生日が異なる確率は

$$\frac{364}{365} \cdot \frac{363}{365} \cdot \frac{362}{365} \cdots \frac{365 - n + 1}{365} = \frac{365!}{365^n (365 - n)!} \tag{2.19}$$

となる. したがって, n 人のなかで同じ誕生日の人が少なくとも 2 人いる確率は

$$1 - \frac{365!}{365^n (365 - n)!} \tag{2.20}$$

となる（ただし, $2 \leq n \leq 365$）. ここに, n を自然数とするとき, $n!$ は n の**階乗** (factorial), すなわち

$$n! = 1 \times 2 \times \cdots \times (n - 1) \times n \tag{2.21}$$

である.

　ここで,「n 人がいる部屋に自分と同じ誕生日の人がいる確率」が 0.5 以上となる人数 n を計算してみよう.（2.18）式より

$$1 - \left(\frac{364}{365}\right)^n \geq \frac{1}{2} = 0.5 \quad \Rightarrow \quad n \geq \frac{\log(1/2)}{\log(364/365)} \simeq 252.65 \tag{2.22}$$

であるから, $n \geq 253$ のときこの条件を満たすことがわかる. 一方,「n 人のなかで同じ誕生日の人が少なくとも 2 人いる確率」が 0.5 以上となる人数 n を計算してみると,（2.20）式より, $n \geq 23$ のときであることがわかる. このことは, 特定の事象が起こるかどうかにこだわると確率的に「起こりにくくなる」一方で, 見かけ上は似たような事象であっても, 特定の事象にこだわらなければ選択肢が増えるために確率的に「起こりやすくなる」ことを示唆しているといえる. ∎

2.3 条件付き確率とベイズの定理

本節では，条件付き確率とベイズの定理を紹介する．まず，条件付き確率の
イメージについて述べることにしよう．

✔ 例 2.4 ある人（a さんと呼ぶことにする）がジョーカーを除く 52 枚のトラ
ンプ・カードのなかから一枚を選び，もう一人の人（b さんと呼ぶことにする）
がそれを言い当てる問題を考えてみよう．このとき，b さんがどのカードを言
うかは同程度に確からしい（b さんがどのカードを言うかは同じ程度 (1/52) に
期待できる）と仮定する．この状況の下で，a さんが何の情報も与えなければ，
b さんが a さんのカードを言い当てる確率は 1/52 である．しかし，a さんが嘘
をつくことなく「自分の持っているカードはスペードである」という情報を与
えれば b さんが a さんのカードを言い当てる確率は 1/13 となり（スペードは
13 枚しかない），「自分の持っているカードは 3 である」という情報を与えれば
b さんが a さんのカードを言い当てる確率は 1/4 となる（3 は，スペード，ク
ローバー，ハート，ダイヤの 4 つしかない）．このように，情報が追加されるこ
とで不確実性は大きく変化する．　　　　　　　　　　　　　　　　　■

この例のような状況を踏まえて，ある事象 B が起こる（あるいは，起こった）
という条件の下でもう一つの事象 A が起こる確率 $\mathrm{pr}(A|B)$ を考えよう．2 つの
事象 A と事象 B に対して，$\mathrm{pr}(B) > 0$ であるとき

$$\mathrm{pr}(A|B) = \frac{\mathrm{pr}(A \cap B)}{\mathrm{pr}(B)} \tag{2.23}$$

を事象 B を与えたときの事象 A の**条件付き確率** (conditional probability) と
いう．事象 B を与えたときの事象 A の条件付き確率の「事象 B を与えた」と
は，事象 B が起こることが確実である，あるいは事象 B が起こったという確
かな情報を有していることを意味している．条件付き確率は，この情報を利用
して，標本空間 Ω のなかに制約を加えた「新たな標本空間」B を構成し，それ
に基づいて新たな確率空間を構成したものといえる．逆に，条件付き確率の観
点からいえば，事象 A の（周辺）確率 $\mathrm{pr}(A)$ は標本空間 Ω を与えたときの事
象 A の条件付き確率ということになる．

(2.23) 式より，条件付き確率 $\mathrm{pr}(A|B)$ と周辺確率 $\mathrm{pr}(B)$ が与えられれば，積事象 $A \cap B$ の確率 $\mathrm{pr}(A \cap B)$ は

$$\mathrm{pr}(A \cap B) = \mathrm{pr}(A|B)\mathrm{pr}(B) \tag{2.24}$$

と書けることがわかる．(2.24) 式を**乗法公式** (multiplication formula) という．なお，確率 $\mathrm{pr}(A \cap B)$ に対して，乗法公式の表現方法として，

$$\mathrm{pr}(A \cap B) = \mathrm{pr}(A|B)\mathrm{pr}(B), \quad \mathrm{pr}(A \cap B) = \mathrm{pr}(B|A)\mathrm{pr}(A) \tag{2.25}$$

の 2 つの形式が得られる．このことからわかるように，一般に，確率 $\mathrm{pr}(A \cap B)$ に対する乗法公式にはその表現に一意性がない．

(2.24) 式と同様にして，n 個の事象 $A_1, A_2, \ldots, A_n$ があるとき，積事象 $A_1 \cap A_2 \cap \cdots \cap A_n$ の確率 $\mathrm{pr}(A_1 \cap A_2 \cap \cdots \cap A_n)$ は条件付き確率の積として

$$\mathrm{pr}(A_1 \cap A_2 \cap \cdots \cap A_n)$$
$$= \mathrm{pr}(A_n|A_1 \cap A_2 \cap \cdots \cap A_{n-1}) \cdots \mathrm{pr}(A_2|A_1)\mathrm{pr}(A_1) \tag{2.26}$$

のようにあらわすことができる．これを**連鎖公式** (chain rule) という．

ここで，$B_1, B_2, \ldots, B_n$ を互いに排反で標本空間 Ω を完全に分割する事象の集まりであるとしよう．このとき，(2.9) 式と (2.24) 式より，事象 A の確率 $\mathrm{pr}(A)$ は事象 B_i を事象 A に条件づけた確率 $\mathrm{pr}(A|B_i)$ を与え，周辺確率 $\mathrm{pr}(B_i)$ による重み付き和をとることによって

$$\mathrm{pr}(A) = \sum_{i=1}^{n} \mathrm{pr}(A|B_i)\mathrm{pr}(B_i) \tag{2.27}$$

と表される．なお，(2.27) 式より，

$$\min\{\mathrm{pr}(A|B_1), \mathrm{pr}(A|B_2), \ldots, \mathrm{pr}(A|B_n)\} \leq \mathrm{pr}(A)$$
$$\leq \max\{\mathrm{pr}(A|B_1), \mathrm{pr}(A|B_2), \ldots, \mathrm{pr}(A|B_n)\} \tag{2.28}$$

が成り立つことに注意しよう．このことから，何かしらの事象を条件づけたからといって事象 A の確率が常に大きくなるわけでもなく，常に小さくなるわけでもないことがわかる．すなわち，どのような事象を条件づけるかによって，事

象 A の確率は大きくもなるし，小さくもなる．また，(2.27) 式と乗法公式を用いることにより次の定理が得られる．

> **定理 2.2**（ベイズの定理：**Bayes' theorem**）　$B_1, B_2, \ldots, B_n$ を互いに排反で標本空間 Ω を完全に分割する事象の集まりであるとする．このとき，
>
> $$\mathrm{pr}(B_j|A) = \frac{\mathrm{pr}(A \cap B_j)}{\mathrm{pr}(A)} = \frac{\mathrm{pr}(A|B_j)\mathrm{pr}(B_j)}{\sum_{i=1}^{n} \mathrm{pr}(A|B_i)\mathrm{pr}(B_i)} \qquad (2.29)$$
>
> が成り立つ．ここに，確率 $\mathrm{pr}(B_j)$ を（事象 A が起きる前の）事象 B_j の**事前確率** (prior probability) といい，条件付き確率 $\mathrm{pr}(B_j|A)$ を（事象 A が起きた後での）事象 B_j の**事後確率** (posterior probability) という．また，条件付き確率 $\mathrm{pr}(A|B_j)$ を**尤度** (likelihood)，$\sum_{i=1}^{n} \mathrm{pr}(A|B_i)\mathrm{pr}(B_i)$ を**周辺尤度** (marginal likelihood) ということがある．

✔ **例 2.5（迷惑メールフィルター）**　ある会社では，迷惑メールが数多く受信されるため，その処理に多くの時間を費やしたり，取引先や顧客からの問い合わせを見落としたりするなどといった問題が起こっていた．そこで，メール受信件数について調査を行ったところ，単純無作為抽出により選ばれたメールの 20% が迷惑メールであり，残りの 80% は業務関連のメールであることがわかった．別の調査によると，迷惑メールのなかに「ニュース」という単語が含まれている割合は 30% であり，業務関連のメールのなかに「ニュース」という単語が含まれている割合は 4% であることがわかっているという．この状況の下で，無作為に選んだメールのなかに「ニュース」という単語が含まれていた場合，これが迷惑メールである確率はどのくらいだろうか？

　事象 A を「メールのなかに「ニュース」という単語が含まれている」とし，事象 B を「迷惑メールである」とする．調査により，「無作為に選んだメールが迷惑メールである確率」（事前確率）は $\mathrm{pr}(B) = 0.2$ である．また，迷惑メールのなかに「ニュース」という単語が含まれている条件付き確率（尤度）は $\mathrm{pr}(A|B) = 0.3$ である．そして，業務関連のメールのなかに「ニュース」という単語が含まれている条件付き確率（尤度）は $\mathrm{pr}(A|B^c) = 0.04$ である．したがって，「ニュース」という単語が含まれていた場合，これが迷惑メールである確率（事後確率）

表 2.1 迷惑メールフィルター

	「ニュース」を 含む (A)	「ニュース」を 含まない (A^c)	周辺確率
迷惑メール (B)	$0.060\ (0.2 \times 0.3)$	$0.140\ (0.2 \times 0.7)$	0.200
業務メール (B^c)	$0.032\ (0.8 \times 0.04)$	$0.768\ (0.8 \times 0.96)$	0.800
周辺確率	0.092	0.908	1.000

$\mathrm{pr}(B|A)$ を計算すると（表 2.1 を参照），ベイズの定理より

$$
\begin{aligned}
\mathrm{pr}(B|A) &= \frac{\mathrm{pr}(A|B)\mathrm{pr}(B)}{\mathrm{pr}(A|B)\mathrm{pr}(B) + \mathrm{pr}(A|B^c)\mathrm{pr}(B^c)} \\
&= \frac{0.30 \times 0.20}{0.30 \times 0.20 + 0.04 \times 0.80} \simeq 0.65
\end{aligned}
\tag{2.30}
$$

となる．したがって，何の情報もなければ受け取ったメールが迷惑メールであると判断できる可能性は 20% 程度しかなかったのに，「ニュース」という単語に着目することで概ね 65% にまで改善されることがわかる．　■

2.4　事象の独立性

　本節では，確率の観点から事象どうしの無関係性を表現するために，（周辺）独立性および条件付き独立性の概念を導入する．2 つの事象 A と事象 B に対して，

$$
\mathrm{pr}(A \cap B) = \mathrm{pr}(A)\mathrm{pr}(B)
\tag{2.31}
$$

が成り立つとき，事象 A と事象 B は（周辺）**独立** ((marginal) independence) であるといい，$A \perp\!\!\!\perp B$ であらわす．一方，(2.31) 式が成り立たないとき，$A \not\!\perp\!\!\!\perp B$ であらわす．このとき，事象 A と事象 B は（周辺）**従属** (dependence) するということがある．

✔ 例 2.6（例 2.4 の続き）　極端な例であるが，a さんがカードとはまったく関係のない情報，たとえば，今日の天気に関する情報を b さんに与えるものとしよう．このとき，天気に関する情報を a さんからもらったところで，b さんは a さんがどのようなカードを持っているのか情報の絞り込みを行うことができない．したがって，b さんが a さんのカードを当てる確率は 1/52 のままであり，今日の天気についてどんな情報が得られようが，b さんが a さんのカードを当

てる確率は変わらないことになる．すなわち，a さんのカードと今日の天気はそれぞれ独立した事象と考えられる． ∎

$\mathrm{pr}(A \cap B) > 0$ の仮定の下で，事象 A と事象 B が独立であるとき，(2.23) 式と (2.31) 式より

$$\mathrm{pr}(A|B) = \mathrm{pr}(A), \ \ \mathrm{pr}(B|A) = \mathrm{pr}(B) \tag{2.32}$$

が得られる．逆に，(2.32) 式のいずれか一つが成り立てば (2.23) 式より事象 A と事象 B は独立であることがいえる．また，

$$A \perp\!\!\!\perp B \ \text{ならば} \ A \perp\!\!\!\perp B^c, A^c \perp\!\!\!\perp B, A^c \perp\!\!\!\perp B^c \tag{2.33}$$

が成り立つ．

なお，事象 A と事象 B が互いに排反であるということと，事象 A と事象 B が独立であることは異なる概念であることに注意してほしい．事象 A と事象 B が互いに排反であるといった場合には，事象 A と事象 B が同時に起こることはないことを意味する．これに対して，事象 A と事象 B が独立であるといった場合には，事象 A（事象 B）が起こるかどうかといったことが事象 B（事象 A）が起こるかどうかといったことに関係がないことを意味する．

例として，$\mathrm{pr}(A)$ も $\mathrm{pr}(B)$ も正の値をとる状況を考えよう．このとき，事象 A と事象 B が互いに排反であるならば，$\mathrm{pr}(A \cap B) = 0$ なので

$$\mathrm{pr}(A) \neq \mathrm{pr}(A|B) = 0, \ \ \mathrm{pr}(B) \neq \mathrm{pr}(B|A) = 0 \tag{2.34}$$

を得る．したがって，事象 A と事象 B は互いに排反であるものの，事象 A と事象 B は独立ではないことがわかる．実際，この条件を満たす確率として，$\mathrm{pr}(A \cap B) = 0, \mathrm{pr}(A \cap B^c) = \mathrm{pr}(A), \mathrm{pr}(A^c \cap B) = \mathrm{pr}(B)$ を満たす確率を考えればよい．一方，事象 A と事象 B が独立であるならば，

$$\mathrm{pr}(A \cap B) = \mathrm{pr}(A)\mathrm{pr}(B) \neq 0 \tag{2.35}$$

なので，事象 A と事象 B は互いに排反ではない．例として，例 2.6 に照らし合わせると，b さんにとって天気の情報が a さんのカードを言い当てるのに役に立たないからといって，（特別な事情がない限り）天気に関して「雨」という情

報が得られてしまうことによって b さんが「スペードの 3」と言えなくなるわけではない.

ここで,一般に,3 つの事象 A, B, C のうち任意の 2 つの事象を取り上げたとき,それらが独立であったとしても,

$$\mathrm{pr}(A \cap B \cap C) = \mathrm{pr}(A)\mathrm{pr}(B)\mathrm{pr}(C) \tag{2.36}$$

とはならないことに注意しておこう.

✔ **例 2.7** 標本空間を $\Omega = \{a, b, c, d\}$ とし,3 つの事象 $A = \{a, d\}$, $B = \{b, d\}$, $C = \{c, d\}$ を考えることにしよう.それぞれの根元事象がでる確率はすべて同じ 1/4 とする.このとき,

$$\mathrm{pr}(A) = \mathrm{pr}(B) = \mathrm{pr}(C) = \frac{1}{2} \tag{2.37}$$

であり,

$$\mathrm{pr}(A \cap B) = \mathrm{pr}(A \cap C) = \mathrm{pr}(B \cap C) = \frac{1}{4} \tag{2.38}$$

である.したがって,3 つの事象 A, B, C のうち任意の 2 つの事象を取り上げたとき,それらは独立であることがわかる.しかし,積事象 $A \cap B \cap C$ の確率 $\mathrm{pr}(A \cap B \cap C)$ もやはり

$$\mathrm{pr}(A \cap B \cap C) = \frac{1}{4} \tag{2.39}$$

であり,事象 A と積事象 $B \cap C$ は独立とはならず,(2.36) 式も成り立たない. ■

(2.31) 式と同様に,3 つの事象 A, B, C に対して,

$$\mathrm{pr}(A \cap B | C) = \mathrm{pr}(A|C)\mathrm{pr}(B|C) \tag{2.40}$$

が成り立つとき,事象 C を与えたときに事象 A と事象 B は**条件付き独立** (conditional independence) であるといい,$A \perp\!\!\!\perp B | C$ であらわす.一方,(2.40) 式が成り立たないとき,$A \not\!\perp\!\!\!\perp B | C$ であらわす.このとき,事象 C を与えたときに事象 A と事象 B は**条件付き従属** (conditional dependence) であるということがある.

表 2.2　カリフォルニア大学バークレー校大学院入試（Freedman et al. (2007) から一部抜粋したもの）

(a) 全体

	志願者	合格率
男性	933	40%
女性	366	11%

(b) A 専攻

	志願者	合格率
男性	560	63%
女性	25	68%

(c) B 専攻

	志願者	合格率
男性	373	6%
女性	341	7%

$\mathrm{pr}(A \cap B|C) > 0$ の仮定の下で，(2.40) 式が成り立つとき，

$$\mathrm{pr}(A|B \cap C) = \mathrm{pr}(A|C), \ \mathrm{pr}(B|A \cap C) = \mathrm{pr}(B|C) \qquad (2.41)$$

を導くことができる．逆に，(2.41) 式のいずれか一つが成り立つとき，(2.40) 式を導くことができる．ちなみに，$A \perp\!\!\!\perp B|C$ だからといって $A \perp\!\!\!\perp B|C^c$ や $A \perp\!\!\!\perp B$ が成り立つとは限らない．また，$A \perp\!\!\!\perp B$ や $A \perp\!\!\!\perp B|C^c$ だからといって $A \perp\!\!\!\perp B|C$ が成り立つとは限らないことに注意しよう．

✔ 例 2.8（シンプソン・パラドックス：Simpson's paradox）　1973 年の秋に実施されたカルフォルニア大学バークレー校における大学院入学試験において，女性志願者よりも男性志願者の合格率が高いため，女性に対して不利な入学試験が実施されたのではないかとの疑惑が持ち上がったという (Bickel et al., 1975; Freedman et al., 2007)．本節では，この問題に関連して，Freedman et al. (2007) からデータの一部を抜粋したものを表 2.2 に与えることにしよう．

表 2.2(a) を見ると，明らかに女性志願者よりも男性志願者の合格率のほうが高くなっており，志願者の性別と合格率は従属していることがわかる．しかし，専攻ごとに合格率を見てみると，表 2.2(b) や (c) より，性別による差異はほとんど見られず，志願者の性別と合格率はほぼ独立であることが確認できる．　■

このように，一つの集団をいくつかのグループにわけたとき，それらのグループに共通に成り立つ統計的独立関係が，もとの集団のそれと異なる現象を**シンプソン・パラドックス** (Simpson's paradox) という．シンプソン・パラドックスに関する話題は，黒木 (2009, 2017)，Pearl (2009) をはじめとして，因果推論に関する多くの文献で取り上げられている．興味ある読者はそれらを参照してほしい．

演習問題

問題 2.1 $A_1, A_2, \ldots, A_n$ を事象とするとき，次の不等式を証明せよ.

(1) （ブールの不等式：Boole's inequality）

$$\mathrm{pr}\left(\bigcup_{i=1}^{n} A_i\right) \leq \sum_{i=1}^{n} \mathrm{pr}(A_i)$$

(2) （ボンフェローニの不等式：Bonferroni's inequality）

$$\mathrm{pr}\left(\bigcap_{i=1}^{n} A_i\right) \geq 1 - \sum_{i=1}^{n} \mathrm{pr}(A_i^c)$$

問題 2.2 (2.33) 式を証明せよ.

問題 2.3 （**2 人の子供問題**：boy or girl paradox） ある家族には 2 人の子供がいて，ひとりは男の子である．もうひとりの子供が男である確率を求めよ．ただし，男が生まれる確率は 1/2 であるとする.

問題 2.4
$$\mathrm{OD}(A, B|C) = \frac{\mathrm{pr}(A \cap B|C)\mathrm{pr}(A^c \cap B^c|C)}{\mathrm{pr}(A \cap B^c|C)\mathrm{pr}(A^c \cap B|C)}$$

を事象 C を与えたときの事象 A と事象 B の条件付きオッズ比 (odds ratio) という．$\mathrm{pr}(A \cap B^c|C)$ も $\mathrm{pr}(A^c \cap B|C)$ も 0 でないとき，次の問いに答えよ.

(1) $\mathrm{OD}(A, B|\Omega) = 1$ であることと事象 A と事象 B が独立であることは同値であることを示せ.

(2) 事象 B と事象 C が独立であるとき，$\mathrm{OD}(A, B|C) = \mathrm{OD}(A, B|C^c) = k > 1$ ならば，$1 \leq \mathrm{OD}(A, B|\Omega)$ であることを示せ.

第 3 章

確率分布

3.1 累積分布関数

標本空間 Ω，Ω 上の完全加法族 $\mathcal{F}$，$\mathcal{F}$ に対して定義された確率 $\mathrm{pr}(\cdot)$ に対して，標本空間 Ω 上で定義された実数値関数 X を考える．また，実数値関数 X がとりうる値全体からなる集合を D_X とする．実数 $x \in D_X$ に対して，実数値関数 X が

$$\{\omega : X(\omega) \leq x\} \in \mathcal{F} \tag{3.1}$$

を満たすとき，X を**確率変数** (random variable) という．

たとえば，大学生の身長を解析対象とする場合，母集団は「大学生」の集まりであり，そこから個体を抽出し，身長を観測するのが試行である．そして，試行によって抽出された「大学生」の集まりが標本であり，個々の大学生から「身長」を観測し，その属性値を取り出す（あるいは，割り当てる）役割を果たすのが確率変数である．大学生が潜在的にとりうる身長の値の集まりが標本空間である．このように，確率変数は母集団と標本空間を結びつけ，Ω 上の完全加法族の定義を満たすように母集団の部分集合を構成する役割を担っているといえる．

ここで，おなじ「標本」という言葉が使われているとはいえ，母集団の部分集合としての標本と標本空間とは，その意味が異なることに注意しよう．それにもかかわらず，標本（解析対象となる属性を有する個体の集まり）と標本空間（確率的試行を行ったときに起こりうる結果の全体）が同一視されて用いられることがある．しかし本書では，これら 2 つの概念を区別し，母集団に含まれる個体それぞれが標本空間 Ω に含まれる要素のうちの 1 つを有しているものとみなして対応させる．

さて，$\{\omega : X(\omega) \leq x\}$ は標本空間 Ω の部分集合であるから，その意味において，

2.1 節で説明した事象である．したがって，(3.1) 式をとおして，$\{\omega : X(\omega) \leq x\}$ であらわされる個々の事象に対して，2.2 節で定義した確率を割り当てることができるようになる．そこで，$A = \{\omega : X(\omega) \leq x\}$ とするとき，事象 A の確率 $\mathrm{pr}(A)$ を

$$\mathrm{pr}(A) = \mathrm{pr}\left(\{\omega : X(\omega) \leq x\}\right) = \mathrm{pr}\left(X \leq x\right) \tag{3.2}$$

とあらわすことにしよう．本来であれば，確率変数 X は標本空間 Ω を定義域とする実数値関数であるから，確率 $\mathrm{pr}(\cdot)$ も $\mathcal{F}$ を定義域とする実数値関数である．一方，(3.2) 式の表現方法からわかるように，統計科学においては，確率変数 X がとりうる値全体からなる集合 D_X と標本空間 Ω を同一視することが少なくない．このことを踏まえて，本書では，特に断らない限り，D_X を確率 $\mathrm{pr}(\cdot)$ の定義域とみなす．

✔ 例 3.1　例として，コイン投げを考えることにしよう．このときの標本空間は $\Omega = \{\,$表, 裏$\,\}$ であり，Ω 上の完全加法族は $\mathcal{F} = \{\phi, \{\,$表$\,\}, \{\,$裏$\,\}, \Omega\}$ である．Ω の要素は実数ではないが，たとえば，$X(\text{表}) = 1, X(\text{裏}) = 0$ という，Ω 上で定義された実数値関数 X を考えると，コインを 1 度だけ投げる試行を考えるならば，

$$\left.\begin{array}{ll} \{\omega : X(\omega) \leq x\} = \phi & x < 0 \text{ のとき} \\[1.2em] \left.\begin{array}{l} \{\omega : X(\omega) \leq x\} = \{\,\text{裏}\,\} \\ \{\omega : X(\omega) \leq x\}^c = \{\omega : X(\omega) > x\} = \{\,\text{表}\,\} \end{array}\right\} & 0 \leq x < 1 \text{ のとき} \\[1.2em] \{\omega : X(\omega) \leq x\} = \Omega & x \geq 1 \text{ のとき} \end{array}\right\} \tag{3.3}$$

となる．したがって，任意の実数 x に対して (3.1) 式を満たすことがわかる．

■

さて，(3.2) 式を x の実数値関数とみなしたとき，これを X の**累積分布関数** (cumulative distribution function) といい，$F_X(x)$ であらわす．また，任意の $x \in D_X$ に対して確率分布 (3.2) 式（累積分布関数 $F_X(x)$）が存在するとき，X はその**確率分布にしたがう**という．

なお，Rao (2001) の教科書などのように，累積分布関数が $\mathrm{pr}(X < x)$ で定義されているものもある．実際，確率変数の定義として (3.1) 式を用いた場合

には，完全加法族の定義 (iii) より，任意の x に対して

$$\{\omega : X(\omega) < x\} = \bigcup_{n=1}^{\infty}\left\{\omega : X(\omega) \leq x - \frac{1}{n}\right\} \in \mathcal{F} \tag{3.4}$$

が導かれる（2.1 節参照）．一方，(3.1) 式の代わりに $\{\omega : X(\omega) < x\} \in \mathcal{F}$ を確率変数の定義として用いた場合には，完全加法族の定義 (ii) より，任意の x に対して

$$\{\omega : X(\omega) \geq x\} = \{\omega : X(\omega) < x\}^c \in \mathcal{F} \tag{3.5}$$

であることから，完全加法族の定義 (iii) とあわせて，

$$\{\omega : X(\omega) \leq x\} = \bigcap_{n=1}^{\infty}\left\{\omega : X(\omega) < x + \frac{1}{n}\right\} \in \mathcal{F} \tag{3.6}$$

を得る．したがって，本書では，(3.2) 式によって累積分布関数を定義するが，実際には，読者が想定する問題設定に応じて適切な定義を与えておくのがよい．

累積分布関数の定義より，$F_X(x)$ は**右連続** (right continuous) の非負実数値関数である．すなわち，任意の x に対して $F_X(x) \geq 0$ であり，かつ $\lim_{n\to\infty} x_n = a$ となるような任意の**単調減少数列** (monotonically decreasing sequence)$\{x_n : n = 1, 2, \ldots\}$

$$x_1 > x_2 > \cdots > x_n > \cdots > a; \quad x_1, x_2, \ldots, a \in D_X \tag{3.7}$$

に対して

$$F_X(a) = \lim_{n\to\infty} F_X(x_n) \tag{3.8}$$

が成り立つ．このことは，直感的に，x の値を a より大きいほうから a に近づけていくと D_X において $F_X(a)$ の値が存在することを意味している（x の値を a より小さいほうから a に近づけた場合に，$F_X(a)$ の値が存在することを保証しているわけではない）．ちなみに，実数値関数 $g(x)$ が $a \in D_X$ で**左連続** (left continuous) とは $\lim_{n\to\infty} x_n = a$ となるような任意の**単調増加数列** (monotonically increasing sequence)$\{x_n : n = 1, 2, \ldots\}$

$$x_1 < x_2 < \cdots < x_n < \cdots < a; \quad x_1, x_2, \ldots, a \in D_X \tag{3.9}$$

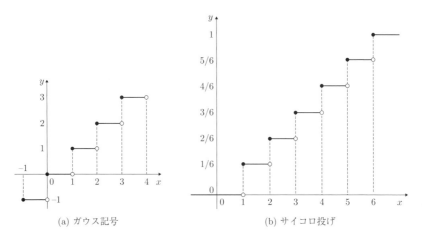

(a) ガウス記号 　　　　　　　　　(b) サイコロ投げ

図 3.1 右連続であるが左連続ではない例（線分の右端についている○はその点をとらないことを意味する）

に対して

$$g(a) = \lim_{n \to \infty} g(x_n) \tag{3.10}$$

が成り立つことをいう．$g(x)$ が $x = a$ で右連続かつ左連続であるとき，$g(x)$ は $x = a$ で**連続** (continuous) であるという．

✔ **例 3.2** 右連続だが左連続でない実数値関数の例として，ガウス記号 $[x]$（x を越えない最大の整数）がある．実際，この関数のグラフは図 3.1(a) のようになり，x が整数である点で右連続であって，左連続ではないことがわかる．

右連続だが左連続でないもう一つの関数の例として，サイコロを 1 回投げる確率試行を考え，1 から 6 のそれぞれの目がでる確率が 1/6 で与えられる状況を考えよう．このときの累積分布関数は

$$F_X(x) = \begin{cases} 0 & x < 1 \text{ のとき} \\ \dfrac{i}{6} & i \leq x < i+1 \ (i = 1, \ldots, 5) \text{ のとき} \\ 1 & x \geq 6 \text{ のとき} \end{cases} \tag{3.11}$$

となる．図 3.1(b) を見ればわかるように，この累積分布関数は右連続だが左連続ではない． ■

$x_1 < x_2$ なる x_1 と x_2 に対して, $\{\omega : X(\omega) \leq x_1\}$ と $\{\omega : x_1 < X(\omega) \leq x_2\}$ は互いに排反であり,

$$\{\omega : X(\omega) \leq x_2\} = \{\omega : X(\omega) \leq x_1\} \cup \{\omega : x_1 < X(\omega) \leq x_2\} \quad (3.12)$$

である. このことから, 確率の定義 (2.5) 式と累積分布関数の定義より,

$$F_X(x_2) = \mathrm{pr}(X \leq x_2) = \mathrm{pr}(X \leq x_1) + \mathrm{pr}(x_1 < X \leq x_2) \geq F_X(x_1) \quad (3.13)$$

が得られる. したがって, 累積分布関数は**単調非減少関数** (monotonically non-decreasing function), すなわち, $x_1 < x_2$ に対して $F_X(x_1) \leq F_X(x_2)$ が成り立つ. また, (3.13) 式より

$$\mathrm{pr}(x_1 < X \leq x_2) = F_X(x_2) - F_X(x_1) \quad (3.14)$$

であることがわかる.

ここで, 自然数 n に対して,

$$\{\omega : X(\omega) < \infty\} = \bigcup_{n=1}^{\infty} \{\omega : X(\omega) \leq n\} \quad (3.15)$$

を考えることにしよう. このとき, $\{\omega : X(\omega) < \infty\} = \Omega$ であることから

$$\lim_{n \to \infty} F_X(n) = F_X(\infty) = \mathrm{pr}(\Omega) = 1 \quad (3.16)$$

を得る. 同様に,

$$\{\omega : X(\omega) < -\infty\} = \bigcap_{n=1}^{\infty} \{\omega : X(\omega) \leq -n\} \quad (3.17)$$

を考えてみると, $\{\omega : X(\omega) < -\infty\} = \phi$ であることから

$$\lim_{n \to -\infty} F_X(n) = F_X(-\infty) = \mathrm{pr}(\phi) = 0 \quad (3.18)$$

を得る.

3.2 離散型確率変数・連続型確率変数

D_X が有限個または可算無限個の要素からなるとき, $x \in D_X$ に対して非負実数値関数 $f_X(x)$ を

$$\sum_{D_X} f_X(x) = 1 \tag{3.19}$$

により定義する．このときの X を**離散型確率変数** (discrete random variable) といい，$f_X(x)$ を**確率関数** (probability (mass) function) という．

X の値が事象 $A \subset D_X$ に含まれる確率は

$$\mathrm{pr}(X \in A) = \sum_{x \in A} f_X(x) \tag{3.20}$$

で与えられ，X の累積分布関数は

$$F_X(x) = \mathrm{pr}(X \le x) = \sum_{t \le x} f_X(t) \tag{3.21}$$

とあらわすことができる．このことから，累積分布関数は例 3.2 で見たような階段状の実数値関数となること，そして，X が整数値をとる離散型確率変数である場合には，X の確率関数が

$$f_X(x) = F_X(x) - F_X(x-1) \tag{3.22}$$

で与えられることがわかる．

D_X 上で定義された累積分布関数 $F_X(x)$ が連続関数であるとき，X を**連続型確率変数** (continuous random variable) という．本書では，

$$\int_{D_X} f_X(x)dx = 1, \quad \mathrm{pr}(a < X \le b) = \int_a^b f_X(x)dx, \quad \int_a^a f_X(x)dx = 0 \tag{3.23}$$

を満たす非負実数値関数 $f_X(x) \ge 0$ が存在する確率分布を対象とする（$a, b \in D_X$）．この実数値関数 $f_X(x)$ を X の**確率密度関数** (probability density function) という．

連続型確率変数 X の確率密度関数 $f_X(x)$ が $(-\infty, \infty)$ 上で定義されているとき，X の累積分布関数を

$$F_X(x) = \mathrm{pr}(X \le x) = \int_{-\infty}^x f_X(t)dt \tag{3.24}$$

のように与えることができる．ここで，$f_X(x)$ が D_X 上で定義された連続関数であるとき，累積分布関数 $F_X(x)$ の一次導関数 $F'_X(x)$ が存在し，$f_X(x) = F'_X(x)$ となる．

補足 3.1（微分積分学の基本定理：fundamental theorem of calculus）　D_X 上で定義された実数値関数 $g(x)$ が連続であるとき，$a, x \in D_X$ に対して

$$\frac{d}{dx}\int_a^x g(t)dt = g(x)$$

が成り立つ．ただし，a は定数とする．

今後，本書では，確率関数と確率密度関数を区別することなく，確率密度関数ということにする．離散型確率変数における確率関数 $f_X(x)$ は $X = x$ のときの確率 $\mathrm{pr}(X = x)$ をあらわしている．これに対して，(3.23) 式からわかるように，連続型確率変数の場合には $X = x$ をとる確率は 0 である．このことは，量的データが採取されるようなケースでは，意図的な抽出を行わない限り，正確に $X = x$ をとるのが極めて困難であることを思い浮かべればよいであろう．このように，確率密度関数と確率関数が異なる解釈を持つ状況は少なくない．この違いは文脈によって判断できると思うが，混乱のないように注意されたい．

なお，確率密度関数 $f_X(x)$ を用いて累積分布関数が表現できるとき，その確率分布は確率密度関数 $f_X(x)$ を持つということにする．また，本書では，被積分関数（積分計算の対象となる関数）の積分可能性についても，特に断らない限り，積分可能であると仮定する．本書では，実数値関数が積分可能ではない例として，ときおり，コーシー分布（6.6 節を参照）の期待値が登場するが，これについては必要に応じて積分の値が存在しないことを述べることとする．加えて，確率論においては，確率密度関数の存在しない確率分布が議論の対象になることがある．しかし，本書の内容は確率密度関数が存在するような確率分布に限定される．このあたりの話題に興味ある読者は，ルベーグ積分や確率論の教科書を参照してほしい．

さて，X の確率密度関数 $f_X(x)$ が定義されると，確率分布の位置をあらわす指標として，X の**平均** (mean) が

$$E[X] = \int_{D_X} x f_X(x) dx \tag{3.25}$$

により定義される. 本書では, これを μ_x であらわす. より一般に, X の実数値関数 $g(X)$ に対して, $g(X)$ の**期待値** (expectation) は

$$E[g(X)] = \int_{D_X} g(x) f_X(x) dx \tag{3.26}$$

と定義される. これを $\mu_{g(x)}$ であらわす. 特に, $g(X) = X^k$ と定義するとき, $E[X^k]$ を原点まわりの k 次の**積率** (モーメント: moment) という. また, $g(X) = (X - \mu_x)^2$ と定義した場合, (3.26) 式を X の**分散** (variance) という. 本書では, これを $\mathrm{var}[X]$ や σ_{xx} であらわす. 定義より, 分散は非負の実数値をとることがわかる. 加えて, 分散の正の平方根 $\sqrt{\sigma_{xx}}$ を**標準偏差** (standard deviation) という.

さて, 分散は次のように変形することができる.

$$\begin{aligned}
\mathrm{var}[X] &= \int_{D_X} (x - \mu_x)^2 f_X(x) dx \\
&= \int_{D_X} x^2 f_X(x) dx - 2\mu_x \int_{D_X} x f_X(x) dx + \mu_x^2 \int_{D_X} f_X(x) dx \\
&= E[X^2] - E[X]^2 \tag{3.27}
\end{aligned}$$

なお, 本節では, 期待値を連続型確率変数に基づいて定義している. しかし, 離散型確率変数の場合には, 積分記号 $\left(\int_{D_X}\right)$ を和記号 $\left(\sum_{D_X}\right)$ に置き換えてやればよい. したがって, 本書では, 主に連続型確率変数に関する取り扱いを中心に説明し, 必要に応じて離散型確率変数に触れることにする.

本節の最後に, 期待値と累積分布関数の間の基本的な関係について述べておこう.

定理 3.1 $(0, \infty)$ 上で定義された確率密度関数 $f_X(x)$ を持つ確率変数 X について, X の期待値 $E[X]$ が存在するならば,

$$E[X] = \int_0^\infty (1 - F_X(x)) \, dx \tag{3.28}$$

が成り立つ.

証明 $x > 0$ に対して,

$$x\{1 - F_X(x)\} = x \int_x^\infty f_X(t)dt \le \int_x^\infty t f_X(t)dt \ \to \ 0 \ (x \to \infty) \quad (3.29)$$

が成り立つことから

$$E[X] = \int_0^\infty x f_X(x)dx = [-x(1 - F_X(x))]_0^\infty + \int_0^\infty (1 - F_X(x))\,dx$$

$$= \int_0^\infty \{1 - F_X(x)\}\,dx \quad (3.30)$$

を得る. □

3.3 確率変数ベクトル

前節では,単一の確率変数のみを対象として累積分布関数や確率密度関数などを定義した.しかし,統計科学においては,少なくとも2つ,あるいはそれ以上の値からなる確率変数を扱えるような確率分布を用いることが多い.そこで,本節では,二次元確率変数ベクトルの取り扱いを中心に説明する.確率変数ベクトルの一般的な取り扱いについては,本書で扱うレベルでは二次元確率変数ベクトルとあまり差異がないので,特に断らない限り省略する.

確率変数 X, Y から構成される二次元行ベクトル (X, Y) や列ベクトル $\begin{pmatrix} X \\ Y \end{pmatrix}$ を二次元**確率変数ベクトル** (random vector) という.ここに,本書では,行列やベクトルの行と列を入れ替える**転置** (transpose) をあらわすために,プライム記号 ($'$) を用いる.たとえば,$a_i (i = 1, 2)$ を実数値とする二次元行ベクトル(あるいは 1×2 行列)$\boldsymbol{a} = (a_1, a_2)$ に対して,$\boldsymbol{a}' = (a_1, a_2)'$ は二次元列ベクトル(あるいは 2×1 行列)$\boldsymbol{a}' = \begin{pmatrix} a_1 \\ a_2 \end{pmatrix}$ となる.同様に,$\begin{pmatrix} a_1 \\ a_2 \end{pmatrix}' = (a_1, a_2)$ である.また,$a_{ij} (i, j = 1, 2)$ を実数値とする 2×2 行列 $A = \begin{pmatrix} a_{11} & a_{12} \\ a_{21} & a_{22} \end{pmatrix}$ に対して,その転置は $A' = \begin{pmatrix} a_{11} & a_{21} \\ a_{12} & a_{22} \end{pmatrix}$ で与えられる.ここで,ベクトル $\boldsymbol{a}$ の a_i を第 i 成分といい,行列 A の a_{ij} を行列 A の第 (i, j) 成分という.

本書では,確率変数ベクトルに対する累積分布関数や確率密度関数を単一の確率変数の場合の拡張として定義する.すなわち,X と Y を連続型確率変数

とするとき, $x \in D_X$ と $y \in D_Y$ に対して非負実数値関数 $f_{X,Y}(x,y) \geq 0$ を

$$\int_{D_X} \int_{D_Y} f_{X,Y}(x,y)dydx = 1 \tag{3.31}$$

を満たすように定義する. このときの $f_{X,Y}(x,y)$ を (X,Y) の**同時確率密度関数** (joint probability density function) という. また,

$$F_{X,Y}(x,y) = \int_{-\infty}^{x} \int_{-\infty}^{y} f_{X,Y}(t,s)dsdt \tag{3.32}$$

を**同時累積分布関数** (joint cumulative distribution function) という (補足 3.2 参照). 同時累積分布関数は単調非減少関数, すなわち, 任意の $y \in D_Y$ に対して, $x_1 < x_2$ ならば

$$F_{X,Y}(x_1,y) \leq F_{X,Y}(x_2,y) \tag{3.33}$$

である. 同様に, 任意の $x \in D_X$ に対して, $y_1 < y_2$ ならば

$$F_{X,Y}(x,y_1) \leq F_{X,Y}(x,y_2) \tag{3.34}$$

である.

(X,Y) の同時確率密度関数が与えられたとき, $X = x$ の実数値関数

$$F_X(x) = \int_{-\infty}^{x} \int_{D_Y} f_{X,Y}(t,y)dydt = \lim_{y \to \infty} F_{X,Y}(x,y) \tag{3.35}$$

を X の**周辺累積分布関数** (marginal cumulative distribution function) という. X の**周辺確率密度関数** (marginal probability density function) も同様な流れで

$$f_X(x) = \int_{D_Y} f_{X,Y}(x,y)dy \tag{3.36}$$

と定義される. このことからわかるように,

$$\lim_{\substack{x \to \infty \\ y \to \infty}} F_{X,Y}(x,y) = 1, \ \lim_{x \to -\infty} F_{X,Y}(x,y) = 0, \ \lim_{y \to -\infty} F_{X,Y}(x,y) = 0 \tag{3.37}$$

---

[1] 補足 3.2 は初学年の微分積分学で紹介されているものであるが, より一般に, フビニの定理が成り立つ: $\int_{D_Y} \int_{D_X} |f(x,y)|dxdy < \infty$ であるとき, $\int_{D_Y} \left(\int_{D_X} f(x,y)dx \right) dy = \int_{D_X} \left(\int_{D_Y} f(x,y)dy \right) dx$ が成り立つ.

が成り立つ.

補足 3.2（積分順序の変更：change the order of integration）[1]　本書では，重積分を計算する際に，しばしば，（暗黙に）積分順序の変更が行われていることに注意してほしい．積分順序の変更が可能であるための十分条件として，以下が知られている．

$\phi_i(x), \psi_j(y) (i, j = 1, 2)$ が連続な関数であり，積分範囲が $\{(x,y)|a \le x \le b, \phi_1(x) \le y \le \phi_2(x)\} = \{(x,y)|\psi_1(y) \le x \le \psi_2(y), \alpha \le y \le \beta\}$ の 2 とおりの方法であらわせるとき，$g(x,y)$ が連続関数であるならば，

$$\int_a^b \int_{\phi_1(x)}^{\phi_2(x)} g(x,y)dydx = \int_\alpha^\beta \int_{\psi_1(y)}^{\psi_2(y)} g(x,y)dxdy$$

が成り立つ.

周辺累積分布関数や周辺確率密度関数は，前節で紹介した累積分布関数や確率密度関数と同じ性質を持つ．実際，周辺確率密度関数 $f_X(x)$ から導かれる X の平均と分散は，それぞれ

$$E[X] = \int_{D_X} x f_X(x)dx = \int_{D_X} x \left(\int_{D_Y} f_{X,Y}(x,y)dy \right) dx$$
$$= \int_{D_X} \int_{D_Y} x f_{X,Y}(x,y)dydx \tag{3.38}$$

$$\mathrm{var}[X] = \int_{D_X} (x - \mu_x)^2 f_X(x)dx = \int_{D_X} (x - \mu_x)^2 \left(\int_{D_Y} f_{X,Y}(x,y)dy \right) dx$$
$$= \int_{D_X} \int_{D_Y} (x - \mu_x)^2 f_{X,Y}(x,y)dydx \tag{3.39}$$

により定義される．このことを踏まえて，周辺確率密度関数 $f_X(x)$ から導かれた X の平均や分散についても，3.2 節で導入した μ_x や σ_{xx} といった記号をそのまま用いる．

ここで，(X, Y) の同時確率密度関数 $f_{X,Y}(x,y)$ に対して $f_X(x) > 0$ であるとき，

$$f_{Y|X}(y|x) = \frac{f_{X,Y}(x,y)}{f_X(x)} \tag{3.40}$$

を $X = x$ を与えたときの $Y = y$ の**条件付き確率密度関数** (conditional probability density function) という.

条件付き確率密度関数の定義より,条件付き確率密度関数 $f_{Y|X}(y|x)$ と周辺確率密度関数 $f_X(x)$ が与えられたとき,(X, Y) の同時確率密度関数 $f_{X,Y}(x, y)$ は

$$f_{X,Y}(x, y) = f_{Y|X}(y|x)f_X(x) \tag{3.41}$$

とあらわすことができる.2.3 節の (2.24) 式と同様に,この式を乗法公式という.乗法公式の表現方法には一意性がなく,

$$f_{X,Y}(x, y) = f_{Y|X}(y|x)f_X(x), \quad f_{X,Y}(x, y) = f_{X|Y}(x|y)f_Y(y) \tag{3.42}$$

の 2 とおりの形式が存在する.

なお,乗法公式の拡張として,条件付き確率密度関数 $f_{X_p|X_1,X_2,\ldots,X_{p-1}}$ $(x_p|x_1, x_2, \ldots, x_{p-1}), \ldots, f_{X_2|X_1}(x_2|x_1)$ と周辺確率密度関数 $f_{X_1}(x_1)$(便宜上,これを $f_{X_1|X_0}(x_1|x_0)$ とおく)が与えられているとしよう.このとき,p 次元確率変数ベクトル $(X_1, X_2, \ldots, X_p)$ の同時確率密度関数 $f_{X_1,X_2,\ldots,X_p}(x_1, x_2, \ldots, x_p)$ は

$$f_{X_1,X_2,\ldots,X_p}(x_1, x_2, \ldots, x_p) = \prod_{i=1}^{p} f_{X_i|X_1,X_2,\ldots,X_{i-1}}(x_i|x_1, x_2, \ldots, x_{i-1}) \tag{3.43}$$

とあらわすことができる.このとき,(3.43) 式を同時確率密度関数 $f_{X_1,X_2,\ldots,X_p}$ $(x_1, x_2, \ldots, x_p)$ の**逐次的因数分解** (recursive factorization),あるいは 2.3 節の (2.26) 式と同様に連鎖公式という.

さて,条件付き確率密度関数 $f_{Y|X}(y|x)$ が定義されると,Y の実数値関数 $g(Y)$ に対して,$X = x$ を与えたときの $g(Y)$ の**条件付き期待値** (conditional expectation) は

$$E\left[g(Y)|X = x\right] = \int_{D_Y} g(y)f_{Y|X}(y|x)dy \tag{3.44}$$

と定義される.一般に,(3.44) 式は x に関する実数値関数であることに注意さ

れたい. 特に, $g(Y) = Y$ とおいたときの (3.44) 式を, $X = x$ を与えたときの Y の**条件付き平均** (conditional mean) といい, $\mu_{y.x}$ であらわす. なお, X を用いて Y の挙動を予測するような回帰分析のフレームワークでは, (3.44) 式を**回帰関数** (regression function) ということがある. また, $g(Y) = (Y - \mu_{y.x})^2$ とするとき, (3.44) 式を $X = x$ を与えたときの Y の**条件付き分散** (conditional variance) という. 本書では, これを $\mathrm{var}[Y|X = x]$ または $\sigma_{yy.x}$ と表記する.

(X, Y) の実数値関数 $g(X, Y)$ の期待値は $f_{X,Y}(x, y)$ を用いて

$$E\left[g(X, Y)\right] = \int_{D_X} \int_{D_Y} g(x, y) f_{X,Y}(x, y) dy dx \tag{3.45}$$

と定義される. 特に, $g(X, Y) = (X - \mu_x)(Y - \mu_y)$ と定義したときの (3.45) 式を X と Y の**共分散** (covariance) といい, X と Y の関係性を評価するための指標の一つとして使われる. 本書では, これを $\mathrm{cov}(X, Y)$ や σ_{xy} であらわす. X と Y の共分散は

$$
\begin{aligned}
E\left[g(X, Y)\right] &= E\left[(X - \mu_x)(Y - \mu_y)\right] \\
&= \int_{D_X} \int_{D_Y} (x - \mu_x)(y - \mu_y) f_{X,Y}(x, y) dy dx \\
&= \int_{D_X} \int_{D_Y} xy f_{X,Y}(x, y) dy dx - \mu_x \int_{D_X} \int_{D_Y} y f_{X,Y}(x, y) dy dx \\
&\quad - \mu_y \int_{D_X} \int_{D_Y} x f_{X,Y}(x, y) dy dx + \mu_x \mu_y \int_{D_X} \int_{D_Y} f_{X,Y}(x, y) dy dx \\
&= E\left[XY\right] - \mu_x E\left[Y\right] - \mu_y E\left[X\right] + \mu_x \mu_y = E\left[XY\right] - E\left[X\right] E\left[Y\right] \quad (3.46)
\end{aligned}
$$

とあらわすことができる.

(3.45) 式と同様に, $Z = z$ を与えたときの X と Y からなる実数値関数 $g(X, Y)$ の条件付き期待値は

$$E\left[g(X, Y)|Z = z\right] = \int_{D_X} \int_{D_Y} g(x, y) f_{X,Y|Z}(x, y|z) dy dx \tag{3.47}$$

と定義される. 特に, $g(X, Y) = (X - \mu_{x.z})(Y - \mu_{y.z})$ と定義したときの (3.47) 式を, $Z = z$ を与えたときの X と Y の**条件付き共分散** (conditional covariance) という. 本書では, これを $\mathrm{cov}\left[X, Y|Z = z\right]$ や $\sigma_{xy.z}$ であらわす.

　共分散および分散に基づいて相関係数が定義される．すなわち，X と Y の共分散を X の標準偏差および Y の標準偏差で除した

$$\rho_{xy} = \frac{\sigma_{xy}}{\sqrt{\sigma_{xx}}\sqrt{\sigma_{yy}}} \tag{3.48}$$

を X と Y の**相関係数** (correlation coefficient) といい，X と Y の関係性を評価する指標の一つとして使われる．ただし，共分散とは異なり，相関係数の絶対値は 1 を超えることはない（4.2 節を参照）．X と Y の相関係数が正の値をとるとき，X と Y には**正の相関** (positive correlation) があるという．また，X と Y の相関係数が負の値をとるとき，X と Y には**負の相関** (negative correlation) があるという．加えて，X と Y の相関係数が 0 であるとき，X と Y は**無相関** (null correlation) であるという．6.2.2 項で紹介する**二次元正規分布** (bivariate normal distribution) において，$X = x$ を与えたときの Y の条件付き平均を計算すると，

$$E[Y|X=x] = \mu_y + \frac{\sigma_{xy}}{\sigma_{xx}}(x - \mu_x) = \mu_y + \rho_{xy}\frac{\sqrt{\sigma_{yy}}}{\sqrt{\sigma_{xx}}}(x - \mu_x) \tag{3.49}$$

が得られる（導出については 6.2.2 項を参照のこと）．こういった呼び名は (3.49) 式をとおして，X と Y の関係が相関係数の符号に支配されていることからイメージできるであろう．

　相関係数 ρ_{xy} と同様に，$Z = z$ を与えたときの X と Y の条件付き共分散 $\sigma_{xy.z}$ を，$Z = z$ を与えたときの X の**条件付き標準偏差** (conditional standard deviation)$\sqrt{\sigma_{xx.z}}$ および Y の条件付き標準偏差 $\sqrt{\sigma_{yy.z}}$ で除した

$$\rho_{xy.z} = \frac{\sigma_{xy.z}}{\sqrt{\sigma_{xx.z}}\sqrt{\sigma_{yy.z}}} \tag{3.50}$$

を $Z = z$ を与えたときの X の Y の**条件付き相関係数** (conditional correlation coefficient) という．一般に，条件付き相関係数は z の実数値関数である．(3.50) 式が Z のとる値 z に依存しないとき，本書では，(3.50) 式を**偏相関係数** (partial correlation coefficient) ということにする．

3.4 確率変数の独立性

　ここで，確率変数どうしの無関係性を定式化するために，（周辺）独立性およ

び条件付き独立性の概念を導入することにしよう.

確率変数ベクトル (X, Y) の同時確率密度関数 $f_{X,Y}(x, y)$ が与えられたとき, 任意の $x \in D_X$ と $y \in D_Y$ に対して,

$$f_{X,Y}(x, y) = f_X(x) f_Y(y) \tag{3.51}$$

が成り立つとする. このとき, X と Y は（周辺）**独立** ((marginal) independence) であるという. X と Y が独立であることを $X \perp\!\!\!\perp Y$ であらわす. 一方, (3.51) 式が成り立たないとき, $X \not\!\perp\!\!\!\perp Y$ であらわす. このとき, 確率変数 X と Y は**従属** (dependence) するということがある.

$f_{X,Y}(x, y) > 0$ の仮定の下で, X と Y が独立であるとき, 条件付き確率密度関数の定義 (3.40) 式と確率変数の独立性 (3.51) 式より

$$\left.\begin{aligned} f_{X|Y}(x|y) &= \frac{f_{X,Y}(x, y)}{f_Y(y)} = \frac{f_X(x) f_Y(y)}{f_Y(y)} = f_X(x) \\ f_{Y|X}(y|x) &= \frac{f_{X,Y}(x, y)}{f_X(x)} = \frac{f_X(x) f_Y(y)}{f_X(x)} = f_Y(y) \end{aligned}\right\} \tag{3.52}$$

が得られる. 逆に, 任意の $x \in D_X$ と $y \in D_Y$ に対して

$$f_{X|Y}(x|y) = f_X(x), \quad f_{Y|X}(y|x) = f_Y(y) \tag{3.53}$$

のいずれかが成り立つならば, 乗法公式 (3.41) 式と独立性の定義 (3.51) 式により, X と Y は独立となることがわかる. また, X と Y が独立ならば,

$$\begin{aligned} E[XY] &= \int_{D_X} \int_{D_Y} xy \, f_{X,Y}(x, y) dy dx = \int_{D_X} \int_{D_Y} xy \, f_X(x) f_Y(y) dy dx \\ &= \int_{D_X} x f_X(x) dx \int_{D_Y} y f_Y(y) dy = E[X] E[Y] \end{aligned} \tag{3.54}$$

が成り立つ. したがって, (3.46) 式より X と Y の共分散は

$$\mathrm{cov}(X, Y) = E[XY] - E[X] E[Y] = E[X] E[Y] - E[X] E[Y] = 0 \tag{3.55}$$

となる. このことから, X と Y が独立ならば, X と Y の共分散は 0 となり, 相関係数も 0 となることがわかる. しかし, 一般に, X と Y の相関係数が 0 であっても, X と Y が独立であるとは限らない.

✔ **例 3.3** 確率変数 X と Y のとりうる値全体からなる集合をそれぞれ $D_X = \{-1, 0, 1\}$ と $D_Y = \{0, 1\}$ とする. このとき, (X, Y) の同時確率密度関数 $f_{X,Y}(x, y)$ を

$$f_{X,Y}(-1, 1) = \frac{1}{3}, \ \ f_{X,Y}(0, 0) = \frac{1}{3}, \ \ f_{X,Y}(1, 1) = \frac{1}{3} \tag{3.56}$$

と定義する (その他の領域では 0). このとき, (3.56) 式より

$$f_X(-1) = f_X(0) = f_X(1) = \frac{1}{3}, \ \ f_Y(0) = \frac{1}{3}, \ \ f_Y(1) = \frac{2}{3} \tag{3.57}$$

である. したがって, X と Y に関する期待値として

$$E[X] = 0, \ \ E[Y] = \frac{2}{3}, \ \ E[XY] = 0 \tag{3.58}$$

を得る. このことから, X と Y の相関係数 (共分散) は 0 となることがわかる. しかし, たとえば

$$f_X(-1)f_Y(0) = \frac{1}{3} \times \frac{1}{3} = \frac{1}{9}, \ \ f_{X,Y}(-1, 0) = 0 \tag{3.59}$$

であるから, X と Y は独立ではない. ∎

さて, 2.4 節で紹介した事象間の独立性は, ある特定の事象に着目したものである. これに対して, 本節で紹介した確率変数間の独立性は, X と Y のとりうる値全体に対して (3.51) 式が成り立つことを要請したものである. この意味において, 両者は異なる概念であることに注意しよう. なお, X と Y が独立であるとき, 事象 A と事象 B がそれぞれ Y と X に依存しないならば, (3.51) 式より

$$\mathrm{pr}(x \in A, y \in B) = \int_{x \in A} \int_{y \in B} f_{X,Y}(x, y) dy dx$$

$$= \int_{x \in A} f_X(x) dx \int_{y \in B} f_Y(y) dy = \mathrm{pr}(x \in A)\mathrm{pr}(y \in B) \tag{3.60}$$

が得られる. この意味において, X と Y が独立ならば, 事象 A と事象 B も独立となる. しかし, ある特定の事象 A と事象 B が独立であったからといって, X と Y も独立であるとは限らない. ただし, (2.33) 式からわかるように, X と Y がともに単一でかつ 2 値の確率変数からなる場合には, 事象の独立性の定

義 (2.31) 式と確率変数の独立性の定義 (3.51) 式は一致する.

なお，X と Y が独立でかつ同じ確率分布にしたがうとき，X と Y は**独立で同一の確率分布にしたがう確率変数** (independent and identically distributed (i.i.d.) random variables) ということがある．また，独立で同一の確率分布にしたがう n 個の確率変数 $X_1, X_2, \ldots, X_n$ を同時に考えるとき，その確率分布を持つ母集団からのサンプルサイズ n の**無作為標本** (random sample) という．無作為標本の実現値の集まりがデータ・セットである．母集団を特徴づける確率分布を**母集団分布** (population distribution) ということがある．

✔ **例3.4** 例として，表3.1に与えた同時確率密度関数 $f_{X,Y}(x,y)$ を考えることにしよう．この同時確率密度関数の場合，$X = x_3$ と $Y = y_1$，$X = x_3$ と $Y = y_2$ はそれぞれ独立であるが，X と Y は独立ではない．

表 3.1 同時確率密度関数 $f_{X,Y}(x,y)$

	x_1	x_2	x_3
y_1	0.3	0.05	0.35
y_2	0.1	0.05	0.15

3つの確率変数 X, Y, Z に対して，$Z = z$ を与えたときの X と Y の条件付き同時確率密度関数 $f_{X,Y|Z}(x,y|z)$ が与えられたとしよう．このとき，任意の $x \in D_X$ と $y \in D_Y$ に対して，

$$f_{X,Y|Z}(x,y|z) = f_{X|Z}(x|z)f_{Y|Z}(y|z) \tag{3.61}$$

が成り立つとき，$Z = z$ を与えたときに X と Y は**条件付き独立** (conditional independence) であるという．これを $X \perp\!\!\!\perp Y | Z = z$ であらわす．特に，任意の $Z = z$ に対して (3.61) 式が成り立つとき，Z を与えたときに X と Y は条件付き独立であるといい，$X \perp\!\!\!\perp Y | Z$ であらわす．一方，(3.61) 式が成り立たないとき，$X \not\!\perp\!\!\!\perp Y | Z$ とあらわし，Z を与えたときに X と Y は従属であるということがある．

任意の $x \in D_X$ と $y \in D_Y$ に対して $f_{X,Y|Z}(x,y|z) > 0$ の仮定の下で，$Z = z$ を与えたときに X と Y が条件付き独立であるとき，(3.61) 式より，任意の $x \in D_X$ と $y \in D_Y$ に対して

$$f_{Y|X,Z}(y|x,z) = f_{Y|Z}(y|z), \quad f_{X|Y,Z}(x|y,z) = f_{X|Z}(x|z) \tag{3.62}$$

が成り立つ．逆に，任意の $x \in D_X$ と $y \in D_Y$ に対して (3.62) 式のいずれかが

表 3.2 条件付き同時確率密度関数 $f_{X,Y|Z}(x,y|z)$ と同時確率密度関数 $f_{X,Y}(x,y)$

(a) $f_{X,Y}(x,y)$

	x_1	x_2
y_1	0.40	0.10
y_2	0.40	0.10

(b) $f_{X,Y|Z}(x,y|z_1)$

	x_1	x_2
y_1	0.425	0.020
y_2	0.525	0.030

(c) $f_{X,Y|Z}(x,y|z_2)$

	x_1	x_2
y_1	0.375	0.180
y_2	0.275	0.170

成り立つならば，乗法公式 (3.41) 式と条件付き独立性の定義 (3.61) 式により，$Z = z$ を与えたときに X と Y が条件付き独立であることがわかる．

✔ 例 3.5 一般に，Z を与えたときに X と Y が条件付き独立であるからといって X と Y が（周辺）独立になるわけではなく，その逆も真ではない．その例の一つを 2.4 節の例 2.8 で与えたところであるが，ここでは，X と Y が独立であるが Z を与えたときに X と Y が条件付き独立とはならない例として，表 3.2(a) の同時確率密度関数 $f_{X,Y}(x,y)$ を考えることにしよう．表 3.2(a) においては X と Y は独立となっている．ここで，この同時確率密度関数の背後にある条件付き確率密度関数として，表 3.2(b) と (c) が与えられており，Z の周辺確率密度関数として $f_Z(z_1) = f_Z(z_2) = 1/2$ を仮定する．このとき，表 3.2(b) と (c) のいずれにおいても，Z を与えたときに X と Y が条件付き独立とはならないことがわかる． ∎

3.5 順序統計量

確率変数 $X_1, X_2, \ldots, X_n$ を同一の確率分布からの無作為標本とし，これを大きさの順に

$$X_{(1)} \leq X_{(2)} \leq \cdots \leq X_{(n)} \tag{3.63}$$

と並べかえる．このとき，$X_{(1)}, X_{(2)}, \ldots, X_{(n)}$ を **順序統計量** (order statistic) といい，特に，$X_{(i)}$ を第 i 番目の順序統計量という ($i = 1, 2, \ldots, n$). $X_1, X_2, \ldots, X_n$ は独立であるが，$X_{(i)}$ のとりうる範囲は第 $i+1$ 番目の順序統計量と第 $i-1$ 番目の順序統計量によって $X_{(i-1)} \leq X_{(i)} \leq X_{(i+1)}$ となるため，$X_{(1)}, X_{(2)}, \ldots, X_{(n)}$ は独立ではないことがわかる．

定理 3.2 連続型確率変数 $X_1, X_2, \ldots, X_n$ を確率密度関数 $f_X(x)$ を持つ確率分布からの無作為標本とするとき，第 i 番目の順序統計量 $X_{(i)}$ の確率密度関数 $f_{X_{(i)}}(x)$ は

$$f_{X_{(i)}}(x) = \frac{n!}{(i-1)!(n-i)!} \{F_X(x)\}^{i-1} \{1 - F_X(x)\}^{n-i} f_X(x) \quad (3.64)$$

で与えられる．特に，第 1 番目の順序統計量 $X_{(1)}$ の確率密度関数と累積分布関数はそれぞれ

$$f_{X_{(1)}}(x) = n\left(1 - F_X(x)\right)^{n-1} f_X(x), \quad F_{X_{(1)}} = 1 - \left(1 - F_X(x)\right)^n \quad (3.65)$$

で与えられ，第 n 番目の順序統計量 $X_{(n)}$ の確率密度関数と累積分布関数はそれぞれ

$$f_{X_{(n)}}(x) = n\, F_X(x)^{n-1} f_X(x), \quad F_{X_{(n)}} = F_X(x)^n \quad (3.66)$$

で与えられる．

証明 第 i 番目の順序統計量 $X_{(i)}$ が区間 $(x, x+dx)$ に入る確率は，$i-1$ 個の確率変数が x よりも小さい値をとり，$n-i$ 個の確率が $x+dx$ よりも大きな値をとり，残りの 1 つが区間 $(x, x+dx)$ にある確率に相当する．したがって，多項分布の考え方（5.4 節参照）を利用することにより

$$F_{X_{(i)}}(x+dx) - F_{X_{(i)}}(x) = \mathrm{pr}(x < X_{(i)} \le x+dx)$$
$$= \frac{n!}{(i-1)!1!(n-i)!}\left(F_X(x)\right)^{i-1}\left(F_X(x+dx) - F_X(x)\right)\left(1 - F_X(x+dx)\right)^{n-i}$$

であるから，

$$\begin{aligned}
f_{X_{(i)}}(x) &= \lim_{dx \to 0} \frac{F_{X_{(i)}}(x+dx) - F_{X_{(i)}}(x)}{dx} \\
&= \frac{n!}{(i-1)!(n-i)!}\left(F_X(x)\right)^{i-1}\left(1 - F_X(x)\right)^{n-i} \lim_{dx \to 0} \frac{F_X(x+dx) - F_X(x)}{dx} \\
&= \frac{n!}{(i-1)!(n-i)!}\left(F_X(x)\right)^{i-1}\left(1 - F_X(x)\right)^{n-i} f_X(x)
\end{aligned}$$

を得る．(3.65) 式と (3.66) 式の証明は演習問題とする（問題 3.4）． □

✔ **例 3.6** 確率変数 $X_1, X_2, \ldots, X_n$ が区間 $(0, 1)$ で定義された確率密度関数

$$f_X(x) = 1 \tag{3.67}$$

を持つ確率分布（これは，6.1 節で紹介する一様分布である）からの無作為標本とするとき，定理 3.2 より，第 i 番目の順序統計量 $X_{(i)}$ の確率密度関数は

$$f_{X_{(i)}}(x) = \frac{n!}{(i-1)!(n-i)!} x^{i-1} (1-x)^{n-i} \tag{3.68}$$

で与えられることがわかる．この確率密度関数を持つ確率分布はベータ分布と呼ばれるものであり，6.4 節で改めて紹介する．∎

上記と同様な考え方に基づくと，$X_{(i)}$ と $X_{(j)}$ の同時確率密度関数は

$$f_{X_{(i)}, X_{(j)}}(x, y) = \frac{n!}{(i-1)!(j-i-1)!(n-j)!}$$
$$\times (F_X(x))^{i-1} f_X(x) (F_X(y) - F_X(x))^{j-i-1} f_X(y) (1 - F_X(y))^{n-j} \tag{3.69}$$

となる．

演習問題

問題 3.1（**因数分解定理**：factorization theorem）　確率変数 X, Y の同時確率密度関数 $f_{X,Y}(x, y)$ が与えられたとき，X と Y が独立であるための必要十分条件は

$$f_{X,Y}(x, y) = g(x)h(y)$$

となる $g(x)$ と $h(y)$ が存在することである．このことを示せ．

問題 3.2　m_x を確率変数 X のしたがう確率分布の**中央値**（メディアン：median），すなわち，m_x が $\mathrm{pr}(X \leq m_x) = 0.5$ を満たすとき，任意の実数 a に対して

$$E[|X - m_x|] \leq E[|X - a|]$$

であることを示せ．

問題 3.3 定義域を $(-\infty, \infty)$ とする 2 つの正値確率密度関数 $f_X(x)$ と $g_X(x)$ につ
いて，**カルバック・ライブラー情報量** (Kullback-Leibler divergence)

$$\mathrm{KL}(f_X|g_X) = \int_{D_X} f_X(x) \log \frac{f_X(x)}{g_X(x)} dx$$

が非負であることを示せ．

問題 3.4 (3.65) 式と (3.66) 式を示せ．

第II部
確率分布の特徴づけ

第4章

期待値と変数変換

4.1 期待値と分散に関する基本公式

a と b を定数とし，X を確率変数とする．このとき，

$$Z_1 = aX + b \tag{4.1}$$

の期待値は，(3.25) 式より

$$
\begin{aligned}
E[Z_1] = E[aX + b] &= \int_{D_X} (ax + b) f_X(x) dx \\
&= a \int_{D_X} x f_X(x) dx + b \int_{D_X} f_X(x) dx \\
&= aE[X] + b = a\mu_x + b
\end{aligned} \tag{4.2}
$$

で与えられる．一方，Z_1 の分散は，(3.27) 式より

$$
\begin{aligned}
\mathrm{var}[Z_1] &= E\left[(aX + b - a\mu_x - b)^2\right] = E\left[a^2(X - \mu_x)^2\right] \\
&= \int_{D_X} a^2(x - \mu_x)^2 f_X(x) dx \\
&= a^2 \int_{D_X} (x - \mu_x)^2 f_X(x) dx = a^2 \mathrm{var}[X] = a^2 \sigma_{xx}
\end{aligned} \tag{4.3}
$$

で与えられ，b には依存しないことがわかる．
ここで，

$$Z_1 = \frac{X - \mu_x}{\sqrt{\sigma_{xx}}} \tag{4.4}$$

であるとき，(4.1) 式において，

$$a = \frac{1}{\sqrt{\sigma_{xx}}}, \quad b = -\frac{\mu_x}{\sqrt{\sigma_{xx}}} \tag{4.5}$$

とおけば，(4.2) 式と (4.3) 式より，

$$E\left[Z_1\right] = \frac{1}{\sqrt{\sigma_{xx}}}\mu_x - \frac{\mu_x}{\sqrt{\sigma_{xx}}} = 0, \quad \mathrm{var}\left[Z_1\right] = \left(\frac{1}{\sqrt{\sigma_{xx}}}\right)^2 \sigma_{xx} = 1 \quad (4.6)$$

となり，Z_1 の平均と分散はそれぞれ 0 と 1 であることがわかる．これを z-変換（標準変換：z-transformation）といい，この操作を基準化（標準化：standardization）という．

次に，もう一つの確率変数 Y を導入し，

$$Z_2 = aX + bY \tag{4.7}$$

を考えることにしよう．このとき，同時確率関数に基づく期待値の定義 (3.45) 式にしたがって，Z_2 の期待値を計算すると

$$\begin{aligned}
E\left[Z_2\right] &= E\left[aX + bY\right] = \int_{D_X}\int_{D_Y}(ax + by)f_{X,Y}(x,y)dydx \\
&= a\int_{D_X}\int_{D_Y}xf_{X,Y}(x,y)dydx + b\int_{D_Y}\int_{D_X}yf_{X,Y}(x,y)dxdy \\
&= aE\left[X\right] + bE\left[Y\right] = a\mu_x + b\mu_y
\end{aligned} \tag{4.8}$$

となる．同様に，Z_2 の分散は

$$\begin{aligned}
\mathrm{var}\left[Z_2\right] &= E\left[(aX + bY - a\mu_x - b\mu_y)^2\right] = E\left[\{a(X - \mu_x) + b(Y - \mu_y)\}^2\right] \\
&= E\left[a^2(X - \mu_x)^2 + 2ab(X - \mu_x)(Y - \mu_y) + b^2(Y - \mu_y)^2\right] \\
&= a^2\int_{D_X}\int_{D_Y}(x - \mu_x)^2 f_{X,Y}(x,y)dydx \\
&\quad + 2ab\int_{D_X}\int_{D_Y}(x - \mu_x)(y - \mu_y)f_{X,Y}(x,y)dydx \\
&\quad + b^2\int_{D_X}\int_{D_Y}(y - \mu_y)^2 f_{X,Y}(x,y)dydx \\
&= a^2\sigma_{xx} + 2ab\sigma_{xy} + b^2\sigma_{yy} = (a,b)\begin{pmatrix} \sigma_{xx} & \sigma_{xy} \\ \sigma_{xy} & \sigma_{yy} \end{pmatrix}\begin{pmatrix} a \\ b \end{pmatrix}
\end{aligned} \tag{4.9}$$

で与えられる．(4.9) 式より，$(0,0)$ ではない任意の (a,b) に対して，

$$(a,b)\begin{pmatrix} \sigma_{xx} & \sigma_{xy} \\ \sigma_{xy} & \sigma_{yy} \end{pmatrix}\begin{pmatrix} a \\ b \end{pmatrix} \geq 0 \tag{4.10}$$

であることに注意しよう. ここに,

$$\Sigma = \begin{pmatrix} \sigma_{xx} & \sigma_{xy} \\ \sigma_{xy} & \sigma_{yy} \end{pmatrix} \tag{4.11}$$

を (X, Y) の**分散共分散行列** (variance-covariance matrix) といい, まぎれの
ない場合には, 単に**共分散行列** (covariance matrix) という. (4.10) 式は共分
散行列が半正値対称行列 [1] であることを意味する. 一般に, 共分散行列は半正
値対称行列であるが, 特に断らない限り, 本書で扱われている共分散行列 Σ は
正値対称行列 [2] であるものとする.

(4.11) 式に対応して, 第 $(1, 1)$ 成分と第 $(2, 2)$ 成分に 1 を配し, 第 $(1, 2)$ 成
分と第 $(2, 1)$ 成分に X と Y の相関係数 ρ_{xy} を配した

$$\begin{pmatrix} 1 & \rho_{xy} \\ \rho_{xy} & 1 \end{pmatrix} \tag{4.12}$$

を (X, Y) の**相関行列** (correlation matrix) という. 相関行列も半正値対称行
列である. ちなみに, (3.55) 式で見たように, X と Y が独立である場合には,
$\sigma_{xy} = 0$ となる. したがって, (4.9) 式より

$$\mathrm{var}\,[Z_2] = a^2 \sigma_{xx} + b^2 \sigma_{yy} \tag{4.13}$$

が得られる.

期待値と条件付き期待値には次の関係がある.

定理 4.1（期待値の基本公式：**law of total expectation**）

$$E\,[Y] = E\,[E\,[Y|X]] \tag{4.14}$$

証明　まず,

$$E\,[Y|X = x] = \int_{D_Y} y f_{Y|X}(y|x) dy \tag{4.15}$$

---

[1] 行列 Σ が対称行列（すなわち, $\Sigma' = \Sigma$ を満たす）でかつ $(0,0)'$ ではない任意の二次元列ベクトル $\boldsymbol{a}$ に対して $\boldsymbol{a}'\Sigma\boldsymbol{a} \geq 0$ を満たすとき, Σ を半正値対称行列という.

[2] Σ が対称行列でかつ $(0,0)'$ ではない任意の二次元列ベクトル $\boldsymbol{a}$ に対して $\boldsymbol{a}'\Sigma\boldsymbol{a} > 0$ を満たすとき, Σ を正値対称行列という.

が X の実数値関数であることに注意しよう（Y について期待値をとるので Y の値に依存しない）．そのうえで，乗法公式 (3.41) 式を利用して，以下のような変形を行えばよい．

$$E[Y] = \int_{D_Y} y f_Y(y) dy = \int_{D_Y} y \left(\int_{D_X} f_{Y|X}(y|x) f_X(x) dx \right) dy$$

$$= \int_{D_X} \left(\int_{D_Y} y f_{Y|X}(y|x) dy \right) f_X(x) dx = E[E[Y|X]] \qquad (4.16) \quad \square$$

分散と条件付き分散には次の関係がある．

定理 4.2 （分散の基本公式：law of total variance）

$$\mathrm{var}[Y] = E[\mathrm{var}[Y|X]] + \mathrm{var}[E[Y|X]] \qquad (4.17)$$

証明　定理 4.1 の証明と同様に，以下のような変形を行えばよい．

$$\mathrm{var}[Y] = \int_{D_Y} (y - \mu_y)^2 f_Y(y) dy$$

$$= \int_{D_X} \int_{D_Y} (y - \mu_{y.x} + \mu_{y.x} - \mu_y)^2 f_{Y|X}(y|x) f_X(x) dy dx$$

$$= \int_{D_X} \int_{D_Y} (y - \mu_{y.x})^2 f_{Y|X}(y|x) f_X(x) dy dx$$

$$+ 2 \int_{D_X} \int_{D_Y} (y - \mu_{y.x})(\mu_{y.x} - \mu_y) f_{Y|X}(y|x) f_X(x) dy dx$$

$$+ \int_{D_X} \int_{D_Y} (\mu_{y.x} - \mu_y)^2 f_{Y|X}(y|x) f_X(x) dy dx \qquad (4.18)$$

ここで，第一項については，$\mu_{y.x} = E[Y|X=x]$ であることから

$$\int_{D_X} \int_{D_Y} (y - E[Y|X=x])^2 f_{Y|X}(y|x) f_X(x) dy dx$$

$$= \int_{D_X} \left(\int_{D_Y} (y - E[Y|X=x])^2 f_{Y|X}(y|x) dy \right) f_X(x) dx \qquad (4.19)$$

とあらわすことができる．これは $\mathrm{var}[Y|X]$ の期待値に他ならない（$\mathrm{var}[Y|X]$ は Y の値に依存しない）．第二項については，

$$\int_{D_X} \left(\int_{D_Y} (y - \mu_{y.x})(\mu_{y.x} - \mu_y) f_{Y|X}(y|x) dy \right) f_X(x) dx$$

$$= \int_{D_X} (\mu_{y.x} - \mu_y) \left(\int_{D_Y} (y - \mu_{y.x}) f_{Y|X}(y|x) dy \right) f_X(x) dx = 0 \qquad (4.20)$$

となることがわかる. 最後に, 第三項は

$$\int_{D_X} \int_{D_Y} (\mu_{y.x} - \mu_y)^2 f_{Y|X}(y|x) f_X(x) dy dx$$

$$= \int_{D_X} (\mu_{y.x} - \mu_y)^2 \left(\int_{D_Y} f_{Y|X}(y|x) dy \right) f_X(x) dx$$

$$= \int_{D_X} (\mu_{y.x} - \mu_y)^2 f_X(x) dx \qquad (4.21)$$

と変形できる. ここで, 定理 4.1 より, $\mu_{y.x} = E[Y|X]$ の期待値が $\mu_y = E[Y]$ であることに注意すると, 第三項は $E[Y|X]$ の分散であることがわかる. 以上をまとめて, (4.17) 式を得る. □

4.2 相関係数

ここで, 3.3 節で取り上げた相関係数が持つ基本的な性質として,

$$|\rho_{xy}| \le 1 \qquad (4.22)$$

であることを示そう. ここに, 等号は X と Y の間に $X - \mu_x = \alpha(Y - \mu_y)$, $(\alpha \neq 0)$ といった関係にあるときのみに成り立つ.

これを証明するために, 確率密度関数を考慮したコーシー・シュワルツの不等式を用いる.

定理 4.3 (コーシー・シュワルツの不等式：**Cauchy-Schwarz inequality**)
確率変数ベクトル (X, Y) の同時確率密度関数 $f_{X,Y}(x,y) > 0$ が与えられているとき, X と Y のそれぞれに対応する実数値関数 $g_X(X)$ と $g_Y(Y)$ に対して, $E[g_X(X)^2] < \infty$, $E[g_Y(Y)^2] < \infty$ であるならば

$$E[g_X(X)g_Y(Y)]^2 \le E[g_X(X)^2] E[g_Y(Y)^2] \qquad (4.23)$$

が成り立つ. (4.23) 式における等号は, $g_X(X) = a\, g_Y(Y)$ であるときのみ成り立つ. ここに, a は定数である.

証明 まず, 任意の a に対して

$$E\left[(g_X(X) - ag_Y(Y))^2\right]$$
$$= E\left[g_X(X)^2 - 2ag_X(X)g_Y(Y) + a^2 g_Y(Y)^2\right]$$
$$= E\left[g_X(X)^2\right] - 2aE\left[g_X(X)g_Y(Y)\right] + a^2 E\left[g_Y(Y)^2\right] \geq 0 \quad (4.24)$$

であることから，これを a に関する二次関数とみなしたとき，この式の判別式は

$$E\left[g_X(X)g_Y(Y)\right]^2 - E\left[g_X(X)^2\right] E\left[g_Y(Y)^2\right] \leq 0 \quad (4.25)$$

を満たす．このことから，(4.23) 式が成り立つことがわかる．なお，等号が成立するのは (4.24) 式が 0 となるような a を選んだときであるから，$g_X(X) = ag_Y(Y)$ となる． □

定理 4.3 において，

$$g_X(X) = X - \mu_x, \quad g_Y(Y) = Y - \mu_y \quad (4.26)$$

とおけば，

$$(E[(X - \mu_x)(Y - \mu_y)])^2 = \sigma_{xy}^2 \leq E[(X - \mu_x)^2]E[(Y - \mu_y)^2] = \sigma_{xx}\sigma_{yy} \quad (4.27)$$

すなわち，(4.22) 式が成り立つことがわかる．X と Y の共分散 σ_{xy} は X や Y の単位に依存するため，σ_{xy} の値が大きいからといって X と Y の間に強い関係があるといった結論を下すことはできない．これに対して，相関係数 ρ_{xy} は X や Y の単位に依存しないため，$|\rho_{xy}|$ が 1 に近いほど X と Y の間に強い線形従属関係（X と Y が一次関数に近いような関係）があると判断することができる．ただし，相関係数 ρ_{xy} は X と Y の間にどの程度の線形従属関係があるのかを評価する指標であって，非線形関係をとらえたものではないことに注意されたい．たとえば，3.4 節の例 3.3 で与えた同時確率密度関数は $Y = X^2$ という二次関数関係に基づいて作成したものであるが，X と Y の相関係数は 0 となっている．なお，定理 4.3 の等号条件からわかるように，相関係数が 1（あるいは -1）であっても，それは X と Y が正（あるいは負）の線形従属関係であること以外に何かがわかるものではないことに注意されたい．たとえば，X の平均が 0，分散が $\sigma_{xx} < \infty$ であるとき，X と Y の間の関係が $Y = 10X$ だろうと $Y = 0.1X$ であろうと相関係数は 1 である．

4.3 確率変数の変数変換

次の定理は，微分積分学の教科書で紹介されているものである．

> **定理 4.4** （置換積分：**integration by substitution**） 実数値関数 $f(x)$
> は区間 $[a, b]$ で連続であり，実数値関数 $x = g(t)$ は微分可能でかつ単調増加
> 関数であるとする．$x = g(t)$ の一次導関数が連続であるとき，
>
> $$\int_a^b f(x)dx = \int_\alpha^\beta f(g(t))g'(t)dt \tag{4.28}$$
>
> が成り立つ．ここに，$a = g(\alpha)$, $b = g(\beta)$ である．

連続型確率変数 X の確率密度関数 $f_X(x)$ が与えられているとき，定理 4.4 に
基づいて，変数変換 $x = g(t)$ を行ったときの確率変数 T の確率密度関数 $f_T(t)$
を求めてみよう．ここに，実数値関数 $x = g(t)$ は定理 4.4 の条件を満たすよう
な単調増加関数であり，$\lim_{x \to -\infty} g^{-1}(x) = \alpha$ とする．まず，定理 4.4 より，

$$F_T(T < t) = \mathrm{pr}(X < g(t)) = \int_{-\infty}^{g(t)} f_X(x)dx = \int_\alpha^t f_X(g(s))g'(s)ds \tag{4.29}$$

となる．したがって，T の確率密度関数は

$$f_T(t) = f_X(g(t))g'(t) \tag{4.30}$$

となる．

✔ 例 4.1 確率変数 X の確率密度関数 $f_X(x)$ が

$$f_X(x) = \frac{1}{\sqrt{2\pi}} \exp\left(-\frac{x^2}{2}\right), \quad -\infty < x < \infty \tag{4.31}$$

で与えられているとしよう．ここに，関数 $g(x)$ に対して $\exp(g(x))$ は関数 $g(x)$
の**指数関数** (exponential function) $e^{g(x)}$ をあらわす．この確率密度関数 $f_X(x)$
は**標準正規分布** (standard normal distribution) と呼ばれる確率分布の確率密
度関数である（6.2 節を参照）．
このとき，

$$T = X^2 \tag{4.32}$$

がしたがう確率分布の確率密度関数 $f_T(t)$ を求めてみよう.

まず, (4.32) 式を X について解いて,

$$
\begin{aligned}
&X > 0 \text{ のとき} \quad X = \sqrt{T} \\
&X \leq 0 \text{ のとき} \quad X = -\sqrt{T}
\end{aligned}
\tag{4.33}
$$

と場合わけを行う. このことと確率密度関数 $f_X(x)$ が原点について対称である (すなわち, $f_X(x) = f_X(-x)$ が成り立つ) ことに注意して,

$$
\begin{aligned}
\mathrm{pr}(T = X^2 \leq t) &= \mathrm{pr}(-\sqrt{t} \leq X \leq \sqrt{t}) = \int_{-\sqrt{t}}^{\sqrt{t}} f_X(x)dx \\
&= \int_0^{\sqrt{t}} f_X(x)dx + \int_{-\sqrt{t}}^0 f_X(x)dx \\
&= 2\int_0^{\sqrt{t}} f_X(x)dx = 2\int_0^t \frac{f_X(\sqrt{s})}{2\sqrt{s}}ds = \int_0^t \frac{f_X(\sqrt{s})}{\sqrt{s}}ds
\end{aligned}
\tag{4.34}
$$

を得る. したがって,

$$
f_T(t) = \frac{1}{\sqrt{2\pi}\sqrt{t}} \exp(-t/2) = \frac{1}{2^{1/2}\Gamma(1/2)} \frac{\exp(-t/2)}{\sqrt{t}}
\tag{4.35}
$$

を得る. これは自由度 1 の**カイ二乗分布** (chi-squared distribution) と呼ばれる確率分布の確率密度関数である (6.3.2 項を参照). ∎

例 4.1 において, ガンマ関数に関する次の公式が使われている.

定理 4.5 (ガンマ関数: **gamma function**)

$$
\Gamma(\alpha) = \int_0^\infty x^{\alpha-1} \exp(-x)\, dx, \quad \alpha > 0
\tag{4.36}
$$

をパラメータ α の**ガンマ関数**といい, 次の性質を持つ.

1. $\Gamma(1) = 1$
2. $\Gamma(\alpha + 1) = \alpha\Gamma(\alpha)$. 特に, 自然数 n に対して, $\Gamma(n) = (n-1)!$
3. $\Gamma\left(\dfrac{1}{2}\right) = \sqrt{\pi}$
4. $\quad B(\alpha, \beta) = \displaystyle\int_0^1 x^{\alpha-1}(1-x)^{\beta-1}dx, \quad \alpha > 0,\ \beta > 0$ $\tag{4.37}$

に対して

$$B(\alpha, \beta) = \frac{\Gamma(\alpha)\Gamma(\beta)}{\Gamma(\alpha + \beta)} = B(\beta, \alpha) \tag{4.38}$$

ここに, (4.37) 式をパラメータ (α, β) のベータ関数 (beta function) という.

4.4 確率変数ベクトルの変数変換

前節では単一の確率変数の変数変換を行う手続きを紹介した. 次の定理も, 微分積分学の教科書で紹介されているものであり, 確率変数ベクトルの変数変換を行うのに重要な役割を果たす.

定理 4.6（置換積分） uv 平面上の領域 T から xy 平面上の領域 S への一対一対応関係が

$$x = g_1(u, v), \quad y = g_2(u, v) \tag{4.39}$$

によって定義されており, 次の条件

1. $(g_1(u, v), g_2(u, v))$ は S から T への逆変換を持つ.
2. $g_1(u, v)$ と $g_2(u, v)$ はともに u と v に関する一次偏導関数が存在し, それらは連続である.
3. $J(u, v) = \det \begin{pmatrix} \partial x/\partial u & \partial x/\partial v \\ \partial y/\partial u & \partial y/\partial v \end{pmatrix} = \frac{\partial x}{\partial u} \cdot \frac{\partial y}{\partial v} - \frac{\partial x}{\partial v} \cdot \frac{\partial y}{\partial u}$ (4.40)

   は**恒等的**に 0 でない（すなわち, $J(u, v) \neq 0$ を満たす (u, v) が存在する）. ここに, $\det(\cdot)$ は括弧内に与えられた行列の**行列式** (determinant) をあらわす. また, $J(u, v)$ を**ヤコビアン**（**関数行列式**：Jacobian）という.

を満たすとき, S 上の連続実数値関数 $f(x, y)$ に対して次の式が成り立つ.

$$\iint_S f(x, y) dx dy = \iint_T f(g_1(u, v), g_2(u, v)) |J(u, v)| du dv \tag{4.41}$$

ここで簡単のために, 確率変数ベクトル (X, Y) の同時確率密度関数 $f_{X,Y}(x, y)$

に対して,

$$X = g_1(U, V), \quad Y = g_2(U, V) \tag{4.42}$$

なる変数変換が, uv 平面上の領域

$$T = \{(U, V)| -\infty < U \le u, -\infty < V \le v\} \tag{4.43}$$

から xy 平面上の領域

$$S = \{(X, Y)| -\infty < X \le g_1(u, v), -\infty < Y \le g_2(u, v)\} \tag{4.44}$$

への一対一対応関係として定義されており, 定理 4.6 の条件を満たすものとしよう.

このとき, 定理 4.6 より, 確率変数ベクトル (U, V) の同時確率密度関数 $f_{U,V}(u, v)$ を持つ同時累積分布関数は

$$\begin{aligned}
F_{U,V}(u, v) &= \mathrm{pr}(U \le u, V \le v) = \mathrm{pr}(X \le g_1(u, v), Y \le g_2(u, v)) \\
&= \int_{-\infty}^{g_1(u,v)} \int_{-\infty}^{g_2(u,v)} f_{X,Y}(x, y) dy dx \\
&= \int_{-\infty}^{u} \int_{-\infty}^{v} f_{X,Y}(g_1(t, s), g_2(t, s))|J(t, s)| dt ds \tag{4.45}
\end{aligned}$$

と書くことができる. したがって, (U, V) の同時確率密度関数は

$$\frac{\partial^2 F_{U,V}(u, v)}{\partial u \partial v} = f_{U,V}(u, v) = f_{X,Y}(g_1(u, v), g_2(u, v))|J(u, v)| \tag{4.46}$$

となる.

ここで, 確率変数 X と Y が独立な確率変数であるとき, 変数変換 $X = g_1(U)$ と $Y = g_2(V)$ を考えよう. このとき, 変数変換のそれぞれについて逆変換が存在するならば, そのヤコビアンは

$$J = \det \begin{pmatrix} dx/du & 0 \\ 0 & dy/dv \end{pmatrix} = \frac{dg_1(u)}{du} \frac{dg_2(v)}{dv} \tag{4.47}$$

となる. したがって,

$$f_{X,Y}(x, y) = f_X(x) f_Y(y) \tag{4.48}$$

より,

$$f_{U,V}(u,v) = f_X(g_1(u))f_Y(g_2(v))\left|\frac{dg_1(u)}{du}\right|\left|\frac{dg_2(v)}{dv}\right|$$

$$= \left(f_X(g_1(u))\left|\frac{dg_1(u)}{du}\right|\right)\left(f_Y(g_2(v))\left|\frac{dg_2(v)}{dv}\right|\right) \quad (4.49)$$

を得る. したがって, U と V も独立, すなわち,

$$X \perp\!\!\!\perp Y \quad \Rightarrow \quad U \perp\!\!\!\perp V \quad (4.50)$$

であることがわかる.

✔ **例 4.2** 確率変数ベクトル (X,Y) の同時確率密度関数 $f_{X,Y}(x,y)$ が

$$f_{X,Y}(x,y) = \frac{1}{2\pi}\exp\left(-\frac{x^2+y^2}{2}\right), \quad -\infty < x,y < \infty \quad (4.51)$$

で与えられているとき, 定理 4.6 を利用して

$$U = \frac{X}{Y} \quad (4.52)$$

がしたがう確率分布の確率密度関数を求めてみよう. (4.51) 式の同時確率密度関数 $f_{X,Y}(x,y)$ は平均ベクトルを $(0,0)'$, 共分散行列を $\begin{pmatrix} 1 & 0 \\ 0 & 1 \end{pmatrix}$ とした二次元正規分布 (6.2.2 項を参照) と呼ばれる確率分布の同時確率密度関数である.

まず, $V = Y$ とおくと, (4.52) 式とあわせることによって (U,V) と (X,Y) の間に

$$(X,Y) = (UV,V) \quad (4.53)$$

なる一対一対応関係があることがわかる. また, ヤコビアン $J(u,v)$ は

$$J(u,v) = \det\begin{pmatrix} V & U \\ 0 & 1 \end{pmatrix} = V \quad (4.54)$$

となり恒等的には 0 とはならない. このことから, 定理 4.6 より, $v > 0$ に対して

$$F_{U,V}(u,v) = \int_{-\infty}^{u}\int_{-\infty}^{v} f_{X,Y}(st,t)|t|dtds$$

$$= \int_{-\infty}^{u} \int_{0}^{v} \frac{t}{2\pi} \exp\left(-\frac{s^2+1}{2}t^2\right) dt ds - \int_{-\infty}^{u} \int_{-\infty}^{0} \frac{t}{2\pi} \exp\left(-\frac{s^2+1}{2}t^2\right) dt ds$$

$$= \int_{-\infty}^{u} \frac{1}{2\pi(s^2+1)} \left(1 - \exp\left(-\frac{s^2+1}{2}v^2\right)\right) ds + \int_{-\infty}^{u} \frac{1}{2\pi(s^2+1)} ds \quad (4.55)$$

を得る．ここに，この式の導出においては，$w = \dfrac{(s^2+1)t^2}{2}$ と変数変換した
のち，

$$\int_{0}^{a} \exp(-t) dt = 1 - \exp(-a) \quad (4.56)$$

となることを用いている．ここで，

$$0 \leq \lim_{v \to \infty} \int_{-\infty}^{u} \frac{1}{2\pi(s^2+1)} \exp\left(-\frac{s^2+1}{2}v^2\right) ds$$

$$\leq \lim_{v \to \infty} \int_{-\infty}^{u} \frac{1}{2\pi(s^2+1)} \exp\left(-\frac{1}{2}v^2\right) ds = 0 \quad (4.57)$$

であることと $F_U(u) = F_{U,V}(u, \infty)$ をあわせて，(4.55) 式より

$$F_U(u) = \int_{-\infty}^{u} \frac{1}{\pi(s^2+1)} ds \quad (4.58)$$

を得る．したがって，この周辺累積分布関数を u で微分することによって

$$f_U(u) = \frac{dF_U(u)}{du} = \frac{1}{\pi(u^2+1)}, \quad -\infty < u < \infty \quad (4.59)$$

が得られる．これはコーシー分布と呼ばれる確率分布の確率密度関数である（6.6
節を参照）．　　　　　　　　　　　　　　　　　　　　　　　　　　　　■

4.5　積率母関数と特性関数

確率変数 X がしたがう確率分布の確率密度関数を $f_X(x)$ とするとき，t の
関数

$$M_X(t) = E\left[\exp(tX)\right] = \int_{D_X} \exp(tx) f_X(x) dx \quad (4.60)$$

を X の**積率母関数** (moment generating function) という．また，形式的にこ
の式の t を it で置き換えたものを X の**特性関数** (characteristic function) と
いい，$\phi_X(t) = E\left[\exp(itX)\right]$ であらわす．ここに，i は虚数単位（$i^2 = -1$ を
満たす数）である．同様に，確率変数ベクトル (X, Y) がしたがう同時確率分布

の同時確率密度関数を $f_{X,Y}(x,y)$ とするとき, 確率変数ベクトル (X,Y) の積率母関数は, t と s の関数

$$M_{X,Y}(t,s) = E\left[\exp(tX + sY)\right] = \int_{D_Y}\int_{D_X} \exp(tx + sy)f_{X,Y}(x,y)dxdy$$
(4.61)

と定義される. 確率変数ベクトルに対する特性関数は, この式の t と s をそれぞれ it と is で置き換えたものに相当する.

さて, **オイラーの公式** (Euler's formula)

$$\exp(itx) = \cos(tx) + i\sin(tx)$$
(4.62)

より, $|\exp(itx)| = \sqrt{\exp(itx)\exp(-itx)} = 1$ であることから

$$|\phi_X(t)| \leq E\left[|\exp(itX)|\right] = E\left[1\right] = 1$$
(4.63)

となる. したがって, X の特性関数は常に存在する. しかし, X の積率母関数は常に存在するとは限らない. 実際, X の積率母関数(期待値)が存在しない確率分布として, 例 4.2 で紹介したコーシー分布がある.

以下の定理は微分積分学の教科書で紹介されているものであるが, 積率母関数の性質を調べるうえでも重要な役割を果たす.

> **定理 4.7** (べき級数の収束半径:**radius of convergence of a power series**)
> **べき級数** (power series)
>
> $$\sum_{n=0}^{\infty} a_n x^n$$
> (4.64)
>
> において,
>
> $$S = \left\{|x| : \sum_{n=0}^{\infty} |a_n x^n| < \infty\right\}$$
> (4.65)
>
> の上限 [3](limit superior) $\sup_{x \in S} S$ によって定まる値をべき級数 (4.64) 式の収

---

[3] 任意の $x \in S$ に対して $x \leq a$ で, かつ $b < a$ なる任意の b に対して $b < x$ なる x が S に存在するとき, a は S の上限であるといい, $\sup_{x \in S} S$ と記す. 同様に, 任意の $x \in S$ に対して $x \geq a$ で, かつ $b > a$ なる任意の b に対して $b > x$ なる x が S に存在するとき, a は S の**下限** (limit inferior) であるといい, $\inf_{x \in S} S$ と記す.

束半径 (radius of convergence) といい,

$$\lim_{n\to\infty}\left|\frac{a_n}{a_{n+1}}\right| \quad\text{または}\quad \lim_{n\to\infty}|a_n|^{-1/n} \tag{4.66}$$

により評価できる. すなわち, 収束半径の範囲内では, べき級数 (4.64) 式は一意に定まる. ただし, $\displaystyle\lim_{n\to\infty}\left|\frac{a_{n+1}}{a_n}\right|=0$ や $\displaystyle\lim_{n\to\infty}|a_n|^{1/n}=0$ の場合には, その収束半径は ∞ とする.

補足 4.1 収束する数列 $\{a_n\}$, $\{b_n\}$ に対して, 次が成り立つ.

(i) $\displaystyle\lim_{n\to\infty}|a_n|=\left|\lim_{n\to\infty}a_n\right|$

(ii) $\displaystyle\lim_{n\to\infty}(a_n+b_n)=\lim_{n\to\infty}a_n+\lim_{n\to\infty}b_n$

(iii) $\displaystyle\lim_{n\to\infty}a_nb_n=\lim_{n\to\infty}a_n\lim_{n\to\infty}b_n$

(iv) $\displaystyle\lim_{n\to\infty}\frac{a_n}{b_n}=\frac{\displaystyle\lim_{n\to\infty}a_n}{\displaystyle\lim_{n\to\infty}b_n}\quad\left(\lim_{n\to\infty}b_n\neq 0\right)$

さて, 実数値関数 $g(x)$ が無限回微分可能 [4] であるとき, べき級数における係数 a_n を $\dfrac{1}{n!}\dfrac{d^n}{dx^n}g(x)$ に対応させた

$$\sum_{n=0}^{\infty}\frac{1}{n!}\frac{d^n}{dx^n}g(x)\bigg|_{x=0}x^n \tag{4.67}$$

を $g(x)$ の**マクローリン級数** (Maclaurin series) という (補足 4.2 参照). ここに, $\dfrac{d^n}{dx^n}g(x)\bigg|_{x=a}$ は $g(x)$ の n 次導関数 $\dfrac{d^n}{dx^n}g(x)$ に $x=a$ を代入した値であることを意味する. 定理 4.7 からわかるようにマクローリン級数は常に存在するとは限らないが, これが存在する場合には収束半径内において $g(x)$ と一致する. このことを利用すると, $\exp(x)$ のマクローリン級数は

$$\exp(x)=1+\sum_{n=1}^{\infty}\frac{1}{n!}x^n=\sum_{n=0}^{\infty}a_nx^n \tag{4.68}$$

で与えられ, 定理 4.7 より, その収束半径は

---

[4] 実数値関数 $g(x)$ が n 回微分可能であって, かつ x について n 次導関数 $g^{(n)}(x)$ が連続であるとき, $g(x)$ は C^n 級であるという. 特に, 無限回微分可能な実数値関数 $g(x)$ は C^∞ 級と呼ばれる.

$$\lim_{n\to\infty}\left|\frac{a_n}{a_{n+1}}\right| = \lim_{n\to\infty}\left|\frac{(n+1)!}{n!}\right| = \lim_{n\to\infty}|n+1| = \infty \qquad (4.69)$$

であることがわかる. 一方, X の積率母関数を形式的にマクローリン級数で表現すると

$$M_X(t) = E\left[\exp(tX)\right] = E\left[1 + \sum_{n=1}^{\infty}\frac{1}{n!}(tX)^n\right] = 1 + \sum_{n=1}^{\infty}\frac{1}{n!}E\left[X^n\right]t^n$$

となる. したがって, 一般に X の積率母関数の収束半径は ∞ とはならず,

$$\lim_{n\to\infty}\left|\frac{a_n}{a_{n+1}}\right| = \lim_{n\to\infty}\left|\frac{E\left[X^n\right]/n!}{E\left[X^{n+1}\right]/(n+1)!}\right| = \lim_{n\to\infty}\left|\frac{(n+1)E\left[X^n\right]}{E\left[X^{n+1}\right]}\right| \quad (4.70)$$

となる. このことから, 積率母関数はこの収束範囲内でマクローリン級数に展開可能であり,

$$E\left[X^n\right] = \left.\frac{d^n}{dt^n}M_X(t)\right|_{t=0} \qquad (4.71)$$

であることがわかる. すなわち, 積率母関数をマクローリン級数で表現するためには, 収束半径と n 次の積率の存在可能性に関する議論が必要となる. 一方, 積率母関数 $M_X(t)$ が存在し, $n = 1, 2, \ldots$ に対して

$$\frac{d^n}{dt^n}\int_{-\infty}^{\infty}\exp(tx)f_X(x)dx = \int_{-\infty}^{\infty}\frac{\partial^n}{\partial t^n}\exp(tx)f_X(x)dx \qquad (4.72)$$

であるとしよう (補足 4.3 参照). このとき

$$\int_{-\infty}^{\infty}\frac{\partial^n}{\partial t^n}\exp(tx)f_X(x)dx = \int_{-\infty}^{\infty}x^n\exp(tx)f_X(x)dx \qquad (4.73)$$

が得られる. したがって, $t = 0$ とおくことにより,

$$\left.\frac{d^n}{dt^n}M_X(t)\right|_{t=0} = E[X^n] \qquad (4.74)$$

が得られる. すなわち, 積率母関数 $M_X(t)$ が存在し, n 回微分可能であるならば ($n = 1, 2, \ldots$), n 次の積率が存在する.

補足 4.2 (テイラーの定理:Taylor's theorem)　$g(x)$ が n 回微分可能な実数値関数であるとき, 次を満たす c が a と x の間に存在する.

$$g(x) = g(a) + \frac{d}{dx}g(x)\bigg|_{x=a}(x-a) + \cdots$$

$$+ \frac{1}{(n-1)!}\frac{d^{n-1}}{dx^{n-1}}g(x)\bigg|_{x=a}(x-a)^{n-1} + \frac{1}{n!}\frac{d^n}{dx^n}g(x)\bigg|_{x=c}(x-a)^n$$

ここに,

$$\frac{1}{n!}\frac{d^n}{dx^n}g(x)\bigg|_{x=c}(x-a)^n$$

を**剰余項** (remainder) という.

$g(x)$ をこのような式で表現することを**テイラー展開** (Taylor expansion) といい, 特に, $a = 0$ としたものを $g(x)$ の**マクローリン展開** (Maclaurin expansion) という. ある区間 I に含まれる任意の $x \in I$ に対して, $g(x)$ が C^∞ 級であり, かつ

$$\lim_{n \to \infty} \frac{1}{n!}\frac{d^n}{dx^n}g(x)\bigg|_{x=c}x^n = 0, \quad 0 \le c \le x$$

が成り立つとき, $x \in I$ において $g(x)$ は (4.67) 式のようにあらわすことができる.

補足 4.3 定義域 $D_{X,Y}$ において $g(x,y)$ が連続で, かつ y で偏微分可能であり, その偏導関数 $\partial g(x,y)/\partial y$ が連続であるとき, 任意の (x,y) に対して $|\partial g(x,y)/\partial y| < h(x)$ でかつ $\int_a^b h(x)dx < \infty$ を満たす関数 $h(x)$ が存在するならば,

$$\frac{d}{dy}\int_a^b g(x,y)dx = \int_a^b \frac{\partial}{\partial y}g(x,y)dx$$

が成り立つ.

✔ 例 4.3 確率変数 X が例 4.1 で紹介した標準正規分布にしたがうものとしよう. このとき, X の積率母関数は

$$\begin{aligned}
M_X(t) &= \int_{-\infty}^{\infty} \exp(tx)\frac{1}{\sqrt{2\pi}}\exp\left(-\frac{1}{2}x^2\right)dx \\
&= \int_{-\infty}^{\infty} \frac{1}{\sqrt{2\pi}}\exp\left(-\frac{1}{2}(x^2 - 2tx)\right)dx \\
&= \exp\left(\frac{1}{2}t^2\right)\int_{-\infty}^{\infty}\frac{1}{\sqrt{2\pi}}\exp\left(-\frac{1}{2}(x-t)^2\right)dx = \exp\left(\frac{1}{2}t^2\right) \quad (4.75)
\end{aligned}$$

で与えられる. また, n 次の積率を計算すると,

$$E[X^n] = \begin{cases} 0 & n \text{ が奇数のとき} \\[2mm] \dfrac{n!}{2^{n/2}(n/2)!} & n \text{ が偶数のとき} \end{cases} \tag{4.76}$$

となる. (4.76) 式は n が奇数のときには被積分関数が奇関数になること, そして n が偶数のときには被積分関数がガンマ関数に帰着されることに注意することによって得られる. 一方, (4.76) 式において, 4 次の積率に着目し,

$$a_n = \frac{1}{n!}E(X^{4n}) = \frac{(4n)!}{2^{4n/2}n!(4n/2)!} = \frac{(4n)!}{2^{2n}n!(2n)!} \tag{4.77}$$

とおくと, $n \to \infty$ のとき

$$\begin{aligned} \frac{a_n}{a_{n+1}} &= \frac{(4n)!}{2^{2n}n!(2n)!}\frac{2^{2n+2}(n+1)!(2n+2)!}{(4n+4)!} \\ &= \frac{4(n+1)(2n+1)(2n+2)}{(4n+1)(4n+2)(4n+3)(4n+4)} \to 0 \end{aligned} \tag{4.78}$$

となる. したがって, X^4 の積率母関数 $M_{X^4}(t)$ は係数 a_n が (4.77) 式で与えられるようなべき級数では表現できないことがわかる (実は, X^4 に関する積率母関数は存在しない). ∎

例 4.3 は, 任意次数の積率が存在するからといって積率母関数が存在するとは限らないことを示している.

4.6 確率母関数

本章の最後に, 積率母関数や特性関数と同じような役割を果たすものとして, 確率母関数を紹介しておこう. 確率変数 X が 0 以上の整数値をとるとき,

$$G_X(t) = E[t^X] \tag{4.79}$$

を X の**確率母関数** (probability generating function) という. この t^X を形式的に $\exp(tX)$ と置き換えれば積率母関数となり, $\exp(itX)$ と置き換えれば特性関数と同じ形式となる.

X と Y が独立であるとき, $X + Y$ の確率母関数は

$$G_{X+Y}(t) = E\left[t^{X+Y}\right] = E\left[t^X t^Y\right] = E\left[t^X\right]E\left[t^Y\right] = G_X(t)G_Y(t) \tag{4.80}$$

で与えられる.

定理 4.8　確率変数 X と Y がしたがう確率分布の確率密度関数をそれぞれ $f_X(x)$ と $f_Y(y)$ とし, 対応する確率母関数をそれぞれ $G_X(t)$ と $G_Y(t)$ とする. このとき, すべての t に対して

$$G_X(t) = G_Y(t) \tag{4.81}$$

であることと, すべての $n = 0, 1, 2, \ldots$ に対して

$$f_X(n) = f_Y(n) \tag{4.82}$$

であることは同値である.

証明　すべての $n = 0, 1, 2, \ldots$ に対して $f_X(n) = f_Y(n)$ であるとき, 確率母関数の定義より $G_X(t) = G_Y(t)$ であることは明らかである. 逆に, すべての t に対して, $G_X(t) = G_Y(t)$ であるとき, 確率母関数の定義より, $G_X(t)$ と $G_Y(t)$ は

$$G_X(t) = \sum_{n=0}^{\infty} t^n f_X(n), \ \ G_Y(t) = \sum_{n=0}^{\infty} t^n f_Y(n) \tag{4.83}$$

なるべき級数で表現することができる. ここで, $|t| < 1$ に対して,

$$\sum_{n=0}^{\infty} |t^n| f_X(n) \leq \sum_{n=0}^{\infty} f_X(n) = 1, \ \ \sum_{n=0}^{\infty} |t^n| f_Y(n) \leq \sum_{n=0}^{\infty} f_Y(n) = 1 \tag{4.84}$$

であることに注意しよう. このとき, 定理 4.7 より, (4.83) 式のそれぞれについて, $|t| < 1$ を満たす t において t^n の係数は一意に定まる. したがって, $G_X(t) = G_Y(t)$ であるならば, これら 2 つのべき級数の係数は等しくなる. このことは, すべての $n = 0, 1, 2, \ldots$ に対して, $f_X(n) = f_Y(n)$ であることを意味する. ☐

演習問題

問題 4.1　以下の不等式を示せ.

(1)　（ヘルダーの不等式：Hölder's inequality）　$p, q > 1$ かつ $\dfrac{1}{p} + \dfrac{1}{q} = 1$ に対して

$$E[|XY|] \leq E[|X|^p]^{\frac{1}{p}} E[|Y|^q]^{\frac{1}{q}}$$

(2) （ミンコフスキーの不等式：Minkowski's inequality）　$p \geq 1$ に対して

$$E[|X + Y|^p]^{\frac{1}{p}} \leq E[|X|^p]^{\frac{1}{p}} + E[|Y|^p]^{\frac{1}{p}}$$

(3) 正値確率変数 X に対して $\dfrac{1}{E[X]} < E\left[\dfrac{1}{X}\right]$

(4) 正値確率変数 X に対して $E[\log(X)] < \log(E[X])$

問題 4.2 正の定数 $a > 0$ に対して，確率変数ベクトル (X, Y) がしたがう確率分布の同時確率密度関数が

$$f_{X,Y}(x, y) = \begin{cases} a(x + y) & 0 < x, y < 1 \\ 0 & その他 \end{cases}$$

で定義されているとき，以下の問いに答えよ．

(1) a の値を求めよ．
(2) $X - Y$ がしたがう確率分布の確率密度関数とその期待値を求めよ．
(3) XY がしたがう確率分布の確率密度関数とその期待値を求めよ．

問題 4.3 $a^2 + b^2 = 1$ の下で，$aX + bY$ の分散を最大にする (a, b) を (a_1, b_1)，次に分散が大きくなる (a, b) を (a_2, b_2) とおく．(a_1, b_1) と (a_2, b_2) は直交するように定めるとき，$Z_1 = a_1 X + b_1 Y$ と $Z_2 = a_2 X + b_2 Y$ の相関行列を求めよ．

第 5 章

代表的な離散型確率分布

5.1 ベルヌーイ試行

5.1.1 ベルヌーイ分布

「コインを投げたときに表が出るか裏が出るか」といった試行のように，興味ある事象が起こる確率（**生起確率**：probability of success）を p，それが起こらない確率を $1-p$ とする確率試行を考える．このような，1 回の試行で生じる結果が 2 とおりからなる確率試行を（長さが 1（試行回数が 1 回）の）**ベルヌーイ試行** (Bernoulli trial) という．

興味ある事象が起こることを $X = 1$，興味ある事象が起こらないことを $X = 0$ であらわすと，このベルヌーイ試行に対する確率密度関数は

$$f_X(x) = p^x(1-p)^{1-x}, \quad x = 0, 1; 0 \le p \le 1 \tag{5.1}$$

で与えられる．確率密度関数が (5.1) 式であらわされる確率分布をパラメータ p の**ベルヌーイ分布** (Bernoulli distribution) といい，$Be(p)$ であらわす．実際，任意の $x \in D_X$ に対して $f_X(x) \ge 0$ であり，かつ

$$f_X(1) + f_X(0) = p + (1-p) = 1 \tag{5.2}$$

なので，$f_X(x)$ は確率密度関数の定義を満たすことがわかる．また，X の平均と分散はそれぞれ

$$E[X] = \sum_{x=0}^{1} x \, p^x(1-p)^{1-x} = 1 \times p + 0 \times (1-p) = p \tag{5.3}$$

$$\mathrm{var}\,[X] = E\left[X^2\right] - E\left[X\right]^2 = p - p^2 = p(1-p) \tag{5.4}$$

である．加えて，X の積率母関数 $M_X(t)$ は

$$M_X(t) = E[\exp(tX)] = \exp(t)\, p + (1-p) \tag{5.5}$$

で与えられる.

5.1.2 二項分布

いま，前項のベルヌーイ試行を独立に n 回繰り返す状況を考える．これを長さ n のベルヌーイ試行という．このとき，n 回のベルヌーイ試行において興味ある事象が起こる回数は

$$X = \sum_{i=1}^{n} X_i \tag{5.6}$$

であらわすことができる．したがって，興味ある事象が起こる回数にのみに関心がある場合，その事象がいつ起こるかは問われないことから，$X = x$ となる確率は

$$f_X(x) = {}_n\mathrm{C}_x p^x (1-p)^{n-x}, \quad x = 0, 1, 2, \ldots, n; 0 \le p \le 1 \tag{5.7}$$

で与えられる．ここに，${}_n\mathrm{C}_x$ は**二項係数** (binomial coefficient)

$$_n\mathrm{C}_x = \frac{n!}{x!(n-x)!} \tag{5.8}$$

である．X の確率密度関数が (5.7) 式であらわされる確率分布を**二項分布** (binomial distribution) といい，$\mathrm{BN}(n,p)$ であらわす．サンプルサイズを $n = 50$ とし，パラメータ（生起確率）p の値を 0.1, 0.5, 0.7 と動かしたときの二項分布の確率密度関数と累積分布関数のグラフはそれぞれ図 5.1(a) と (b) で与えられる．

(5.7) 式は，**二項定理** (binomial theorem)

$$(a+b)^n = \sum_{x=0}^{n} {}_n\mathrm{C}_x a^x b^{n-x} \tag{5.9}$$

において，$a = p, b = 1 - p$ とおくことにより，確率密度関数の定義を満たすことがわかる．また，階乗計算においては $0! = 1$ と定義されていること，そして $1 \le x \le n$ に対して，

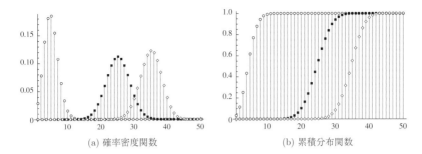

(a) 確率密度関数　　　　　　　　　　　(b) 累積分布関数

図 5.1　サンプルサイズを $n = 50$ としたときの二項分布（○は $p = 0.1$，■は $p = 0.5$，◇は $p = 0.7$ をあらわす）

$$x\,{}_n\mathrm{C}_x = x\frac{n!}{x!(n-x)!} = \frac{n!}{(x-1)!(n-x)!}$$
$$= n\frac{(n-1)!}{(x-1)!(n-1-x+1)!} = n\,{}_{n-1}\mathrm{C}_{x-1} \tag{5.10}$$

であることから，二項分布にしたがう確率変数 X の平均は

$$E[X] = \sum_{x=0}^{n} x\,{}_n\mathrm{C}_x p^x(1-p)^{n-x} = np\sum_{x=1}^{n} {}_{n-1}\mathrm{C}_{x-1}p^{x-1}(1-p)^{(n-1)-(x-1)}$$
$$= np\sum_{y=0}^{n-1} {}_{n-1}\mathrm{C}_y p^y(1-p)^{n-1-y} = np \qquad \boxed{y = x - 1 \text{ と変換}} \tag{5.11}$$

である．同様に，$X(X-1)$ の期待値を計算すると

$$E[X(X-1)] = \sum_{x=0}^{n} x(x-1)\,{}_n\mathrm{C}_x p^x(1-p)^{n-x}$$
$$= n(n-1)p^2\sum_{y=0}^{n-2} {}_{n-2}\mathrm{C}_y p^y(1-p)^{n-2-y} \qquad \boxed{y = x - 2 \text{ と変換}}$$
$$= n(n-1)p^2 \tag{5.12}$$

であるから，X の分散は

$$\mathrm{var}[X] = E[X^2] - E[X]^2 = E[X(X-1)] + E[X] - E[X]^2$$
$$= n(n-1)p^2 + np - (np)^2 = np(1-p) \tag{5.13}$$

となる．加えて，X の積率母関数は，二項定理より

$$M_X(t) = \sum_{x=0}^{n} \frac{n!}{x!(n-x)!} (p\exp(t))^x (1-p)^{n-x} = (1 + p\exp(t) - p)^n \quad (5.14)$$

となる．

　X と Y がそれぞれ独立に二項分布 $\mathrm{BN}(n,p)$ と $\mathrm{BN}(m,p)$ にしたがうとき，(4.61) 式より，$X+Y$ の積率母関数は

$$M_{X+Y}(t) = M_{X,Y}(t,t) = M_X(t)M_Y(t)$$
$$= (1 + p\exp(t) - p)^n (1 + p\exp(t) - p)^m = (1 + p\exp(t) - p)^{m+n}$$

となる．したがって，7.1 節で述べる積率母関数（特性関数）と確率分布の一対一対応性 (7.10) により，$X+Y$ もまた二項分布 $\mathrm{BN}(m+n,p)$ にしたがうことがわかる．これを**二項分布の再生性** (reproductive property of the binomial distribution) という．より一般に，$X_1, X_2, \ldots, X_n$ が独立に同じタイプの確率分布にしたがうとき，$\sum_{i=1}^{n} X_i$ もやはり同じタイプの確率分布にしたがうならば，その確率分布は**再生性** (reproductive property) を持つといわれる．

　n が十分に大きいとき，7.5 節で紹介する中心極限定理（定理 7.8）を用いて，次のような形式で二項分布を正規分布で近似させることができる：

$$f_X(x) \simeq \frac{1}{\sqrt{2\pi n p(1-p)}} \exp\left(-\frac{(x-np)^2}{2np(1-p)}\right) \quad (5.15)$$

これを**二項分布の正規近似** (normal approximation to the binomial distribution)，あるいは**ド・モアブル=ラプラスの定理** (de Moivre-Laplace theorem) という．

5.1.3　幾何分布

　ベルヌーイ試行に関連する確率分布の一つとして，確率密度関数

$$f_X(x) = p(1-p)^x, \quad x = 0, 1, 2, \ldots; 0 \leq p \leq 1 \quad (5.16)$$

を持つ**幾何分布** (geometric distribution) の性質に簡単に触れておこう．$X \geq j$ を与えたときの $X \geq i+j$ の条件付き確率は

$$\mathrm{pr}(X \geq i + j | X \geq j) = \frac{\mathrm{pr}(X \geq i + j, X \geq j)}{\mathrm{pr}(X \geq j)}$$

$$= \frac{\mathrm{pr}(X \geq i + j)}{\mathrm{pr}(X \geq j)} = \frac{(1-p)^{i+j}}{(1-p)^j} = (1-p)^i = \mathrm{pr}(X \geq i) \qquad (5.17)$$

となり，$X \geq j$ という条件が与えられると，$X \geq i + j$ の状態は $X = j$ 以前の状態には依存せず，幾何分布にしたがうことがわかる．この性質を**幾何分布の無記憶性** (memoryless property of the geometric distribution) という．逆に，X を非負の整数値をとる確率変数とし，

$$\mathrm{pr}(X \geq i + j) = \mathrm{pr}(X \geq i)\mathrm{pr}(X \geq j) \qquad (5.18)$$

を仮定する．この仮定の下で，$i = j = 0$ のとき，$\mathrm{pr}(X \geq 0) = \mathrm{pr}(X \geq 0)^2$ なので $\mathrm{pr}(X \geq 0) = 0$ または 1 となる．ここで，仮定より，$\mathrm{pr}(X \geq 0) = 1$ である．また，$\mathrm{pr}(X = 0) = p$ とおくと，$\mathrm{pr}(X \geq 1) = 1 - \mathrm{pr}(X = 0) = 1 - p$ である．加えて，(5.18) 式より

$$\mathrm{pr}(X \geq x) = \mathrm{pr}(X \geq x - 1)\mathrm{pr}(X \geq 1) = (1-p)\mathrm{pr}(X \geq x - 1)$$

$$= \cdots = (1-p)^x \mathrm{pr}(X \geq 0) = (1-p)^x \qquad (5.19)$$

であるから，

$$f_X(x) = \mathrm{pr}(X \geq x) - \mathrm{pr}(X \geq x + 1)$$

$$= (1-p)^x - (1-p)^{x+1} = (1-p)^x p \qquad (5.20)$$

となり，幾何分布の確率密度関数が得られる．

5.2 ポアソン分布

確率変数 X の確率密度関数が

$$f_X(x) = \frac{\lambda^x}{x!} \exp(-\lambda), \ \ x = 0, 1, 2, \ldots; \lambda > 0 \qquad (5.21)$$

で与えられる確率分布をパラメータ λ の**ポアソン分布** (Poisson distribution) といい，$\mathrm{Po}(\lambda)$ であらわす．パラメータ λ の値を 1, 5, 10 と動かしたときのポアソン分布の確率密度関数と累積分布関数のグラフはそれぞれ図 5.2(a) と (b)

で与えられる.

まず，λ を変数とする指数関数 $\exp(\lambda)$ のマクローリン級数が

$$\exp(\lambda) = \sum_{x=0}^{\infty} \frac{\lambda^x}{x!} \tag{5.22}$$

で与えられることに注意しよう．この両辺を $\exp(\lambda)$ で割ることによって

$$\sum_{x=0}^{\infty} f_X(x) = 1 \tag{5.23}$$

を得る．したがって，(5.21) 式は確率密度関数の定義を満たすことがわかる.

また，二項分布の期待値計算と同様な手続きにより，確率変数 X の平均は

$$E[X] = \sum_{x=0}^{\infty} x \frac{\lambda^x}{x!} \exp(-\lambda) = \lambda \sum_{x=1}^{\infty} \frac{\lambda^{x-1}}{(x-1)!} \exp(-\lambda)$$

$$= \lambda \sum_{y=0}^{\infty} \frac{\lambda^y}{y!} \exp(-\lambda) = \lambda \qquad \boxed{y = x - 1 \text{ と変換}} \tag{5.24}$$

となる．また，二項分布のケースと同様に，$X(X-1)$ の期待値を計算すると

$$E[X(X-1)] = \sum_{x=0}^{\infty} x(x-1) \frac{\lambda^x}{x!} \exp(-\lambda) = \lambda^2 \sum_{x=2}^{\infty} \frac{\lambda^{x-2}}{(x-2)!} \exp(-\lambda)$$

$$= \lambda^2 \sum_{y=0}^{\infty} \frac{\lambda^y}{y!} \exp(-\lambda) = \lambda^2 \qquad \boxed{y = x - 2 \text{ と変換}} \tag{5.25}$$

である．このことから，X の分散として

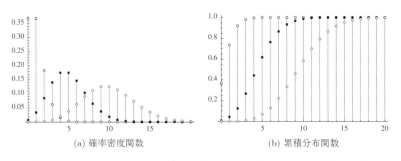

(a) 確率密度関数   (b) 累積分布関数

図 5.2　ポアソン分布（〇は $\lambda = 1$，■は $\lambda = 5$，◇は $\lambda = 10$ をあらわす）

$$\text{var}\,[X] = E\,[X(X-1)] + E\,[X] - E\,[X]^2 = \lambda^2 + \lambda - \lambda^2 = \lambda \qquad (5.26)$$

が得られ, ポアソン分布においては, X の平均と分散が一致することがわかる. 加えて, X の積率母関数は, $\exp(\lambda \exp(t))$ に対するマクローリン級数を考えることにより

$$
\begin{aligned}
M_X(t) &= \sum_{x=0}^{\infty} \exp(tx) \frac{\lambda^x}{x!} \exp(-\lambda) = \sum_{x=0}^{\infty} \frac{(\lambda \exp(t))^x}{x!} \exp(-\lambda) \\
&= \exp(\lambda \exp(t)) \exp(-\lambda) = \exp(\lambda \exp(t) - \lambda) \qquad (5.27)
\end{aligned}
$$

であることがわかる.

　X と Y がそれぞれ独立にポアソン分布 $\text{Po}(\lambda_1)$ と $\text{Po}(\lambda_2)$ にしたがうとき, $X + Y$ の積率母関数は

$$
\begin{aligned}
M_{X+Y}(t) &= M_{X,Y}(t,t) = M_X(t) M_Y(t) \\
&= \exp(\lambda_1 \exp(t) - \lambda_1) \exp(\lambda_2 \exp(t) - \lambda_2) \\
&= \exp\{(\lambda_1 + \lambda_2)\exp(t) - (\lambda_1 + \lambda_2)\} \qquad (5.28)
\end{aligned}
$$

となり, 積率母関数 (特性関数) と確率分布の一対一対応性により, $X + Y$ もまたポアソン分布 $\text{Po}(\lambda_1 + \lambda_2)$ にしたがうことがわかる. これを**ポアソン分布の再生性** (reproductive property of the Poisson distribution) という.

　ここで, 二項分布とポアソン分布の関係について述べておこう.

$$\lim_{x \to \infty} \left(1 + \frac{1}{x}\right)^x = e, \quad \lim_{x \to \infty} \left(1 - \frac{1}{x}\right)^{-x} = e \qquad (5.29)$$

であることに注意すると, 二項分布 $\text{BN}(n,p)$ について $np = \lambda$ ($\lambda > 0$ は定数) の下で,

$$
\begin{aligned}
f_X(x) &= {}_n\mathrm{C}_x p^x (1-p)^{n-x} = {}_n\mathrm{C}_x \left(\frac{\lambda}{n}\right)^x \left(1 - \frac{\lambda}{n}\right)^{n-x} \\
&= \frac{\lambda^x}{x!} \left(1 - \frac{\lambda}{n}\right)^n \frac{n!}{n^x (n-x)!} \left(1 - \frac{\lambda}{n}\right)^{-x}
\end{aligned}
$$

と記述できる. したがって,

$$\lim_{n \to \infty} \left(1 - \frac{\lambda}{n}\right)^n = \lim_{n \to \infty} \left(1 - \frac{\lambda}{n}\right)^{-\frac{n}{\lambda} \times (-\lambda)} = \exp(-\lambda) \qquad (5.30)$$

表 **5.1** 1 年間あたりに発生した死亡者数

死亡した兵士数	0 人	1 人	2 人	3 人	4 人	5 人以上	計
軍団数	109	65	22	3	1	0	200
確率	0.545	0.325	0.110	0.015	0.005	0.000	1
ポアソン分布によるあてはめ	0.543	0.331	0.101	0.021	0.003	0.000	1

$$\lim_{n \to \infty} \left(1 - \frac{\lambda}{n} \right)^{-x} = 1 \tag{5.31}$$

$$\lim_{n \to \infty} \frac{n!}{n^x(n-x)!} = \lim_{n \to \infty} \left(\frac{n}{n} \right) \left(1 - \frac{1}{n} \right) \cdots \left(1 - \frac{x-1}{n} \right) = 1 \tag{5.32}$$

である. 以上のことから,

$$f_X(x) = {}_nC_x p^x (1-p)^{n-x} \simeq \frac{\lambda^x}{x!} \exp(-\lambda) \tag{5.33}$$

を得る. このことは, パラメータを n と $p = \lambda/n$ とする二項分布 $\mathrm{BN}(n, \lambda/n)$ において, λ を一定に保ったまま n を大きくしていくと, その分布はパラメータを λ とするポアソン分布に近づいていくことを示している. このことを**二項分布のポアソン近似** (binomial approximation to the Poisson distribution) ということがある. また, ポアソン分布は, 滅多に起こりえない希少な事象の発生数をあらわす確率分布と解釈されることがあり, その意味において**ポアソンの少数の法則** (law of rare events) と呼ばれることがある.

✔ **例 5.1** 歴史的に, 初めてポアソン分布を実データの解析に適用したのはボルトキーヴィッチであるといわれている (Bortkiewicz, 1898). ボルトキーヴィッチは著書 *"Das Gesetz der kleinen Zahlen"* (*The Law of Small Numbers*) において, プロイセン陸軍の 14 の騎兵連隊のなかで, 1875 年から 1894 年にかけての 20 年間で馬に蹴られて死亡する兵士の数について調査を行い (表 5.1), 1 年間あたりに発生した死亡者数の分布が概ねパラメータ 0.61 のポアソン分布にしたがうことを示唆している (図 5.3). ∎

5.3　超幾何分布

M, N, n を自然数とするとき, 確率変数 X の確率密度関数が

§ 12.

4. Beispiel: Die durch Schlag eines Pferdes im preußischen Heere Getöteten.

In nachstehender Tabelle sind die Zahlen der durch Schlag eines Pferdes verunglückten Militärpersonen, nach Armeecorps ("G." bedeutet Gardecorps) und Kalenderjahren nachgewiesen.[1]

	75	76	77	78	79	80	81	82	83	84	85	86	87	88	89	90	91	92	93	94
G	—	2	2	1	—	—	1	1	—	3	—	2	1	—	—	1	—	1	—	1
I	—	—	—	2	—	3	—	2	—	—	1	1	1	—	2	—	3	1	—
II	—	—	—	2	—	2	—	—	1	1	—	—	—	1	1	—	1	—	—
III	—	—	—	1	1	1	2	—	2	—	—	—	—	1	—	1	2	1	—
IV	—	1	—	1	1	1	1	—	—	—	—	1	—	—	1	1	—	—
V	—	—	—	—	2	1	—	—	1	—	—	1	1	1	1	1	1	—
VI	—	—	1	—	2	—	—	1	2	—	1	1	3	1	1	1	—	3	—
VII	—	—	1	—	—	—	1	—	1	1	—	—	—	2	1	—	2	—	—
VIII	1	—	—	—	1	—	—	1	—	—	—	1	1	—	1	1	—	—	—
IX	—	—	—	—	—	2	1	1	—	—	—	—	2	1	1	—	1	—	—
X	—	—	1	1	—	1	—	2	—	2	—	—	—	1	1	—	—	—	—
XI	—	—	—	—	2	4	—	1	3	—	1	1	1	2	1	3	1	3	1
XIV	1	1	2	1	1	3	—	4	—	1	—	3	2	1	—	2	1	1	—
XV	—	1	—	—	—	—	—	1	1	—	—	—	—	2	2	—	—	1	—

a) Man kann im gegebenen Fall zunächst einmal genau in derselben Weise verfahren wie in den beiden vorangehenden. Man findet:

Jahres-ergebnis	Zahl der Fälle, in denen das nebenstehende Jahresergebnis	
	eingetreten ist	zu erwarten war
0	144	143,1
1	91	92,1
2	32	33,3
3	11	8,9
4 u. mehr	2	2,0

$\{\varepsilon_0'(x)\}^2 = 0{,}70\ (0{,}05);\qquad \{\varepsilon_0''(x)\}^2 = 0{,}73\ (0{,}09);$

$\varepsilon_0'(x) = 0{,}84\ (0{,}03);\qquad \varepsilon_0''(x) = 0{,}85\ (0{,}05).$

b) Sodann kann man aber, unter Weglassung des Gardecorps, des I., VI. und XI. Armeecorps, welche eine von der normalen ziemlich stark abweichende Zusammensetzung aufweisen[1]), die Zahlen, welche sich auf die übrigbleibenden 10 Armeecorps beziehen, so behandeln, als bezögen sie sich alle auf ein und dasselbe Armeecorps, mithin eine einzige aus 200 Elementen bestehende statistische Reihe annehmen und auf dieselbe das Schema des § 4 anwenden. Es ergiebt sich:

Jahres-ergebnis	Zahl der Fälle, in denen das nebenstehende Jahresergebnis	
	eingetreten ist	zu erwarten war
0	109	108,7
1	65	66,3
2	22	20,2
3	3	4,1
4 u. mehr	1	0,6

$\{\varepsilon'(x)\}^2 = 0{,}61\ (0{,}06);\qquad \{\varepsilon''(x)\}^2 = 0{,}61\ (0{,}09);$

$\varepsilon'(x) = 0{,}78\ (0{,}04);\qquad \varepsilon''(x) = 0{,}78\ (0{,}06).$

Die Kongruenz der Theorie mit der Erfahrung läßt sowohl im Fall a) als im Fall b), wie man sieht, nichts zu wünschen übrig.

図 5.3 ボルトキーヴィッチによる適用例が記述された部分（Bortkiewicz, 1898, pp.23–25：紙幅にあわせレイアウトを変更）

$$f_X(x) = \frac{{}_M\mathrm{C}_x\ {}_N\mathrm{C}_{n-x}}{{}_{M+N}\mathrm{C}_n} \tag{5.34}$$

で与えられる確率分布を**超幾何分布** (hypergeometric distribution) といい，$\mathrm{HG}(n, M, N)$ であらわす．ここに，X のとる範囲は $\max\{0, n - N\} \le x \le \min\{n, M\}$ で与えられる．実際，${}_M\mathrm{C}_x$ より X のとる範囲が $0 \le x \le M$ であることが，${}_N\mathrm{C}_{n-x}$ より X のとる範囲が $0 \le n-x \le N$，すなわち，$n-N \le x \le n$ であることが確認できる．これらをまとめると，この確率密度関数の定義域が $\max\{0, n - N\} \le x \le \min\{n, M\}$ で与えられることがわかるであろう．

超幾何分布 $\mathrm{HG}(10, 100, 100)$，$\mathrm{HG}(30, 100, 100)$，$\mathrm{HG}(70, 100, 100)$ の確率密度関数と累積分布関数のグラフはそれぞれ図 5.4(a) と (b) で与えられる．これ以降，定義域が $0 \le x \le n$ のケースに限定して議論を進める．

ここで，

$$(1+a)^M (1+a)^N = (1+a)^{M+N} \tag{5.35}$$

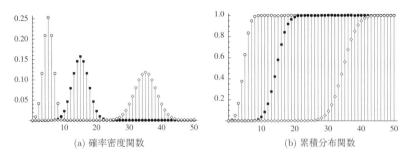

(a) 確率密度関数　　　　　　(b) 累積分布関数

図 5.4　超幾何分布（○は $HG(10, 100, 100)$，■は $HG(30, 100, 100)$，◇は $HG(70, 100, 100)$ をあらわす）

を展開したときの a^n の係数に関して両辺を比較することによって，任意の M, N と任意の非負整数 n に対して

$$\sum_{x=0}^{n} {}_{M}\mathrm{C}_{x}\,{}_{N}\mathrm{C}_{n-x} = {}_{M+N}\mathrm{C}_{n} \tag{5.36}$$

が成り立つことから，(5.34) 式は確率密度関数の定義を満たすことがわかる．また，(5.10) 式と同様に，(5.36) 式より

$$\sum_{x=0}^{n} x\,{}_{M}\mathrm{C}_{x}\,{}_{N}\mathrm{C}_{n-x} = M \sum_{x=1}^{n} {}_{M-1}\mathrm{C}_{x-1}\,{}_{N}\mathrm{C}_{n-1-x+1} = M\,{}_{M+N-1}\mathrm{C}_{n-1} \tag{5.37}$$

を得る．したがって，X の平均は

$$E\left[X\right] = \sum_{x=0}^{n} x\frac{{}_{M}\mathrm{C}_{x}\,{}_{N}\mathrm{C}_{n-x}}{{}_{M+N}\mathrm{C}_{n}} = M\frac{{}_{M+N-1}\mathrm{C}_{n-1}}{{}_{M+N}\mathrm{C}_{n}} = \frac{nM}{M+N} \tag{5.38}$$

となる．さらに，二項分布のケースと同様に，$X(X-1)$ の期待値を計算すると，(5.36) 式より

$$\sum_{x=0}^{n} x(x-1)\,{}_{M}\mathrm{C}_{x}\,{}_{N}\mathrm{C}_{n-x} = M(M-1)\sum_{x=2}^{n} {}_{M-2}\mathrm{C}_{x-2}\,{}_{N}\mathrm{C}_{n-2-x+2}$$
$$= M(M-1)\,{}_{M+N-2}\mathrm{C}_{n-2} \tag{5.39}$$

だから，

$$E[X(X-1)] = M(M-1)\frac{_{M+N-2}\mathrm{C}_{n-2}}{_{M+N}\mathrm{C}_n} = \frac{M(M-1)n(n-1)}{(M+N)(M+N-1)}$$
$$(5.40)$$

を得る．したがって，X の分散は

$$\mathrm{var}[X] = E[X(X-1)] + E[X] - E[X]^2 = \frac{nMN(M+N-n)}{(M+N)^2(M+N-1)}$$

となる．

ここで，

$$p = \frac{M}{M+N} \quad \left(\text{あるいは}\, 1-p = \frac{N}{M+N}\right) \tag{5.41}$$

とおくと，超幾何分布と二項分布の期待値はともに np となり，見かけ上，両者は一致することがわかる．しかし，分散については $(M+N-n)/(M+N-1)$ の分だけ超幾何分布のほうが小さくなる．そこで，(5.41) 式を一定にしたまま，M と N を大きくしていってみよう．まず，(5.34) 式は

$$f_X(x) = \frac{_M\mathrm{C}_x \,_N\mathrm{C}_{n-x}}{_{M+N}\mathrm{C}_n} = {_n\mathrm{C}_x}\frac{(M+N-n)!}{(N+M)!}\frac{M!}{(M-x)!}\frac{N!}{(N-n+x)!}$$

$$= {_n\mathrm{C}_x}\frac{N}{M+N}\frac{N-1}{M+N-1}\cdots\frac{N-n+x+1}{M+N-n+x+1}$$

$$\times\frac{M}{M+N-n+x}\frac{M-1}{M+N-n+x-1}\cdots\frac{M-x+1}{M+N-n+x-x+1}$$
$$(5.42)$$

と変形することができる．ここで，(5.42) 式を

$$\frac{N}{M+N}\frac{N-1}{M+N-1}\cdots\frac{N-n+x+1}{M+N-n+x+1} \tag{5.43}$$

と

$$\frac{M}{M+N-n+x}\frac{M-1}{M+N-n+x-1}\cdots\frac{M-x+1}{M+N-n+1} \tag{5.44}$$

にわけて考えてみよう．そのうえで，(5.41) 式に注意して，$M, N \rightarrow \infty$ とすると，(5.43) 式は

$$\frac{N}{M+N}\frac{N-1}{M+N-1}\cdots\frac{N-n+x+1}{M+N-n+x+1}$$

$$= (1-p)\left((1-p)\frac{1-\dfrac{1}{N}}{1-\dfrac{1}{M+N}}\right)\cdots\left((1-p)\frac{1-\dfrac{n-x-1}{N}}{1-\dfrac{n-x-1}{M+N}}\right)$$

$$\to (1-p)^{n-x} \quad (5.45)$$

となる．同様に，$M, N \to \infty$ とすると (5.44) 式は

$$\frac{M}{M+N-n+x}\frac{M-1}{M+N-n+x-1}\cdots\frac{M-x+1}{M+N-n+1}$$

$$= p^x\left(\frac{1}{1-\dfrac{n-x}{M+N}}\right)\left(\frac{1-\dfrac{1}{M}}{1-\dfrac{n-x+1}{M+N}}\right)\cdots\left(\frac{1-\dfrac{x-1}{M}}{1-\dfrac{n-1}{M+N}}\right) \to p^x$$

$$(5.46)$$

となる．したがって，この仮定の下では，

$$f_X(x) = \frac{{}_M\mathrm{C}_x\,{}_N\mathrm{C}_{n-x}}{{}_{M+N}\mathrm{C}_x} \simeq {}_n\mathrm{C}_x p^x (1-p)^{n-x} \quad (5.47)$$

となり，超幾何分布は二項分布で近似できることがわかる．

　超幾何分布は，標本抽出においての**非復元抽出** (sampling without replacement) に対する確率分布である．すなわち，M 個の白石と N 個の黒石が入った袋から石を 1 つ選び，それを戻さないで n 回繰り返したときに選び出された白石の個数 X の分布が超幾何分布になる．これに対し，石を取り出したらそれを袋に戻してから石をまた取り出す場合を**復元抽出** (sampling with replacement) という．このとき，白石が選ばれる確率は $M/(M+N) = p$ と一定になるので，これを n 回繰り返したときの白石の個数 X の分布は二項分布となる．これより，石の個数 $M+N$ が十分大きければ，超幾何分布は二項分布に近似できることが想像できるであろう．

✔ 例 5.2（標識再捕獲問題： capture-recapture problem）　超幾何分布に基づく調査方法として標識再捕獲法がある．これは，採集個体に目印をつけてから放流し (M)，しばらくしてから再度捕獲し，目印をつけた再捕獲個体数 (x) が採集された個体数 (n) のどれだけ含まれているかによって，全個体数 $(M+N)$

を推定する方法である．ここに，N は最初に捕獲されなかった個体の数である．このとき，目印をつけられた個体が均一に混ざっていれば，捕獲された個体のなかで目印をつけられたものも同じ割合で存在すると考えられる．たとえば，ある湖で魚を 50 匹 (M) を取って標識したとしよう．その後，魚を一旦その湖に戻し，しばらく経ってから，同じ湖から 20 匹 (n) を無作為にとったところ，その半数である 10 匹 (x) は目印をつけられた魚であった．目印をつけられた個体が均一に混ざっていたと仮定し，(5.34) 式を想定するならば（もう少し厳密に議論するためには，第 9 章で紹介する最尤推定量を用いる），推定個体数は，概ね

$$M + N = \frac{20 \times 50}{10} = 100 \tag{5.48}$$

であろうと考えられる．ただし，この調査の場合，目印をつけられていない個体と均一に混ざるまでの時間が必要であり，また，死亡や移入・移出がないことが前提となる． ■

5.4 多項分布

本章の最後に，二項分布を一般化した確率分布として，多項分布を紹介しよう．k 個の離散型確率変数 $X_1, X_2, \ldots, X_k$ がしたがう確率分布の同時確率密度関数が

$$f_{X_1, X_2, \ldots, X_k}(x_1, x_2, \ldots, x_k) = \frac{n!}{x_1! x_2! \cdots x_k!} p_1^{x_1} p_2^{x_2} \cdots p_k^{x_k} \tag{5.49}$$

で与えられる確率分布を**多項分布** (multinomial distribution) といい，$\mathrm{MN}(n, \{p_i : i = 1, 2, \ldots, k\})$ であらわす．ただし，$x_1, x_2, \ldots, x_k$ は

$$\sum_{i=1}^{k} x_i = n \tag{5.50}$$

を満たす非負の整数であり，$p_1, p_2, \ldots, p_k \geq 0$ は

$$\sum_{i=1}^{k} p_i = 1 \tag{5.51}$$

を満たすパラメータである．これが確率密度関数の定義を満たすことは，**多項定理** (multinomial theorem)

$$(a_1 + a_2 + \cdots + a_k)^n = \sum_{x_1+x_2+\cdots+x_k=n} \frac{n!}{x_1! \cdots x_k!} a_1^{x_1} \cdots a_k^{x_k} \qquad (5.52)$$

において, $a_i = p_i \ (i = 1, 2, \ldots, k)$ とおくことにより確認できる.

ここで, X_1 に着目して, 平均や分散について計算してみよう ($X_2, \ldots, X_k$ についても同様な手続きで計算できるので, 以下では省略する). まず, 多項定理 (5.52) 式を利用することにより, X_1 の周辺分布は

$$
\begin{aligned}
f_{X_1}(x_1) &= \sum_{x_2+\cdots+x_n=n-x_1} \frac{n!}{x_1! \cdots x_k!} p_1^{x_1} \cdots p_k^{x_k} \\
&= \frac{n!}{x_1!(n-x_1)!} p_1^{x_1}(1-p_1)^{n-x_1} \\
&\quad \times \sum_{x_2+\cdots+x_n=n-x_1} \frac{(n-x_1)!}{x_2! \cdots x_k!} \left(\frac{p_2}{1-p_1}\right)^{x_2} \cdots \left(\frac{p_k}{1-p_1}\right)^{x_k} \\
&= \frac{n!}{x_1!(n-x_1)!} p_1^{x_1}(1-p_1)^{n-x_1}
\end{aligned}
$$

となり, 二項分布 $\mathrm{BN}(n, p_1)$ であることがわかる. したがって, X_1 の平均は, (5.11) 式より

$$E[X_1] = np_1 \qquad (5.53)$$

であり, X_1 の分散は, (5.13) 式より

$$\mathrm{var}[X_1] = np_1(1-p_1) \qquad (5.54)$$

で与えられる.

次に, 簡単のため, 三項分布

$$f_{X_1,X_2,X_3}(x_1, x_2, x_3 : n, p_1, p_2, p_3) = \frac{n!}{x_1! x_2! x_3!} p_1^{x_1} p_2^{x_2} p_3^{x_3} \qquad (5.55)$$

を例として, X_1 と X_2 の共分散について考えてみよう.

まず, X_1 と X_2 の積の期待値は, 二項分布などの期待値の計算と同様な手続きにより, 多項定理を用いて

$$E[X_1 X_2] = \sum_{x_1+x_2=n} x_1 x_2 \frac{n!}{x_1! x_2!(n-x_1-x_2)!} p_1^{x_1} p_2^{x_2}(1-p_1-p_2)^{n-x_1-x_2}$$

$$= n(n-1)p_1 p_2 \tag{5.56}$$

であることがわかる．したがって，X_1 と X_2 の共分散は

$$\mathrm{cov}(X_1, X_2) = E[X_1 X_2] - E[X_1]E[X_2]$$
$$= n(n-1)p_1 p_2 - (np_1)(np_2) = -np_1 p_2 \tag{5.57}$$

となり，負の値をとる．このことは，多項分布では確率変数の総和が n で固定されているため（(5.50) 式を参照），X_1 の値が大きくなれば X_2 の値が小さくなる傾向（負の相関）があることを表現したものといえる．また，分散や共分散の計算から，共分散行列は

$$\Sigma = n \begin{pmatrix} p_1(1-p_1) & -p_1 p_2 & -p_1 p_3 \\ -p_1 p_2 & p_2(1-p_2) & -p_2 p_3 \\ -p_1 p_3 & -p_2 p_3 & p_3(1-p_3) \end{pmatrix} \tag{5.58}$$

とあらわすことができる．しかし，(5.51) 式に注意すると，共分散行列の列ベクトル（行ベクトルでもよい）の総和は

$$\begin{pmatrix} p_1(1-p_1) \\ -p_1 p_2 \\ -p_1 p_3 \end{pmatrix} + \begin{pmatrix} -p_1 p_2 \\ p_2(1-p_2) \\ -p_2 p_3 \end{pmatrix} + \begin{pmatrix} -p_1 p_3 \\ -p_2 p_3 \\ p_3(1-p_3) \end{pmatrix} = \begin{pmatrix} 0 \\ 0 \\ 0 \end{pmatrix} \tag{5.59}$$

のように 0 ベクトルとなり，線形従属関係にあることがわかる．このことからわかるように，多項分布の共分散行列は逆行列を持たない．実は，こういった問題は二項分布においても生じている．実際，二項分布 $\mathrm{BN}(n, p_1)$ について，

$$f(x_1; n, p_1) = \frac{n!}{x_1!(n-x_1)!} p_1^{x_1}(1-p_1)^{n-x_1}$$
$$= \frac{n!}{x_1! x_2!} p_1^{x_1} p_2^{x_2} = f(x_1, x_2; n, p_1, p_2) \tag{5.60}$$

と置きなおしてみよう．ここに，$p_2 = 1 - p_1 \geq 0$, $x_2 = n - x_1 \geq 0$ とする．このとき，X_1 と X_2 の共分散行列は

$$n \begin{pmatrix} p_1(1-p_1) & -p_1 p_2 \\ -p_1 p_2 & p_2(1-p_2) \end{pmatrix} \tag{5.61}$$

となるが，$p_1 p_2 = p_1(1 - p_1)$ であることから，X_1 と X_2 の共分散行列は逆行列を持たないことがわかる．

なお，(4.61) 式より，積率母関数は

$$M_{X_1, X_2, X_3}(t_1, t_2, t_3)$$
$$= \sum_{x_1 + x_2 + x_3 = n} \exp\left(t_1 x_1 + t_2 x_2 + t_3 x_3\right) \frac{n!}{x_1! x_2! x_3!} p_1^{x_1} p_2^{x_2} p_3^{x_3}$$
$$= \sum_{x_1 + x_2 + x_3 = n} \frac{n!}{x_1! x_2! x_3!} \left(\exp\left(t_1\right) p_1\right)^{x_1} \left(\exp\left(t_2\right) p_2\right)^{x_2} \left(\exp\left(t_3\right) p_3\right)^{x_3}$$
$$= \left(\exp(t_1)p_1 + \exp(t_2)p_2 + \exp(t_3)p_3\right)^n \tag{5.62}$$

で与えられる．

演習問題

問題 5.1　確率変数 X と Y が独立にそれぞれポアソン分布 $\mathrm{Po}(\lambda_x)$ と $\mathrm{Po}(\lambda_y)$ にしたがうとき，$X + Y = t$ を与えたときの X がしたがう確率分布の確率密度関数を求めよ．

問題 5.2　確率変数 X と Y が独立にそれぞれ二項分布 $\mathrm{BN}(n, p)$ と $\mathrm{BN}(m, p)$ にしたがうとき，$X + Y = t$ を与えたときの X がしたがう確率分布の確率密度関数を求めよ．

問題 5.3　ポアソン分布 $\mathrm{Po}(\lambda)$ と超幾何分布 $\mathrm{HG}(M, N, n)$ の最頻値をそれぞれ求めよ．ここに，確率変数 X がしたがう確率分布の最頻値とは，その確率密度関数の最大値を与える X の値のことをいう．

第6章

代表的な連続確率分布

6.1 一様分布

確率変数 X の確率密度関数が

$$f_X(x) = \frac{1}{\theta}, \quad 0 \leq x \leq \theta \tag{6.1}$$

で与えられる確率分布を区間 $[0, \theta]$ 上の (**連続**) **一様分布** ((continuous) uniform distribution) といい, $U(0, \theta)$ であらわす ($\theta \neq 0$). この確率密度関数と累積分布関数のグラフは, それぞれ図 6.1(a) と (b) で与えられる. ここで, (6.1) 式が確率密度関数の定義を満たしていることは,

$$\int_0^\theta \frac{1}{\theta} dx = 1 \tag{6.2}$$

より明らかであろう.

X の平均は

$$E[X] = \int_0^\theta \frac{x}{\theta} dx = \frac{\theta}{2} \tag{6.3}$$

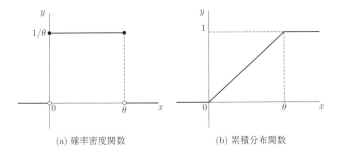

(a) 確率密度関数　　　　　　　(b) 累積分布関数

図 **6.1**　一様分布

である. また, X^2 の期待値は

$$E\left[X^2\right] = \int_0^\theta \frac{x^2}{\theta}dx = \frac{\theta^2}{3} \tag{6.4}$$

であることから, X の分散は

$$\mathrm{var}\left[X\right] = E\left[X^2\right] - E\left[X\right]^2 = \frac{\theta^2}{3} - \frac{\theta^2}{4} = \frac{\theta^2}{12} \tag{6.5}$$

で与えられる. 加えて, X の積率母関数は

$$M_X(t) = \int_0^\theta \frac{\exp(tx)}{\theta}dx = \left[\frac{\exp(tx)}{t\theta}\right]_0^\theta = \frac{\exp(t\theta) - 1}{t\theta} \tag{6.6}$$

となる.

　X が連続型確率変数であり, その累積分布関数 $F_X(x)$ が微分可能な単調増加関数であるとき, 累積分布関数を確率変数とみなした $F_X(X)$ は一様分布 $U(0,1)$ にしたがう. 実際, $X \le x$ となる確率は

$$\mathrm{pr}(X \le x) = F_X(x) \tag{6.7}$$

であり, $F_X(x)$ は単調増加関数であるから, $X \le x$ である確率と $F_X(X) \le F_X(x)$ である確率は同じ, すなわち,

$$\mathrm{pr}(X \le x) = \mathrm{pr}(F_X(X) \le F_X(x)) = F_X(x) \tag{6.8}$$

である. ここで, $Y = F_X(X), y = F_X(x)$ と置きなおすと,

$$\mathrm{pr}(X \le x) = \mathrm{pr}(Y \le y) = y \tag{6.9}$$

である. したがって, これを y で微分することにより, 一様分布 $U(0,1)$ の確率密度関数 $f_Y(y) = 1$ が得られる.

✔ 例 6.1 （逆関数法）　一様分布が重要な役割を果たす例として, シミュレーション実験で使われる**逆関数法** (inverse transform sampling method) がある. その手続きは, 以下のとおりである.

1. 一様分布 $U(0,1)$ にしたがう擬似乱数 u を生成する.
2. u に基づいて新たな変数 $x = F_X^{-1}(u)$ を得る.

この x が興味ある累積分布関数 $F_X(x)$ から得られた**擬似乱数** (pseudorandom number) となる [1]. たとえば, U を一様分布 $U(0,1)$ にしたがう確率変数とし,

$$X = -\frac{1}{\lambda} \log(1 - U) \tag{6.10}$$

とおく. このとき, $U = g(X) = 1 - \exp(-\lambda X)$ なので, (4.30) 式より, $f_U(u) = 1$ とあわせて,

$$f_X(x) = f_U(g(x)) \left| \frac{du}{dx} \right| = \lambda \exp(-\lambda x) \tag{6.11}$$

が得られる. これは 6.3.3 項で紹介する**指数分布** (exponential distribution) $\mathrm{Ex}(\lambda)$ の確率密度関数に他ならない. このことから, X はパラメータ λ の指数分布 $\mathrm{Ex}(\lambda)$ にしたがうことがわかる. ∎

　一様分布には再生性がない. すなわち, X と Y が独立に一様分布にしたがうからといって, $Z = X + Y$ が一様分布にしたがうわけではない. 実際, X と Y が独立に一様分布 $U(0,1)$ にしたがうとき, Z の確率密度関数は, $0 \le z \le 1$ のときには,

$$f_Z(z) = \int_0^1 f_X(z-y) f_Y(y) dy = \int_0^z 1 dy = z \tag{6.12}$$

で与えられる (X も Y も一様分布 $U(0,1)$ にしたがうので, $0 \le z - y \le 1$ より, $0 \le y \le z$ でなければならない). 一方, $1 < z \le 2$ のときには,

$$f_Z(z) = \int_0^1 f_X(z-y) f_Y(y) dy = \int_{z-1}^1 1 dy = 2 - z \tag{6.13}$$

で与えられる (先と同様に, $0 \le z - y \le 1$ より, $z - 1 \le y \le 1$ でなければならない). このような確率密度関数を持つ確率分布を**三角分布** (triangular distribution) という. その確率密度関数のグラフは図 6.2 で与えられる.

---

[1] 数列 $a_1, a_2, \ldots$ に対して, $a_1, a_2, \ldots, a_n$ から a_{n+1} を予測することのできない, いわゆる規則性のない方法で生成された数列を乱数列といい, この数列に含まれる数値を**乱数** (random number) という. これに対して, 一見すると乱数列のように見えるが, そうではなく, 実際には規則的な計算によって生成された数列を疑似乱数列といい, この数列に含まれる数を疑似乱数という. 疑似乱数の生成方法が一様分布に基づいているとき**一様乱数** (uniform random number) といい, 正規分布に基づいている場合には**正規乱数** (normal random number) という.

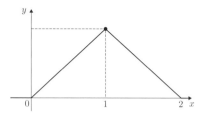

図 6.2 三角分布の確率密度関数

6.2 正規分布

6.2.1 確率密度関数と積率

確率変数 X の確率密度関数が

$$f_X(x) = \frac{1}{\sqrt{2\pi\sigma_{xx}}} \exp\left(-\frac{(x-\mu_x)^2}{2\sigma_{xx}}\right),$$

$$-\infty < x < \infty; \ -\infty < \mu_x < \infty; \ \sigma_{xx} > 0 \tag{6.14}$$

で与えられる確率分布を平均を μ_x, 分散を σ_{xx} とする正規分布といい, $N(\mu_x, \sigma_{xx})$ であらわす. 特に, 平均を 0, 分散を 1 とする正規分布は標準正規分布と呼ばれ, 例 4.1 ですでに登場している. 正規分布の確率密度関数と累積分布関数のグラフはそれぞれ図 6.3(a) と (b) で与えられる.

ここで, (6.14) 式が確率密度関数の定義を満たしていることを示そう. まず,

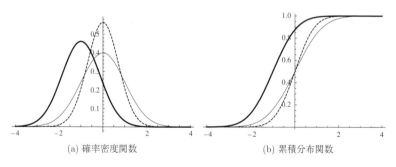

(a) 確率密度関数   (b) 累積分布関数

図 6.3 正規分布 (破線は $N(0, 0.5)$, 細線は $N(0, 1)$ (標準正規分布), 太線は $N(-1, 0.75)$ をあらわす)

$$\int_{-\infty}^{\infty} \exp\left(-\frac{x^2}{2}\right) dx \int_{-\infty}^{\infty} \exp\left(-\frac{y^2}{2}\right) dy$$
$$= \int_{-\infty}^{\infty} \int_{-\infty}^{\infty} \exp\left(-\frac{x^2+y^2}{2}\right) dxdy \tag{6.15}$$

において，$x = r\cos\theta$, $y = r\sin\theta$ $(0 < r, -\pi \leq \theta \leq \pi)$ とおくと，ヤコビアン $J(r,\theta)$ は

$$J(r,\theta) = \det \begin{pmatrix} \cos\theta & -r\sin\theta \\ \sin\theta & r\cos\theta \end{pmatrix} = r \tag{6.16}$$

で与えられる．したがって，$t = r^2/2$ と変換することにより，

$$\int_{-\infty}^{\infty} \int_{-\infty}^{\infty} \exp\left(-\frac{x^2+y^2}{2}\right) dxdy = \int_0^{\infty} \int_{-\pi}^{\pi} r \exp\left(-\frac{r^2}{2}\right) d\theta dr$$
$$= 2\pi \int_0^{\infty} r \exp\left(-\frac{r^2}{2}\right) dr = 2\pi \int_0^{\infty} \exp(-t) dt = 2\pi \tag{6.17}$$

を得る．したがって，

$$\int_{-\infty}^{\infty} \exp\left(-\frac{x^2}{2}\right) dx = \int_{-\infty}^{\infty} \exp\left(-\frac{y^2}{2}\right) dy = \sqrt{2\pi} \tag{6.18}$$

であることがわかる．これは，(6.14) 式で $\mu_x = 0$, $\sigma_{xx} = 1$ としたものが確率密度関数として適切に定義されていることを示している．ここで，Z が標準正規分布にしたがうとき，

$$X = \sqrt{\sigma_{xx}} Z + \mu_x \tag{6.19}$$

と変数変換を行うことにしよう．このとき

$$\int_{-\infty}^{\infty} \frac{1}{\sqrt{2\pi\sigma_{xx}}} \exp\left(-\frac{1}{2}\frac{(x-\mu_x)^2}{\sigma_{xx}}\right) dx = 1 \tag{6.20}$$

であることがわかる．(6.20) 式の被積分関数は正規分布 $N(\mu_x, \sigma_{xx})$ の確率密度関数となっている．

さて，Z が標準正規分布にしたがうとき，

$$\frac{df_Z(z)}{dz} = -z f_Z(z) \tag{6.21}$$

が成り立つことから，

$$E[Z] = \int_{-\infty}^{\infty} z f_Z(z) dz = [-f_Z(z)]_{-\infty}^{\infty} = 0 \qquad (6.22)$$

$$\mathrm{var}[Z] = E[Z^2] = \int_{-\infty}^{\infty} z^2 f_Z(z) dz$$

$$= [-z f_Z(z)]_{-\infty}^{\infty} + \int_{-\infty}^{\infty} f_Z(z) dz = 1 \qquad (6.23)$$

である（補足 6.1 参照）．このことを利用して，(6.19) 式の変数変換を行うと，(4.2) 式と (4.3) 式より

$$E[X] = E[\sqrt{\sigma_{xx}} Z + \mu_x] = \mu_x, \quad \mathrm{var}[X] = \mathrm{var}[\sqrt{\sigma_{xx}} Z + \mu_x] = \sigma_{xx}$$

を得る．また，X が正規分布 $N(\mu_x, \sigma_{xx})$ にしたがうとき，X の積率母関数は，

$$M_X(t) = \int_{-\infty}^{\infty} \frac{1}{\sqrt{2\pi\sigma_{xx}}} \exp\left(-\frac{1}{2}\frac{(x-\mu_x)^2}{\sigma_{xx}}\right) \exp(tx) dx \qquad (6.24)$$

で与えられる．このとき，(6.24) 式において，ネイピア数 e の指数部分は，平方完成を行うことにより，

$$-\frac{1}{2}\frac{(x-\mu_x)^2}{\sigma_{xx}} + tx = -\frac{1}{2}\frac{\left(x^2 - 2x(\mu_x + \sigma_{xx}t) + \mu_x^2\right)}{\sigma_{xx}}$$

$$= -\frac{1}{2}\frac{(x-(\mu_x + \sigma_{xx}t))^2}{\sigma_{xx}} + \mu_x t + \frac{\sigma_{xx}}{2}t^2 \qquad (6.25)$$

のようにまとめられる．したがって，積率母関数として

$$M_X(t)$$

$$= \int_{-\infty}^{\infty} \frac{1}{\sqrt{2\pi\sigma_{xx}}} \exp\left(-\frac{1}{2}\frac{(x-(\mu_x+\sigma_{xx}t))^2}{\sigma_{xx}}\right) dx \times \exp\left(\mu_x t + \frac{\sigma_{xx}}{2}t^2\right)$$

$$= \exp\left(\mu_x t + \frac{\sigma_{xx}}{2}t^2\right) \qquad (6.26)$$

が得られる．ここに，積分計算を行うにあたって (6.26) 式の被積分関数が正規分布 $N(\mu_x + \sigma_{xx}t, \sigma_{xx})$ の確率密度関数となっていることを利用している．

補足 6.1　ここでは，ロピタルの定理が使われている．$f(x)$ と $g(x)$ が開区間 (a,b) で微分可能で，$\lim_{x \to b} f(x) = 0$ $(\lim_{x \to b} f(x) = \infty)$，$\lim_{x \to b} g(x) = 0$ $(\lim_{x \to b} g(x) = \infty)$，$g'(x) \neq 0$ であるとき，$\lim_{x \to b} \dfrac{f'(x)}{g'(x)}$ が存在するならば，$\lim_{x \to b} \dfrac{f(x)}{g(x)} = \lim_{x \to b} \dfrac{f'(x)}{g'(x)}$ が成り立つ（$b = \infty$ でもよい）．

さて，正規分布には再生性がある．すなわち，X と Y が独立にそれぞれ正規分布 $N(\mu_x, \sigma_{xx})$ と $N(\mu_y, \sigma_{yy})$ にしたがうとき，(4.61) 式より，$X + Y$ の積率母関数は

$$
\begin{aligned}
M_{X+Y}(t) &= M_{X,Y}(t,t) = M_X(t)M_Y(t) \\
&= \exp\left(\mu_x t + \frac{\sigma_{xx}}{2}t^2\right)\exp\left(\mu_y t + \frac{\sigma_{yy}}{2}t^2\right) \\
&= \exp\left((\mu_x + \mu_y)t + \frac{\sigma_{xx} + \sigma_{yy}}{2}t^2\right)
\end{aligned}
\tag{6.27}
$$

となる．7.1 節で述べる積率母関数（特性関数）と確率分布の一対一性を利用することにより，Z は正規分布 $N(\mu_x + \mu_y, \sigma_{xx} + \sigma_{yy})$ にしたがうことがわかる．これを**正規分布の再生性** (reproductive property of the normal distribution) という．

✔ **例 6.2 （偏差値）** X を平均 μ_x，分散を σ_{xx} を持つ確率分布にしたがうとき，大学入試等でしばしば登場する偏差値（1.2 節を参照）は

$$
y = 50 + 10\,\frac{x - \mu_x}{\sqrt{\sigma_{xx}}}
\tag{6.28}
$$

と定義される．X が正規分布 $N(\mu_x, \sigma_{xx})$ にしたがうとき，Y は正規分布 $N(50, 100)$ にしたがう．偏差値が y 以上である確率は

$$
\mathrm{pr}(Y \geq y) = \mathrm{pr}\left(\frac{Y - 50}{10} \geq \frac{y - 50}{10}\right) = 1 - F_Y\left(\frac{y - 50}{10}\right)
\tag{6.29}
$$

であることから，たとえば，受験生が n 人であるとき，偏差値が 60 以上である人は，

$$
n\,\mathrm{pr}(Y \geq 60) = n\,(1 - F_X(1)) = n(1 - 0.841) = 0.159n
\tag{6.30}
$$

70 以上である人は，

$$
n\,\mathrm{pr}(Y \geq 70) = n\,(1 - F_X(2)) = n(1 - 0.977) = 0.023n
\tag{6.31}
$$

となる（値については巻末の正規分布表を参照）．ここに，$F_X(x)$ は標準正規分布の累積分布関数である．　　■

6.2.2 多次元正規分布

p 次元列ベクトルを $\boldsymbol{\mu}_x = (\mu_{x_1}, \mu_{x_2}, \ldots, \mu_{x_p})'$ とし p 次正値対称行列を $\Sigma_{xx} = (\sigma_{x_i x_j})_{1 \le i,j \le p}$ とする.このとき,p 次元確率変数列ベクトル $\boldsymbol{X} = (X_1, X_2, \ldots, X_p)'$ の同時確率密度関数が

$$f(\boldsymbol{x}) = \frac{1}{(\sqrt{2\pi})^p \sqrt{\det\Sigma_{xx}}} \exp\left(-\frac{1}{2}(\boldsymbol{x} - \boldsymbol{\mu}_x)'\Sigma_{xx}^{-1}(\boldsymbol{x} - \boldsymbol{\mu}_x)\right) \qquad (6.32)$$

で与えられる確率分布を p **次元正規分布** (p dimensional normal distribution) といい,$N(\boldsymbol{\mu}_x, \Sigma_{xx})$ であらわす.確率変数の個数を具体的に述べる必要がない場合には,**多次元正規分布**(**多変量正規分布**:multivariate normal distribution) ということもある.ここに,$\boldsymbol{\mu}_x$ は平均ベクトル,Σ_{xx} は共分散行列である.$\boldsymbol{\mu}_x$ の第 i 成分 μ_{x_i} が X_i の平均となり,Σ_{xx} の第 (i,j) 成分 $\sigma_{x_i x_j}$ が X_i と X_j の共分散となることは本項の議論から明らかになるであろう.

p 次元確率変数ベクトルの積率母関数は,その定義である (4.61) 式より

$$M_X(\boldsymbol{t}) = E[\exp(\boldsymbol{t}'\boldsymbol{X})]$$
$$= \int_{-\infty}^{\infty} \frac{1}{(\sqrt{2\pi})^p \sqrt{\det\Sigma_{xx}}} \exp\left(-\frac{1}{2}\left\{(\boldsymbol{x} - \boldsymbol{\mu}_x)'\Sigma_{xx}^{-1}(\boldsymbol{x} - \boldsymbol{\mu}_x) - 2\boldsymbol{t}'\boldsymbol{x}\right\}\right) d\boldsymbol{x}$$
$$(6.33)$$

とあらわすことができる.ここで,(6.25) 式と同様に,ネイピア数 e の指数部分に注目して,平方完成を行い,

$$(\boldsymbol{x} - \boldsymbol{\mu}_x)'\Sigma_{xx}^{-1}(\boldsymbol{x} - \boldsymbol{\mu}_x) - 2\boldsymbol{t}'\boldsymbol{x}$$
$$= \boldsymbol{x}'\Sigma_{xx}^{-1}\boldsymbol{x} - 2(\boldsymbol{\mu}_x'\Sigma_{xx}^{-1} + \boldsymbol{t}')\boldsymbol{x} + \boldsymbol{\mu}_x'\Sigma_{xx}^{-1}\boldsymbol{\mu}_x$$
$$= (\boldsymbol{x} - \boldsymbol{\mu}_x - \Sigma_{xx}\boldsymbol{t})'\Sigma_{xx}^{-1}(\boldsymbol{x} - \boldsymbol{\mu}_x - \Sigma_{xx}\boldsymbol{t}) - 2\boldsymbol{\mu}_x'\boldsymbol{t} - \boldsymbol{t}'\Sigma_{xx}\boldsymbol{t} \quad (6.34)$$

のように変形する.この式より

$$M_X(\boldsymbol{t})$$
$$= \int_{-\infty}^{\infty} \frac{1}{(\sqrt{2\pi})^p \sqrt{\det\Sigma_{xx}}} \exp\left(-\frac{1}{2}(\boldsymbol{x} - \boldsymbol{\mu}_x - \Sigma_{xx}\boldsymbol{t})'\Sigma_{xx}^{-1}(\boldsymbol{x} - \boldsymbol{\mu}_x - \Sigma_{xx}\boldsymbol{t})\right) d\boldsymbol{x}$$
$$\times \exp\left(\boldsymbol{\mu}_x'\boldsymbol{t} + \frac{1}{2}\boldsymbol{t}'\Sigma_{xx}\boldsymbol{t}\right)$$

$$= \exp\left(\boldsymbol{\mu_x}'\boldsymbol{t} + \frac{1}{2}\boldsymbol{t}'\Sigma_{xx}\boldsymbol{t}\right) \tag{6.35}$$

を得る. ここに, (6.35) 式の被積分関数が正規分布 $N(\boldsymbol{\mu}_x + \Sigma_{xx}\boldsymbol{t}, \Sigma_{xx})$ の確率密度関数となっていることを利用している.

ここで, 二次元正規分布

$$f_{X,Y}(x,y) = \frac{1}{2\pi\sqrt{\sigma_{xx}\sigma_{yy}(1-\rho_{xy}^2)}}$$
$$\times \exp\left(-\frac{1}{2(1-\rho_{xy}^2)}\left(\frac{(x-\mu_x)^2}{\sigma_{xx}} - 2\rho_{xy}\frac{(x-\mu_x)(y-\mu_y)}{\sqrt{\sigma_{xx}\sigma_{yy}}} + \frac{(y-\mu_y)^2}{\sigma_{yy}}\right)\right) \tag{6.36}$$

に基づいて, $X = x$ を与えたときの Y の条件付き確率密度関数について考えることにしよう. ここに, ρ_{xy} は (3.48) 式で定義した X と Y の相関係数である. (6.36) 式より, ネイピア数 e の指数部分は

$$\frac{(x-\mu_x)^2}{\sigma_{xx}} - 2\rho_{xy}\frac{(x-\mu_x)(y-\mu_y)}{\sqrt{\sigma_{xx}\sigma_{yy}}} + \frac{(y-\mu_y)^2}{\sigma_{yy}}$$
$$= \left(\frac{y-\mu_y}{\sqrt{\sigma_{yy}}} - \rho_{xy}\frac{x-\mu_x}{\sqrt{\sigma_{xx}}}\right)^2 + \frac{1-\rho_{xy}^2}{\sigma_{xx}}(x-\mu_x)^2 \tag{6.37}$$

と変形できる. したがって,

$$f_{X,Y}(x,y) = \frac{1}{\sqrt{2\pi\sigma_{xx}}}\exp\left(-\frac{1}{2}\frac{(x-\mu_x)^2}{\sigma_{xx}}\right)$$
$$\times \frac{1}{\sqrt{2\pi\sigma_{yy}(1-\rho_{xy}^2)}}\exp\left(-\frac{1}{2}\frac{(y-\mu_y-\beta_{yx}(x-\mu_x))^2}{\sigma_{yy}(1-\rho_{xy}^2)}\right) \tag{6.38}$$

すなわち, X の周辺確率密度関数と $X = x$ を与えたときの Y の条件付き確率密度関数の積で表せる. このとき,

$$\beta_{yx} = \frac{\sigma_{xy}}{\sigma_{xx}} = \rho_{xy}\sqrt{\frac{\sigma_{yy}}{\sigma_{xx}}} \tag{6.39}$$

を Y に対する X の**単回帰係数** (simple regression coefficient) といい, X と Y の関係を示す指標の一つとして使われる. この式からわかるように, $X = x$ を与えたときの Y の条件付き確率分布は, 平均と分散をそれぞれ

$$\mu_y + \beta_{yx}(x - \mu_x), \quad \sigma_{yy}(1 - \rho_{xy}^2) = \sigma_{yy} - \frac{\sigma_{xy}^2}{\sigma_{xx}} \tag{6.40}$$

とする正規分布となる．このように，X と Y が無相関でない限り，Y の平均は X がとる値に依存する．しかし，その分散は X がとる値には依存しない．また，(6.38) 式より，X は正規分布 $N(\mu_x, \sigma_{xx})$ にしたがうことが確認できる．

このことを踏まえて，多次元正規分布が持つ重要な性質として，変数間の独立性と相関係数の関係について述べておこう．まず，

$$E[XY] = E[XE[Y|X]] = E[X(\mu_y + \beta_{yx}(X - \mu_x))]$$
$$= \mu_x\mu_y + \beta_{yx}E[X(X - \mu_x)] = \mu_x\mu_y + \beta_{yx}\sigma_{xx} = \sigma_{xy} + \mu_x\mu_y \tag{6.41}$$

より，X と Y の共分散は

$$\mathrm{cov}[X, Y] = \sigma_{xy} \tag{6.42}$$

で与えられることがわかる．したがって，X と Y が独立ならば，

$$\mathrm{cov}[X, Y] = E[XY] - E[X]E[Y] = E[X]E[Y] - E[X]E[Y] = 0 \tag{6.43}$$

となり，X と Y は無相関となる．一方，(6.36) 式において，$\sigma_{xy} = 0$ とおくと，$\rho_{xy} = 0$ となるので

$$f_{X,Y}(x, y)$$
$$= \frac{1}{\sqrt{2\pi\sigma_{xx}}} \exp\left(-\frac{1}{2\sigma_{xx}}(x - \mu_x)^2\right) \frac{1}{\sqrt{2\pi\sigma_{yy}}} \exp\left(-\frac{1}{2\sigma_{yy}}(y - \mu_y)^2\right) \tag{6.44}$$

が得られ，X と Y が独立となることが確認できる．このことから，多次元正規分布においては X と Y が独立であることと X と Y が無相関であることは同値となることがわかる．

✔ **例 6.3**　正規分布の場合には，逆関数法を直接的に適用して正規乱数を生成することはできないが，たとえば，**ボックス・ミュラー法** (Box-Muller's method) を用いることで一様乱数から正規乱数を生成することができる．以下にこの方法の概略を紹介しよう．

確率変数 X と Y が独立に一様分布 $U(0,1)$ にしたがうものとする．このとき，

$$
\left.
\begin{aligned}
Z_1 &= \sqrt{-2\log X}\cos 2\pi Y \\
Z_2 &= \sqrt{-2\log X}\sin 2\pi Y
\end{aligned}
\right\}
\tag{6.45}
$$

で定義される Z_1 と Z_2 は標準正規分布にしたがう独立な確率変数となる．実際，この方程式を X と Y について解くと，

$$
\left.
\begin{aligned}
X &= \exp\left(-\frac{1}{2}(Z_1^2 + Z_2^2)\right) = g_1(Z_1, Z_2) \\
Y &= \frac{1}{2\pi}\tan^{-1}\frac{Z_2}{Z_1} = g_2(Z_1, Z_2)
\end{aligned}
\right\}
\tag{6.46}
$$

であり [2]，そのヤコビアンは

$$
\begin{aligned}
J(Z_1, Z_2) &= \det\begin{pmatrix} -Z_1\exp\left(-\dfrac{1}{2}(Z_1^2+Z_2^2)\right) & -Z_2\exp\left(-\dfrac{1}{2}(Z_1^2+Z_2^2)\right) \\[2ex] -\dfrac{Z_2}{2\pi(Z_1^2+Z_2^2)} & \dfrac{Z_1}{2\pi(Z_1^2+Z_2^2)} \end{pmatrix} \\[2ex]
&= -\frac{1}{2\pi}\exp\left(-\frac{1}{2}(Z_1^2+Z_2^2)\right)
\end{aligned}
\tag{6.47}
$$

である．したがって，(4.46) 式より，Z_1 と Z_2 の同時確率密度関数は

$$
\begin{aligned}
f_{Z_1,Z_2}(z_1, z_2) &= f_{X,Y}(g_1(z_1,z_2), g_2(z_1,z_2))|J(z_1,z_2)| \\
&= \frac{1}{2\pi}\exp\left(-\frac{1}{2}(z_1^2+z_2^2)\right)
\end{aligned}
\tag{6.48}
$$

であり，標準正規分布の積としてあらわされることがわかる．　　■

6.3　ガンマ分布

6.3.1　確率密度関数と積率

確率変数 X の確率密度関数が

$$
f_X(x) = \frac{1}{\Gamma(\alpha)\beta^\alpha}x^{\alpha-1}\exp\left(-\frac{x}{\beta}\right), \quad x > 0; \alpha > 0, \ \beta > 0
\tag{6.49}
$$

---

[2] 正接関数は周期を π とする三角関数であるため，$\tan 2\pi Y\,(0 < Y < 1)$ に対しては周期ごとに逆関数を考えることになる．

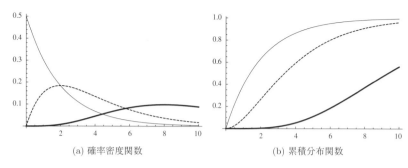

(a) 確率密度関数 (b) 累積分布関数

図 6.4 ガンマ分布（破線は $\mathrm{Ga}(2,2)$, 細線は $\mathrm{Ga}(1,2)$（指数分布）, 太線は $\mathrm{Ga}(5,2)$ をあらわす）

で与えられる確率分布をパラメータ (α, β) の**ガンマ分布** (gamma distribution) といい, $\mathrm{Ga}(\alpha, \beta)$ であらわす. ただし, $\Gamma(\alpha)$ は定理 4.5 で紹介したガンマ関数である. 特に, ガンマ分布 $\mathrm{Ga}(n/2, 2)$ を自由度 n のカイ二乗分布といい, $\chi^2(n)$ であらわす. また, ガンマ分布 $\mathrm{Ga}(1, \beta)$ は指数分布 $\mathrm{Ex}(1/\beta)$ であり, 6.3.3 項であらためて説明する. ガンマ分布の確率密度関数と累積分布関数のグラフはそれぞれ図 6.4(a) と (b) で与えられる.

(6.49) 式について,

$$y = \frac{x}{\beta} \tag{6.50}$$

と変数変換を行うと, $dx = \beta dy$ であるから, 定理 4.5 より,

$$
\begin{aligned}
\int_0^\infty f_X(x) dx &= \int_0^\infty \frac{1}{\Gamma(\alpha)} \left(\frac{x}{\beta}\right)^{\alpha-1} \exp\left(-\frac{x}{\beta}\right) \frac{1}{\beta} dx \\
&= \frac{1}{\Gamma(\alpha)} \int_0^\infty y^{\alpha-1} \exp(-y)\, dy = \frac{\Gamma(\alpha)}{\Gamma(\alpha)} = 1 \quad (6.51)
\end{aligned}
$$

となる. したがって, (6.49) 式は確率密度関数の定義を満たしていることがわかる.

ここで X の平均を計算すると, 定理 4.5 より, $\Gamma(\alpha+1) = \alpha\Gamma(\alpha)$ であることから,

$$E[X] = \int_0^\infty \frac{\beta\alpha}{\Gamma(\alpha+1)} \left(\frac{x}{\beta}\right)^{\alpha} \exp\left(-\frac{x}{\beta}\right) \frac{1}{\beta} dx = \beta\alpha \tag{6.52}$$

となる. 同様に, $\Gamma(\alpha+2) = \alpha(\alpha+1)\Gamma(\alpha)$ であるから,

$$E\left[X^2\right] = \int_0^\infty \frac{\beta^2\alpha(\alpha+1)}{\Gamma(\alpha+2)}\left(\frac{x}{\beta}\right)^{\alpha+1}\exp\left(-\frac{x}{\beta}\right)\frac{1}{\beta}dx$$
$$= \beta^2\alpha(\alpha+1) \tag{6.53}$$

より，X の分散は

$$\mathrm{var}\left[X\right] = \beta^2\alpha(\alpha+1) - \beta^2\alpha^2 = \beta^2\alpha \tag{6.54}$$

となる．より一般に，k 次の積率は

$$E\left[X^k\right] = \int_0^\infty \frac{\beta^k}{\Gamma(\alpha)}\left(\frac{x}{\beta}\right)^{\alpha+k-1}\exp\left(-\frac{x}{\beta}\right)\frac{1}{\beta}dx$$
$$= \frac{\beta^k\Gamma(\alpha+k)}{\Gamma(\alpha)}\int_0^\infty \frac{1}{\Gamma(\alpha+k)}\left(\frac{x}{\beta}\right)^{\alpha+k-1}\exp\left(-\frac{x}{\beta}\right)\frac{1}{\beta}dx$$
$$= \frac{\beta^k\Gamma(\alpha+k)}{\Gamma(\alpha)} \tag{6.55}$$

で与えられる．これらの積分を行うにあたっては，被積分関数がガンマ分布 $\mathrm{Ga}(\alpha+k,\beta)$ の確率密度関数であることを利用している．したがって，k 次の積率は $k > -\alpha$ の下で与えることができる．このことは 6.5 節や 6.6 節で紹介する F 分布や t 分布の期待値や分散を計算する際に重要な役割を果たす．なお，X の積率母関数は，

$$M_X(t) = \int_0^\infty \frac{\exp(tx)}{\Gamma(\alpha)}\exp\left(-\frac{x}{\beta}\right)\left(\frac{x}{\beta}\right)^{\alpha-1}\frac{1}{\beta}dx$$
$$= \frac{1}{(1-t\beta)^\alpha}\int_0^\infty \frac{1}{\Gamma(\alpha)}\exp\left(-\frac{x(1-t\beta)}{\beta}\right)\left(\frac{x(1-t\beta)}{\beta}\right)^{\alpha-1}\frac{1-t\beta}{\beta}dx$$
$$= \frac{1}{(1-t\beta)^\alpha} \tag{6.56}$$

で与えられる．この計算においては，$y = x(1-t\beta)$ と変数変換すれば被積分関数がガンマ分布になることを用いている．

6.3.2　カイ二乗分布と正規分布の関係

ここで，正規分布とカイ二乗分布の関係について述べておこう．まず，例 4.1 で述べたように，X が標準正規分布にしたがうとき，$Y = X^2$ は自由度 1 のカイ二乗分布にしたがう．また，X と Y がそれぞれ独立にガンマ分布 $\mathrm{Ga}(\alpha_1,\beta)$

とガンマ分布 $\mathrm{Ga}(\alpha_2, \beta)$ にしたがうとき，$X + Y$ の積率母関数は

$$M_{X+Y}(t) = M_{X,Y}(t, t) = M_X(t) M_Y(t)$$
$$= \frac{1}{(1 - t\beta)^{\alpha_1}} \frac{1}{(1 - t\beta)^{\alpha_2}} = \frac{1}{(1 - t\beta)^{\alpha_1 + \alpha_2}} \tag{6.57}$$

となり，7.1 節で述べる積率母関数 (特性関数) と確率分布の一対一性を利用することにより，$X + Y$ もまたガンマ分布 $\mathrm{Ga}(\alpha_1 + \alpha_2, \beta)$ にしたがうことがわかる．特に，X と Y がそれぞれ独立にカイ二乗分布にしたがうとき，この性質を**カイ二乗分布の再生性** (reproductive property of the chi-squared distribution) という．この性質を利用することにより，$X_1, X_2, \ldots, X_n$ が標準正規分布からの無作為標本とするとき，カイ二乗分布の再生性より，$X_1^2 + X_2^2 + \cdots + X_n^2$ は自由度 n のカイ二乗分布にしたがうことがわかる．

ここで，標本平均と標本分散の関係について述べておこう．確率変数 $X_1, X_2, \ldots, X_n$ を正規分布 $N(\mu_x, \sigma_{xx})$ からの無作為標本とするとき，これらの確率変数に基づく標本平均と標本分散をそれぞれ

$$\bar{X} = \frac{1}{n} \sum_{i=1}^{n} X_i, \quad S_{xx} = \frac{1}{n} \sum_{i=1}^{n} (X_i - \bar{X})^2 \tag{6.58}$$

とおく．1.1 節では，データ・セットから具体的に計算される記述統計量として標本平均や標本分散を定義したが，ここで述べる標本平均や標本分散は確率変数の関数である．このとき，

$$\sum_{i=1}^{n} \frac{(X_i - \mu_x)^2}{\sigma_{xx}} = \sum_{i=1}^{n} \frac{(X_i - \bar{X} + \bar{X} - \mu_x)^2}{\sigma_{xx}}$$
$$= \sum_{i=1}^{n} \frac{(X_i - \bar{X})^2}{\sigma_{xx}} + 2(\bar{X} - \mu_x) \sum_{i=1}^{n} \frac{X_i - \bar{X}}{\sigma_{xx}} + \sum_{i=1}^{n} \frac{(\bar{X} - \mu_x)^2}{\sigma_{xx}}$$
$$= \sum_{i=1}^{n} \frac{(X_i - \bar{X})^2}{\sigma_{xx}} + n \frac{(\bar{X} - \mu_x)^2}{\sigma_{xx}} = n \frac{S_{xx}}{\sigma_{xx}} + n \frac{(\bar{X} - \mu_x)^2}{\sigma_{xx}} \tag{6.59}$$

である．左辺は標準正規分布にしたがう確率変数の二乗和であるから自由度 n のカイ二乗分布にしたがう．また，右辺の第二項も

$$E\left[\bar{X}\right] = \mu_x, \quad \mathrm{var}\left[\bar{X}\right] = \frac{\sigma_{xx}}{n} \tag{6.60}$$

であるから，標準正規分布にしたがう確率変数の 2 乗，すなわち，自由度 1 のカ

イ二乗分布にしたがうことがわかる（例 4.1 参照）．このことから，$(\bar{X} - \mu_x)^2$ と S_{xx} が独立であれば，(4.50) 式において X を $(\bar{X} - \mu_x)^2$，Y を S_{xx} とおくことにより，S_{xx} と $\bar{X}$ が独立であり，かつ $n\dfrac{S_{xx}}{\sigma_{xx}}$ は自由度 $n-1$ のカイ二乗分布にしたがう確率変数であることが確認できる．そこで，$n\dfrac{(\bar{X} - \mu_x)^2}{\sigma_{xx}}$ が $\bar{X}$ の関数であることに着目して，$n\dfrac{S_{xx}}{\sigma_{xx}}$ と $\bar{X}$ が独立であることを示そう．まず，$\boldsymbol{Y} = (Y_1, \ldots, Y_n)'$, $\boldsymbol{X} = (X_1 - \mu_x, \ldots, X_n - \mu_x)'$ とおき，直交行列[3] H を用いて，

$$\boldsymbol{Y} = H\boldsymbol{X} \tag{6.61}$$

すなわち，

$$\begin{pmatrix} Y_1 \\ Y_2 \\ Y_3 \\ \vdots \\ Y_n \end{pmatrix} = \begin{pmatrix} \dfrac{1}{\sqrt{n}} & \cdots & \cdots & \cdots & \dfrac{1}{\sqrt{n}} \\ \dfrac{1}{\sqrt{2}} & -\dfrac{1}{\sqrt{2}} & 0 & 0 \cdots & 0 \\ \dfrac{1}{\sqrt{2 \cdot 3}} & \dfrac{1}{\sqrt{2 \cdot 3}} & -\dfrac{2}{\sqrt{2 \cdot 3}} & 0 \cdots & 0 \\ \vdots & \vdots & \ddots & \ddots & \vdots \\ \dfrac{1}{\sqrt{n(n-1)}} & \dfrac{1}{\sqrt{n(n-1)}} & \cdots & \cdots & -\dfrac{n-1}{\sqrt{n(n-1)}} \end{pmatrix} \begin{pmatrix} X_1 - \mu_x \\ X_2 - \mu_x \\ X_3 - \mu_x \\ \vdots \\ X_n - \mu_x \end{pmatrix}$$

$$= \begin{pmatrix} \dfrac{1}{\sqrt{n}} \sum_{i=1}^{n} (X_i - \mu_x) \\ \dfrac{1}{\sqrt{2}} (X_1 - X_2) \\ \dfrac{1}{\sqrt{6}} (X_1 + X_2 - 2X_3) \\ \vdots \\ \dfrac{1}{\sqrt{n(n-1)}} \left(\sum_{i=1}^{n-1} X_i - (n-1)X_n \right) \end{pmatrix} \tag{6.62}$$

なる変数変換を考える．

このとき，$Y_1, Y_2, \ldots, Y_n$ はそれぞれ正規分布にしたがう独立な確率変数 $X_1, X_2, \ldots, X_n$ の線形結合なので，正規分布の再生性より，正規分布 $N(0, \sigma_{xx})$ にしたがうことがわかる．また，H は直交行列なので $Y_1, \ldots, Y_n$ は互いに独立となる．したがって，

---

[3] $I_{n,n}$ を $n \times n$ 次単位行列とするとき，$H'H = HH' = I_{n,n}$ を満たす $n \times n$ 次正方行列 H を直交行列という．

$$Y'Y = (HX)'(HX) = X'H'HX = X'X \tag{6.63}$$

すなわち，

$$Y_1^2 + \sum_{i=2}^{n} Y_i^2 = n(\bar{X} - \mu_x)^2 + nS_{xx} \tag{6.64}$$

であり，Y_1^2 と $\sum_{i=2}^{n} Y_i^2$ は独立となる．ここで，

$$Y_1 = \frac{n}{\sqrt{n}} \left(\frac{1}{n} \sum_{i=1}^{n} (X_i - \mu_x) \right) = \sqrt{n}(\bar{X} - \mu_x) \tag{6.65}$$

であることから

$$\sum_{i=1}^{n} Y_i^2 = n(\bar{X} - \mu_x)^2 + \sum_{i=2}^{k} Y_i^2 = n(\bar{X} - \mu_x)^2 + nS_{xx} \tag{6.66}$$

すなわち，

$$\sum_{i=2}^{n} \frac{Y_i^2}{\sigma_{xx}} = n\frac{S_{xx}}{\sigma_{xx}} \tag{6.67}$$

を得ることができ，$n\dfrac{S_{xx}}{\sigma_{xx}}$ と $\bar{X}$ が独立であることがわかる．

6.3.3　指数分布

ここで，ガンマ分布の特別なケースとして，パラメータ λ の指数分布 $\mathrm{Ex}(\lambda)$ の確率密度関数

$$f_X(x) = \lambda \exp(-\lambda x), \quad x > 0; \lambda > 0 \tag{6.68}$$

を考えることにしよう．これはガンマ分布の記号を用いて $\mathrm{Ga}(1, 1/\lambda)$ とあらわすこともできる．このときの X の平均，分散，積率母関数はそれぞれ

$$E[X] = \frac{1}{\lambda}, \quad \mathrm{var}[X] = \frac{1}{\lambda^2}, \quad M_X(t) = \frac{\lambda}{\lambda - t} \tag{6.69}$$

となる．このことは，指数分布がガンマ分布の特別なケースであることからわかるであろう．なお，指数分布の確率密度関数と累積分布関数のグラフはそれぞれ図 6.5(a) と (b) で与えられる．

$X \geq 0$ なる確率変数 X に対して，

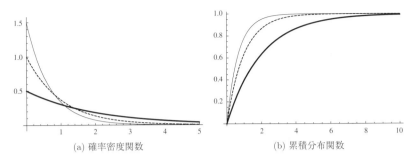

(a) 確率密度関数　　　　　　　(b) 累積分布関数

図 6.5 指数分布（破線は Ex(1)，細線は Ex(1.5)，太線は Ex(0.5) をあらわす）

$$S(x) = 1 - F_X(x) = \mathrm{pr}(X > x) \qquad (6.70)$$

を**生存関数** (survival function) という．生存関数は生存時間が x 以上となる確率をあらわす．また，**ハザード関数** (hazard function) は，被験者が時刻 x まで生存したという条件の下で，時刻 x に死亡する確率と解釈され

$$h(x) = \lim_{dx \to 0} \frac{\mathrm{pr}(x < X \le x + dx | X > x)}{dx} = \lim_{dx \to 0} \frac{\mathrm{pr}(x < X \le x + dx)}{\mathrm{pr}(X > x)dx}$$

$$(6.71)$$

と定義される．このとき，$F_X(x)$ が微分可能であれば，

$$
\begin{aligned}
h(x) &= \frac{f_X(x)}{1 - F_X(x)} = \frac{F_X'(x)}{1 - F_X(x)} \\
&= -\frac{d \log (1 - F_X(x))}{dx} = -\frac{d \log(S(x))}{dx}
\end{aligned}
\qquad (6.72)
$$

を得る．指数分布 Ex(λ) の生存関数は $S(x) = \exp(-\lambda x)$ なので，この式から，指数分布のハザード関数は定数関数 $h(x) = \lambda$ で与えられることがわかる．逆に，$\log(S(x))$ が x について微分可能であるとき，ハザード関数が定数関数で与えられる確率分布は指数分布となる．加えて，指数分布の場合には

$$\mathrm{pr}(X > x + u | X > u) = \frac{\mathrm{pr}(X > x + u)}{\mathrm{pr}(X > u)} = \frac{\exp(-\lambda(x + u))}{\exp(-\lambda u)} = \exp(-\lambda x)$$

$$(6.73)$$

となり，$X > u$ という条件が与えられると，$X = x + u$ 以降の状態は u 以前の状態には依存せず，パラメータ λ の指数分布にしたがうことがわかる．この性質を

指数分布の無記憶性 (memoryless property of the exponential distribution)
という.

6.4　ベータ分布

確率変数 X の確率密度関数が

$$f_X(x; \alpha, \beta) = \frac{1}{B(\alpha, \beta)} x^{\alpha-1}(1-x)^{\beta-1}, \quad 0 \le x \le 1; \alpha > 0, \beta > 0 \quad (6.74)$$

で与えられる確率分布をパラメータ (α, β) の**ベータ分布** (beta distribution) と
いい, $\text{Beta}(\alpha, \beta)$ であらわす. ここに, $B(\alpha, \beta)$ は (4.37) 式で与えたベータ関数
である. この式からわかるように, ベータ分布 $\text{Beta}(1, 1)$ は一様分布 $U(0, 1)$ で
ある. ベータ分布の確率密度関数と累積分布関数のグラフはそれぞれ図 6.6(a)
と (b) で与えられる. X がベータ分布 $\text{Beta}(\alpha, \beta)$ にしたがうとき, (4.37) 式
と (4.38) 式より, X の平均は

$$E[X] = \frac{1}{B(\alpha, \beta)} \int_0^1 x^\alpha (1-x)^{\beta-1} dx = \frac{B(\alpha+1, \beta)}{B(\alpha, \beta)} = \frac{\alpha}{\alpha + \beta} \quad (6.75)$$

で与えられる. 同様に, X^2 の期待値が

$$E[X^2] = \frac{1}{B(\alpha, \beta)} \int_0^1 x^{\alpha+1}(1-x)^{\beta-1} dx$$
$$= \frac{B(\alpha+2, \beta)}{B(\alpha, \beta)} = \frac{(\alpha+1)\alpha}{(\alpha+\beta+1)(\alpha+\beta)} \quad (6.76)$$

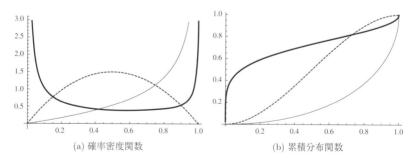

(a) 確率密度関数　　　　　　　　　(b) 累積分布関数

図 6.6　ベータ分布（破線は $\text{Beta}(2, 2)$, 細線は $\text{Beta}(2, 0.5)$, 太線は $\text{Beta}(0.2, 0.5)$ をあら
わす）

で与えられることから，X の分散は，

$$\text{var}[X] = \frac{(\alpha+1)\alpha}{(\alpha+\beta+1)(\alpha+\beta)} - \frac{\alpha^2}{(\alpha+\beta)^2} = \frac{\alpha\beta}{(\alpha+\beta)^2(\alpha+\beta+1)} \quad (6.77)$$

となる．

また，ガンマ分布とベータ分布には次の関係がある．

> **定理 6.1**　X と Y がそれぞれ独立にガンマ分布 $\text{Ga}(\alpha_x, \beta)$ と $\text{Ga}(\alpha_y, \beta)$ に
> したがうとき，
>
> $$U = \frac{X}{X+Y} \quad (6.78)$$
>
> はベータ分布 $\text{Beta}(\alpha_x, \alpha_y)$ にしたがう．

証明　X と Y は独立なので，

$$\begin{aligned}
f_{X,Y}(x,y) &= \left(\frac{x^{\alpha_x-1}}{\Gamma(\alpha_x)\beta^{\alpha_x}} \exp\left(-\frac{x}{\beta}\right) \right) \left(\frac{y^{\alpha_y-1}}{\Gamma(\alpha_y)\beta^{\alpha_y}} \exp\left(-\frac{y}{\beta}\right) \right) \\
&= \frac{x^{\alpha_x-1}y^{\alpha_y-1}}{\Gamma(\alpha_x)\Gamma(\alpha_y)\beta^{\alpha_x+\alpha_y}} \exp\left(-\frac{x+y}{\beta}\right) \quad (6.79)
\end{aligned}$$

である．ここで，

$$U = \frac{X}{X+Y}, \quad V = X+Y \quad (6.80)$$

なる変数変換を行うと，

$$X = UV, \quad Y = V(1-U) \quad (6.81)$$

である．そのヤコビアンは

$$J(U,V) = \det \begin{pmatrix} V & U \\ -V & (1-U) \end{pmatrix} = V \quad (6.82)$$

である．ここで，$V \geq 0$ であることを踏まえて (4.48) 式を用いることにより

$$\begin{aligned}
f_{U,V}(u,v) &= \frac{1}{\Gamma(\alpha_x)\Gamma(\alpha_y)\beta^{\alpha_x+\alpha_y}} (uv)^{\alpha_x-1} (v(1-u))^{\alpha_y-1} \exp\left(-\frac{v}{\beta}\right) v \\
&= \frac{1}{\Gamma(\alpha_x)\Gamma(\alpha_y)\beta^{\alpha_x+\alpha_y}} u^{\alpha_x-1}(1-u)^{\alpha_y-1} v^{\alpha_x+\alpha_y-1} \exp\left(-\frac{v}{\beta}\right)
\end{aligned}$$

$$= \left\{ \frac{\Gamma(\alpha_x + \alpha_y)}{\Gamma(\alpha_x)\Gamma(\alpha_y)} u^{\alpha_x - 1} (1-u)^{\alpha_y - 1} \right\} \left\{ \frac{1}{\Gamma(\alpha_x + \alpha_y)\beta^{\alpha_x + \alpha_y}} v^{\alpha_x + \alpha_y - 1} \exp\left(-\frac{v}{\beta}\right) \right\}$$

$$(6.83)$$

を得る. この式から, U と V は独立であること, そして U はベータ分布 Beta(α_x, α_y) にしたがい, V はガンマ分布 Ga$(\alpha_x + \alpha_y, \beta)$ にしたがうことがわかる.　　　□

✔ **例 6.4 （ラプラスの継起則：Laplace's rule of succession）**　晴れの日がしばらく続いているとき, 明日も晴れだと考えるであろうか. それとも雨だと考えるであろうか. 一日一日がどの程度の確率で晴れとなるのかどうかはわからないので, とりあえず, 晴れである確率（生起確率）p が一様分布 $U(0,1)$ にしたがうものとし, 確率変数 $X_1, X_2, \ldots, X_n, X_{n+1}$（$i$ 日目が晴れ（$x=1$）であるかどうか）は生起確率 p を与えた下でのベルヌーイ分布 Be(p) からの無作為標本とする. この問題設定の下で, 最初の n 日間のうち x 日が晴れであったとき, $n+1$ 日目が晴れである確率を求めることにしよう.

まず, n 日間観測を行い, x 日間晴れであったとすると, $\sum_{i=1}^{n} X_i$ のしたがう確率分布は二項分布であり, p が与えられた下での条件付き確率密度関数は

$$\mathrm{pr}\left(\sum_{i=1}^{n} X_i = x \,\middle|\, p\right) = \frac{n!}{x!(n-x)!} p^x (1-p)^{n-x} \tag{6.84}$$

で与えられる. 一方, p は一様分布 $U(0,1)$ にしたがうことから, 形式的に (6.84) 式を $\sum_{i=1}^{n} X_i$ と p の同時確率密度関数とみなすことも可能である. したがって, (6.84) 式を p について積分すると, (4.38) 式より, $\sum_{i=1}^{n} X_i$ の確率密度関数として

$$\mathrm{pr}\left(\sum_{i=1}^{n} X_i = x\right) = \int_0^1 \frac{n!}{x!(n-x)!} p^x (1-p)^{n-x} \, dp$$

$$= \frac{n!}{x!(n-x)!} \frac{x!(n-x)!}{(n+1)!} = \frac{1}{n+1} \tag{6.85}$$

を得ることができる. このことから, $\sum_{i=1}^{n} X_i = x$ を与えたときの p の条件付き確率密度関数が

$$f_{P|X}(p|x) = \frac{(n+1)!}{x!(n-x)!} p^x (1-p)^{n-x} \tag{6.86}$$

であることがわかる. この式はベータ分布 $\mathrm{Beta}(x+1, n-x+1)$ の確率密度関数に他ならない. したがって, $\mathrm{pr}\,(X_{n+1}=1|p)=p$ であることから, $\sum_{i=1}^{n} X_i = x$ を与えたときの $X_{n+1}=1$ である確率は,

$$\mathrm{pr}\left(X_{n+1}=1\,\bigg|\,\sum_{i=1}^{n} X_i = x\right) = \int_0^1 \mathrm{pr}\,(X_{n+1}=1|p)\, f_{P|X}(p|x)dp$$
$$= \frac{x+1}{n+2} \tag{6.87}$$

を得る. このように, 確率(生起確率)p が一様分布 $U(0,1)$ にしたがうものとし, 確率変数 $X_1, X_2, \ldots, X_n, X_{n+1}$ を生起確率 p を与えた下でのベルヌーイ分布 $\mathrm{Be}(p)$ からの無作為標本とするとき, $\sum_{i=1}^{n} X_i = x$ を与えたときの $X_{n+1}=1$ の条件付き確率は (6.87) 式で与えられる. これをラプラスの継起則という. 後述する頻度論的な考え方に基づくならば, n 日間天気を観測し, すべて晴れであったら $n+1$ 日目も晴れであると解釈される可能性があるが, ラプラスの継起則にしたがうならば晴れとはならない可能性が残されていることになる. ∎

6.5　F 分布

m と n を自然数とするとき, 確率変数 Z の確率密度関数が

$$f_Z(z) = \frac{z^{\frac{m}{2}-1}}{B\left(\dfrac{m}{2}, \dfrac{n}{2}\right)} \left(\frac{m}{n}\right)^{\frac{m}{2}} \left(1 + \frac{m}{n}z\right)^{-\frac{m+n}{2}}, \quad z > 0 \tag{6.88}$$

で与えられる確率分布を自由度対 (m, n) の **F 分布** (Snedecor's F distribution) といい, $F(m, n)$ であらわす. m を第一自由度, n を第二自由度ということがある. F 分布の確率密度関数と累積分布関数のグラフはそれぞれ図 6.7(a) と (b) で与えられる.

X を自由度 m のカイ二乗分布にしたがう確率変数, Y を自由度 n のカイ二乗分布にしたがう確率変数とし, X と Y は独立であるとする. このとき, X と Y の同時確率密度関数は

$$f_{X,Y}(x,y) = \frac{x^{\frac{m}{2}-1} \exp\left(-\dfrac{x}{2}\right)}{2^{\frac{m}{2}}\Gamma\left(\dfrac{m}{2}\right)} \frac{y^{\frac{n}{2}-1} \exp\left(-\dfrac{y}{2}\right)}{2^{\frac{n}{2}}\Gamma\left(\dfrac{n}{2}\right)}$$

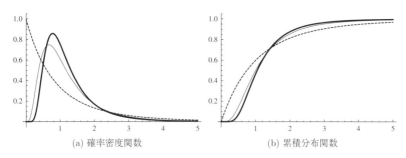

図 6.7　F 分布（破線は $F(2, 10)$，細線は $F(10, 10)$，太線は $F(30, 10)$ をあらわす）

$$= \frac{x^{\frac{m}{2}-1} y^{\frac{n}{2}-1} \exp\left(-\frac{x}{2} - \frac{y}{2}\right)}{2^{\frac{m}{2}+\frac{n}{2}} \Gamma\left(\frac{m}{2}\right) \Gamma\left(\frac{n}{2}\right)} \tag{6.89}$$

と書ける．ここで，

$$Z = \frac{X/m}{Y/n}, \quad Y = Y \tag{6.90}$$

なる変数変換を考えると，そのヤコビアンは

$$J(Z, Y) = \det \begin{pmatrix} mY/n & mZ/n \\ 0 & 1 \end{pmatrix} = \frac{mY}{n} \tag{6.91}$$

で与えられる．このことから，(4.46) 式より

$$\begin{aligned}
f_{Z,Y}(z, y) &= \frac{\left(\frac{mzy}{n}\right)^{\frac{m}{2}-1} y^{\frac{n}{2}-1} \exp\left(-\frac{1}{2}\left(\frac{mz}{n} + 1\right) y\right)}{2^{\frac{m+n}{2}} \Gamma\left(\frac{m}{2}\right) \Gamma\left(\frac{n}{2}\right)} \frac{my}{n} \\
&= \frac{z^{\frac{m}{2}-1} m^{\frac{m}{2}} n^{\frac{n}{2}}}{\Gamma\left(\frac{m}{2}\right) \Gamma\left(\frac{n}{2}\right)} \frac{n^{-\frac{m+n}{2}} y^{\frac{n+m}{2}-1} \exp\left(-\frac{1}{2}\frac{mz+n}{n} y\right)}{2^{\frac{m+n}{2}}}
\end{aligned} \tag{6.92}$$

を得る．ここで，再び変数変換

$$W = \frac{1}{2}\frac{mZ+n}{n} Y, \quad Z = Z \tag{6.93}$$

を行うと，上記と同様な手続きにより

$$f_{Z,W}(z,w) = \frac{z^{\frac{m}{2}-1} m^{\frac{m}{2}} n^{\frac{n}{2}}}{\Gamma\left(\frac{m}{2}\right) \Gamma\left(\frac{n}{2}\right) (mz+n)^{\frac{n+m}{2}}} w^{\frac{n+m}{2}-1} \exp(-w) \quad (6.94)$$

となる．したがって，定理 4.5 の (4.36) 式より

$$\int_0^\infty w^{\frac{n+m}{2}-1} \exp(-w)\, dw = \Gamma\left(\frac{m+n}{2}\right) \quad (6.95)$$

であるから，Z の確率密度関数は (6.88) 式で与えられることがわかる．なお，上記と同様な手続きにより，Z は F 分布 $F(m,n)$ にしたがうとき，この逆数 $1/Z$ は F 分布 $F(n,m)$ にしたがうこともわかる．

ここで，F 分布 $F(m,n)$ の期待値と分散を求めることにしよう．このために，Y がカイ二乗分布 $\chi^2(n)$ にしたがうとき，(6.55) 式より，

$$E\left[\frac{1}{Y}\right] = \frac{\Gamma\left(\frac{n-2}{2}\right)}{2\Gamma\left(\frac{n}{2}\right)} = \frac{1}{n-2}, \quad n > 2 \quad (6.96)$$

$$E\left[\frac{1}{Y^2}\right] = \frac{\Gamma\left(\frac{n-4}{2}\right)}{2^2\Gamma\left(\frac{n}{2}\right)} = \frac{1}{(n-2)(n-4)}, \quad n > 4 \quad (6.97)$$

であることから

$$E[Z] = \frac{n}{m} E\left[\frac{X}{Y}\right] = \frac{n}{m} E[X] E\left[\frac{1}{Y}\right] = \frac{n}{n-2} \quad (6.98)$$

$$E[Z^2] = \frac{n^2}{m^2} E\left[\frac{X^2}{Y^2}\right] = \frac{n^2}{m^2} E[X^2] E\left[\frac{1}{Y^2}\right] = \frac{n^2}{m^2} \frac{m(m+2)}{(n-2)(n-4)} \quad (6.99)$$

$$\mathrm{var}[Z] = \frac{n^2}{m^2} \frac{m(m+2)}{(n-2)(n-4)} - \frac{n^2}{(n-2)^2} = \frac{2n^2(m+n-2)}{m(n-2)^2(n-4)} \quad (6.100)$$

を得る．

6.6 t 分布

n を自然数とするとき，確率変数 Z の確率密度関数が

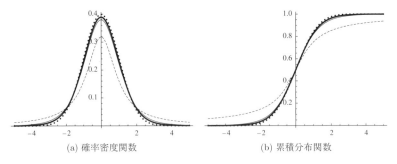

(a) 確率密度関数   (b) 累積分布関数

図 6.8 t 分布と標準正規分布（破線は $t(1)$, 細線は $t(5)$, 太線は $t(10)$, 太い点線は $N(0,1)$ をあらわす）

で与えられる確率分布を自由度 n の t **分布** (Student's t-distribution) といい, $t(n)$ であらわす. t 分布の確率密度関数と累積分布関数のグラフをそれぞれ図 6.8(a) と (b) に与える. 図 6.8 には，標準正規分布と t 分布の確率密度関数の形状を比較するために，標準正規分布の確率密度関数と累積分布関数のグラフもあわせて与えている. 図 6.8(a) より，自由度が大きくなるにつれて，正規分布の形状に近くなっているものの，標準正規分布よりも t 分布のほうが山の高さが低く，裾の部分が高くなっている（裾が重い）ことがわかる.

X を標準正規分布にしたがう確率変数，Y を自由度 n のカイ二乗分布にしたがう確率変数とし，X と Y は独立であるとする. このとき，X と Y の同時確率密度関数は

$$f_{X,Y}(x,y) = \frac{1}{\sqrt{2\pi}} \exp\left(-\frac{x^2}{2}\right) \frac{y^{\frac{n}{2}-1} \exp\left(-\frac{y}{2}\right)}{2^{\frac{n}{2}} \Gamma\left(\frac{n}{2}\right)} \qquad (6.102)$$

と書ける. ここで，

$$Z = \frac{X}{\sqrt{Y/n}}, \quad Y = Y \qquad (6.103)$$

なる変数変換を考えると，そのヤコビアンは

$$J(Z,Y) = \det \begin{pmatrix} \sqrt{Y/n} & Z/(2\sqrt{nY}) \\ 0 & 1 \end{pmatrix} = \sqrt{\frac{Y}{n}} \tag{6.104}$$

で与えられる. このことから, (4.46) 式より

$$\begin{aligned}
f_{Z,Y}(z,y) &= \frac{1}{\sqrt{2\pi}} \exp\left(-\frac{z^2}{2}\frac{y}{n}\right) \frac{y^{\frac{n}{2}-1} \exp\left(-\frac{y}{2}\right)}{2^{\frac{n}{2}} \Gamma\left(\frac{n}{2}\right)} \sqrt{\frac{y}{n}} \\
&= \frac{1}{\sqrt{n\pi}} \frac{y^{\frac{n+1}{2}-1} \exp\left(-\frac{y}{2}\left(1+\frac{z^2}{n}\right)\right)}{2^{\frac{n+1}{2}} \Gamma\left(\frac{n}{2}\right)}
\end{aligned} \tag{6.105}$$

を得る. ここで, 再び

$$W = \frac{1}{2}\left(1+\frac{Z^2}{n}\right)Y, \ \ Z = Z \tag{6.106}$$

なる変数変換を行うと, 上述と同様の手続きにより,

$$f_{Z,W}(z,w) = \frac{1}{\sqrt{n\pi}} \frac{w^{\frac{n+1}{2}-1} \exp(-w)}{\Gamma\left(\frac{n}{2}\right)} \left(1+\frac{z^2}{n}\right)^{-\frac{n+1}{2}} \tag{6.107}$$

を得る. したがって, (4.36) 式より

$$\int_0^\infty w^{\frac{n+1}{2}-1} \exp(-w)\,dw = \Gamma\left(\frac{n+1}{2}\right) \tag{6.108}$$

であるから, Z の確率密度関数は (6.101) 式で与えられることがわかる.

ここで, t 分布 $t(n)$ の期待値と分散を求めることにしよう. $n > 1$ のとき, (6.103) 式に着目して, X が標準正規分布にしたがうことから

$$E[Z] = E\left[\frac{X}{\sqrt{Y/n}}\right] = E[X]\,E\left[\sqrt{\frac{n}{Y}}\right] = 0 \tag{6.109}$$

を得ることができる. また, $n > 2$ のとき, X が標準正規分布にしたがうことと (6.55) 式をあわせて

$$E[Z^2] = E\left[\frac{nX^2}{Y}\right] = n\,E[X^2]\,E\left[\frac{1}{Y}\right] = \frac{n}{n-2} \tag{6.110}$$

を得る. したがって, Z の分散は

$$\mathrm{var}\,[Z] = \frac{n}{n-2} \tag{6.111}$$

となる．なお，$n = 1$ の場合，Z は**コーシー分布** (Cauchy distribution)

$$f_Z(z) = \frac{1}{\pi(1+z^2)} \tag{6.112}$$

となる．コーシー分布は期待値の存在しない確率分布の代表例として知られている．

次に，自由度 n が大きくなるにしたがって，t 分布 $t(n)$ が正規分布に近づくことを示そう．まず，(5.29) 式より，$n \to \infty$ とするとき，

$$\left(1+\frac{z^2}{n}\right)^{-\frac{n+1}{2}} = \left(1+\frac{z^2}{n}\right)^{-\frac{z^2}{2}\frac{n}{z^2}} \left(1+\frac{z^2}{n}\right)^{-\frac{1}{2}} \to \exp\left(-\frac{z^2}{2}\right) \tag{6.113}$$

である．ここで，**スターリングの公式** (Stirling's formula：補足 6.2 参照)

$$\Gamma(x) \sim \sqrt{\frac{2\pi}{x}} \left(\frac{x}{e}\right)^x \tag{6.114}$$

を用いて式変形を続けていくことにしよう．ここに，$\sim$ は $x \to \infty$ とするとき，両辺の比が 1 に収束することを意味する．

$$\left(\frac{n+1}{n}\right)^{\frac{n}{2}} = \left(\left(1+\frac{1}{n}\right)^n\right)^{\frac{1}{2}} \to e^{\frac{1}{2}} \qquad (n \to \infty) \tag{6.115}$$

であることと，スターリングの公式より，

$$\frac{\Gamma\left(\dfrac{n+1}{2}\right)}{\sqrt{n\pi}\,\Gamma\left(\dfrac{n}{2}\right)} \sim \frac{\left(\dfrac{1}{e}\right)^{\frac{n+1}{2}} \left(\dfrac{n+1}{2}\right)^{\frac{n+1}{2}} \sqrt{\dfrac{2\pi}{n+1} \cdot 2}}{\sqrt{n\pi}\,\left(\dfrac{1}{e}\right)^{\frac{n}{2}} \left(\dfrac{n}{2}\right)^{\frac{n}{2}} \sqrt{\dfrac{2\pi}{n} \cdot 2}}$$

$$= \left(\frac{1}{e}\right)^{\frac{1}{2}} \left(\frac{n+1}{n}\right)^{\frac{n}{2}} \frac{1}{\sqrt{2\pi}} \to \frac{1}{\sqrt{2\pi}} \ (n \to \infty) \tag{6.116}$$

となり，(6.113) 式と (6.116) 式をあわせることにより，n が十分大きくなるにしたがって，t 分布が正規分布で近似されることがわかる．

補足 6.2 ガンマ関数の定義式 (4.36) 式において，$t = e^x$ と変数変換を行うことにより

$$\Gamma(\alpha) = \int_0^\infty t^{\alpha-1} e^{-t} \, dt = \int_{-\infty}^\infty e^{(\alpha-1)x} \exp(-e^x) \, e^x \, dx$$

$$= \int_{-\infty}^\infty \exp(\alpha x - e^x) \, dx \tag{6.117}$$

と変形することができる．ここで，ネイピア数の指数部分 $\alpha x - e^x$ に着目し，この関数を $\log\alpha$ の付近でテイラー展開すると

$$\alpha x - e^x = (\alpha\log\alpha - \alpha) - \frac{\alpha}{2!}(x - \log\alpha)^2 - \frac{\alpha}{3!}(x - \log\alpha)^3 - \cdots \tag{6.118}$$

を得る．ここで，$(x - \log\alpha)$ の 2 次の項までを用いることにすると

$$\exp(\alpha x - e^x) \simeq \left(\frac{\alpha}{e}\right)^\alpha \exp\left(-\frac{\alpha}{2}(x - \log\alpha)^2\right) \tag{6.119}$$

となる．この式を式 (6.117) に代入し，$x - \log\alpha$ を改めて x と変数変換することにより

$$\Gamma(\alpha) \sim \left(\frac{\alpha}{e}\right)^\alpha \int_{-\infty}^\infty \exp\left(-\frac{\alpha}{2}(x - \log\alpha)^2\right) dx$$

$$= \left(\frac{\alpha}{e}\right)^\alpha \int_{-\infty}^\infty \exp\left(-\frac{\alpha}{2}x^2\right) dx = \sqrt{\frac{2\pi}{\alpha}} \left(\frac{\alpha}{e}\right)^\alpha \tag{6.120}$$

を得る．

定理 6.2 確率変数 Z が自由度 n の t 分布にしたがうとき，Z^2 は自由度対 $(1, n)$ の F 分布にしたがう．

証明 (6.103) 式において，X は標準正規分布にしたがうことから，例 4.1 で示したように，Z^2 の分子にある X^2 は自由度 1 のカイ二乗分布にしたがう．したがって，Y が自由度 n のカイ二乗分布にしたがうことに注意すると，Z^2 は自由度対 $(1, n)$ の F 分布にしたがうことがわかる． □

演習問題

問題 6.1 コーシー分布が期待値を持たないことを示せ．

問題 6.2 互いに独立な連続型確率変数 $X_1, X_2, \ldots, X_n$ に対する累積分布関数がそれぞれ $F_1(x_1), F_2(x_2), \ldots, F_n(x_n)$ で微分可能であるとするとき，$T = -2\sum_{i=1}^n \log(F_i(X_i))$ はどのような確率分布にしたがうのか述べよ．

問題 6.3　確率変数を X, Y, Z とする三次元正規分布において，2 つの条件付き期待値 $E[Y|X = x, Z = z]$ と $E[Y|X = x]$ を考えるとき，

$$\frac{\partial E[Y|X = x, Z = z]}{\partial x} = \frac{\partial E[Y|X = x]}{\partial x}$$

となるための必要十分条件を述べよ．

問題 6.4　確率変数 X が F 分布 $F(n_1, n_2)$ にしたがうとき，

$$\frac{\dfrac{n_1}{n_2}X}{1 + \dfrac{n_1}{n_2}X}$$

がベータ分布 $\mathrm{Beta}\left(\dfrac{n_1}{2}, \dfrac{n_2}{2}\right)$ にしたがうことを示せ．

第 7 章

近似法則

7.1 反転公式

4.5 節では，確率密度関数から積率母関数や特性関数を求める方法について紹介した．本節では，特性関数から確率分布を復元する方法として，以下の定理とその証明の概略を与えておこう．なお，反転公式（定理 7.1）や積率母関数と特性関数の関係を議論するためには，フーリエ解析や関数論の知識が必要となる．しかし，本書のレベルでは，本節を除いてこれらの知識が必要となることはない．そういった理由から多くの紙面を割くのを避けるため，本書では関数論やフーリエ解析に関する詳細については割愛する．それらの詳細については関連する教科書を参照してほしい．

> **定理 7.1**（反転公式：inversion formula）　確率変数 X の確率密度関数を $f_X(x)$ とし，対応する累積分布関数を $F_X(x)$，特性関数を $\phi_X(t)$ とする．$F_X(x)$ が微分可能であるとき
>
> $$f_X(x) = \frac{1}{2\pi} \int_{-\infty}^{\infty} \exp\left(-itx\right) \phi_X(t) dt \qquad (7.1)$$
>
> が成り立つ．

証明　オイラーの公式 (4.62) 式より，

$$\exp(-itb) - \exp(-ita) = \cos(-tb) - \cos(-ta) + i(\sin(-tb) - \sin(-ta))$$

$$= t \int_a^b \sin(-ty)dy - it \int_a^b \cos(-ty)dy = -it \int_a^b \exp(-ity)dy \qquad (7.2)$$

に注意する．このとき，積分順序の交換を行うことにより

$$\int_{-T}^{T} \frac{\exp\left(-itb\right) - \exp\left(-ita\right)}{-it} \phi_X(t) dt$$

$$= \int_{-\infty}^{\infty} \int_{-T}^{T} \left(\int_a^b \exp\left(-ity\right) dy \right) \exp\left(itx\right) f_X(x) dt dx$$

$$= \int_{-\infty}^{\infty} \int_a^b \left(\int_{-T}^{T} \exp\left(it(x-y)\right) dt \right) f_X(x) dy dx$$

$$= \int_{-\infty}^{\infty} \int_a^b \left[\frac{\exp\left(it(x-y)\right)}{i(x-y)} \right]_{-T}^{T} f_X(x) dy dx$$

$$= \int_{-\infty}^{\infty} 2 \left(\int_a^b \frac{\sin(T(y-x))}{y-x} dy \right) f_X(x) dx \tag{7.3}$$

を得る $(T > 0)$. ここで, $u = T(y-x)$ なる変数変換を行うと,

$$\int_a^b \frac{\sin(T(y-x))}{(y-x)} dy = \int_{T(a-x)}^{T(b-x)} \frac{\sin(u)}{u} du$$

$$= \int_0^{T(b-x)} \frac{\sin(u)}{u} du + \int_{T(a-x)}^0 \frac{\sin(u)}{u} du \tag{7.4}$$

が得られるが,

$$\int_0^T \frac{\sin(u)}{u} du \ \to \ \frac{\pi}{2} \ (T \to \infty) \tag{7.5}$$

であることから（補足 7.1 参照）, $T \to \infty$ とするとき, (7.4) 式の値は

$$\left. \begin{array}{ll} x < a < b \text{ のとき } b-x > 0, a-x > 0 \text{ だから} & \dfrac{\pi}{2} - \dfrac{\pi}{2} = 0 \\[2mm] x = a \text{ のとき } b-x > 0, a-x = 0 \text{ だから} & \dfrac{\pi}{2} - 0 = \dfrac{\pi}{2} \\[2mm] a < x < b \text{ のとき } b-x > 0, a-x < 0 \text{ だから} & \dfrac{\pi}{2} + \dfrac{\pi}{2} = \pi \\[2mm] x = b \text{ のとき } b-x = 0, a-x < 0 \text{ だから} & 0 + \dfrac{\pi}{2} = \dfrac{\pi}{2} \\[2mm] a < b < x \text{ のとき } b-x < 0, a-x < 0 \text{ だから} & -\dfrac{\pi}{2} + \dfrac{\pi}{2} = 0 \end{array} \right\} \tag{7.6}$$

と場合わけされる. したがって,

$$\lim_{T \to \infty} \int_{-\infty}^{\infty} 2 \left(\int_{T(a-x)}^{T(b-x)} \frac{\sin(u)}{u} du \right) f_X(x) dx$$

$$= 2 \left\{ 0 \times \left(\int_b^{\infty} f_X(x) dx + \int_{-\infty}^a f_X(x) dx \right) \right.$$

$$\left. + \frac{\pi}{2} \left(\int_b^b f_X(x) dx + \int_a^a f_X(x) dx \right) + \pi \int_a^b f_X(x) dx \right\}$$

$$= 2\pi \mathrm{pr}(a < X \le b) = 2\pi(F_X(b) - F_X(a)) \tag{7.7}$$

を得る. したがって，$b = x + h, a = x$ に置き換えると，

$$\frac{F_X(x+h) - F_X(x)}{h} = \frac{1}{2\pi} \int_{-\infty}^{\infty} \frac{\exp\left(-it(x+h)\right) - \exp\left(-itx\right)}{-ith} \phi_X(t) dt \quad (7.8)$$

であるから，$h \to 0$ とすると

$$\begin{aligned}
f_X(x) &= \lim_{h \to 0} \frac{F_X(x+h) - F_X(x)}{h} \\
&= \frac{1}{2\pi} \int_{-\infty}^{\infty} \lim_{h \to 0} \frac{\exp\left(-it(x+h)\right) - \exp\left(-itx\right)}{-ith} \phi_X(t) dt \\
&= \frac{1}{2\pi} \int_{-\infty}^{\infty} \exp\left(-itx\right) \phi_X(t) dt
\end{aligned} \quad (7.9)$$

を得る. □

補足 7.1 (7.5) 式の導出にはいくつかの方法があるが，ここでは関数論の知識を使わずに導出してみる.

まず，

$$\int_0^{\infty} e^{-tx} dt = \frac{1}{x}$$

であるから，

$$\begin{aligned}
\int_0^{\infty} \frac{\sin x}{x} dx &= \int_0^{\infty} \int_0^{\infty} e^{-tx} \sin x \, dx \, dt \\
&= \int_0^{\infty} \frac{1}{1+t^2} dt = \frac{\pi}{2}
\end{aligned}$$

を得る. ここに，上式を導くにあたっては，部分積分を繰り返すことにより

$$\int_0^{\infty} e^{-tx} \sin x \, dx = 1 - t^2 \int_0^{\infty} e^{-tx} \sin x \, dx$$

すなわち，

$$\int_0^{\infty} e^{-tx} \sin x \, dx = \frac{1}{1+t^2}$$

が得られること，そして置換積分を用いて $t = \tan z$ とおくことにより，

$$\int_0^{\infty} \frac{1}{1+t^2} dt = \frac{\pi}{2}$$

であることを利用している.

さて，$F_X^*(x)$ と $F_X^{**}(x)$ を微分可能な X の累積分布関数とし，$\phi_X^*(t)$ と $\phi_X^{**}(t)$ をそれぞれの累積分布関数に対応する特性関数とするとき，定理 7.1 より，

$$F_X^*(x) = F_X^{**}(x) \quad \Leftrightarrow \quad \phi_X^*(t) = \phi_X^{**}(t) \tag{7.10}$$

が成り立つことがわかる．これを**確率分布と特性関数の一対一性**ということがある．

> **補足 7.2** 確率分布と積率母関数の一対一性を証明するためには関数論に関する概念を準備しなくてはならない．そのため，詳細については関数論の教科書，または Curtiss (1942) を参照していただくことにして，以下に大まかな流れを述べておく．
>
> 　積率母関数 $M_X(t)$ が存在するとき，一致の定理より，$M_X(t)$ の解析接続は実変数 t を複素変数 z に置き換えた $M_X(z)$ として一意に決まり，しかも正則である．ここで，z を it に置き換えたものが特性関数であり，特性関数と確率分布には一対一対応関係があることから，積率母関数から確率分布を一意に定めることができる．
>
> 　正則関数における一致の定理とは以下のように与えられる：複素平面上の領域 D 上で定義された 2 つの正則関数（複素微分可能）$f(z)$ と $g(z)$ が D 内の点 z_0 と点列 $\{z_n | z_n \in D, z_n \neq z_0, n = 1, 2, \ldots\}$ で $\lim_{n \to \infty} z_n = z_0$ を満たすものに対して，$f(z_n) = g(z_n), n = 1, 2, \ldots$ を満たすならば，D 上で $f(z)$ と $g(z)$ は恒等的に等しい．（厳密な意味での定義ではないが）一致の定理に基づいて，関数の定義域を広げていくことを**解析接続**という．

また，(X, Y) の特性関数 $\phi_{X,Y}(t, s)$ が X の特性関数 $\phi_X(t)$ と Y の特性関数 $\phi_Y(s)$ の積として

$$\phi_{X,Y}(t, s) = \phi_X(t)\phi_Y(s) \tag{7.11}$$

と書けることと，X と Y が独立であることは同値であることもわかる．特に，X と Y が独立であるとき，

$$\phi_{X+Y}(t) = \phi_X(t)\phi_Y(t) \tag{7.12}$$

である．

もう一つの重要な性質として，X の累積分布関数列を $\{F_X^{(n)}(x) : n = 1, 2, \ldots\}$ とし，対応する X の特性関数列を $\{\phi_X^{(n)}(t) : n = 1, 2, \ldots\}$ とすると，

$$\text{任意の } x \text{ に対して } \lim_{n \to \infty} F_X^{(n)}(x) = F_X(x)$$

$$\Longleftrightarrow \quad \text{任意の } t \text{ に対して } \lim_{n \to \infty} \phi_X^{(n)}(t) = \phi_X(t) \tag{7.13}$$

が成り立つ．これらの性質は，積率母関数が存在する場合には，特性関数を積率母関数に置き換えても成り立つ．したがって，本書では，積率母関数を中心に扱うことにするが，積率母関数が存在しない場合にはこの限りではない．

✔ **例 7.1** 確率変数 X の確率密度関数列 $\{f_X^{(n)}(x) : n = 2, 3, \ldots\}$ が

$$f_X^{(n)}(x) = \begin{cases} \dfrac{1}{n} & x = -n \text{ のとき} \\ 1 - \dfrac{2}{n} & x = 0 \text{ のとき} \\ \dfrac{1}{n} & x = n \text{ のとき} \\ 0 & \text{その他} \end{cases} \tag{7.14}$$

で与えられるとしよう．このとき，

$$f_X(x) = \begin{cases} \displaystyle\lim_{n \to \infty} f_X^{(n)}(x) = 1 & x = 0 \text{ のとき} \\ \displaystyle\lim_{n \to \infty} f_X^{(n)}(x) = 0 & x \neq 0 \text{ のとき} \end{cases} \tag{7.15}$$

となり，$f_X(x)$ に対応する積率母関数は

$$M_X(t) = E\left[\exp(tX)\right] = 1 \tag{7.16}$$

となる．一方，$f_X^{(n)}(x)$ に対応する積率母関数 $M_X^{(n)}(t)$ は

$$M_X^{(n)}(t) = \left(1 - \frac{2}{n}\right) + \frac{\exp(-tn) + \exp(tn)}{n} \tag{7.17}$$

により与えられるが，$t \neq 0$ のときには

$$\lim_{n \to \infty} M_X^{(n)}(t) = \infty \tag{7.18}$$

となり，存在しないことがわかる． ∎

7.2　収束概念

本節では，中心極限定理やデルタ法を紹介する準備として，いくつかの収束概念を紹介する．なお，本節以降，第 1 章で現れた標本平均や標本分散など，データ・セットから計算される記述統計量は確率変数の関数とみなして議論することになるので注意してほしい．

まず，任意の $\epsilon > 0$ に対して，確率変数列 $\{X_n : n = 1, 2, \dots\}$ がある定数 a に対して，

$$\lim_{n \to \infty} \mathrm{pr}(|X_n - a| < \epsilon) = 1 \tag{7.19}$$

を満たすとき，確率変数列 $\{X_n : n = 1, 2, \dots\}$ は a へ**確率収束** (convergence in probability) するといい，

$$X_n \xrightarrow{P} a \tag{7.20}$$

とあらわす（実際には a は確率変数でよい）．

確率変数列 $\{X_n : n = 1, 2, \dots\}$ がある定数 a に対して，

$$\lim_{n \to \infty} E\left[|X_n - a|^p\right] = 0 \tag{7.21}$$

を満たすとき，確率変数列 $\{X_n : n = 1, 2, \dots\}$ は a へ**平均 p 乗収束** (convergence in the p-th mean) するという．ここに，$E\left[|X_n - a|^p\right]$ は**平均 p 乗誤差** (the p-th mean error) と呼ばれ，上式においては平均 p 乗誤差が存在するものと仮定されている．

平均 p 乗誤差は

$$
\begin{aligned}
E\left[|X - a|^p\right] &= \int_{-\infty}^{\infty} |x - a|^p f_X(x) dx \\
&= \int_{|x-a|<\epsilon} |x - a|^p f_X(x) dx + \int_{|x-a|\geq\epsilon} |x - a|^p f_X(x) dx \\
&\geq \int_{|x-a|\geq\epsilon} |x - a|^p f_X(x) dx \geq \int_{|x-a|\geq\epsilon} \epsilon^p f_X(x) dx \\
&= \epsilon^p \int_{|x-a|\geq\epsilon} f_X(x) dx = \epsilon^p \mathrm{pr}(|x - a| \geq \epsilon)
\end{aligned}
\tag{7.22}
$$

と変形できるので，

$$\mathrm{pr}(|X - a| \geq \epsilon) \leq \frac{E\left[|X - a|^p\right]}{\epsilon^p} \tag{7.23}$$

を得る. したがって,

$$\lim_{n \to \infty} \mathrm{pr}(|X_n - a| \geq \epsilon) \leq \lim_{n \to \infty} \frac{E\left[|X_n - a|^p\right]}{\epsilon^p} = 0 \tag{7.24}$$

であるから, 確率変数列 $\{X_n : n = 1, 2, \ldots\}$ が a に平均 p 乗収束するならば確率収束することがわかる. 一方, 確率収束するからといって平均 p 乗収束するとは限らない.

✔ 例 7.2 $m > 0$ なる実数 m と確率変数列 $\{X_n : n = 1, 2, \ldots\}$ に対して

$$\mathrm{pr}(X_n = 0) = 1 - \frac{1}{n^m}, \quad \mathrm{pr}(X_n = n) = \frac{1}{n^m}, \\ \mathrm{pr}(X_n = k) = 0 \qquad (k \neq 0, n) \tag{7.25}$$

を考えよう. ここに, n は自然数である. このとき,

$$E\left[|X_n|\right] = 0 \times \left(1 - \frac{1}{n^m}\right) + n \times \left(\frac{1}{n^m}\right) = \frac{1}{n^{m-1}} \tag{7.26}$$

であるから, (7.23) 式において $p = 1$ とおくことにより

$$\mathrm{pr}(|X_n - 0| \geq \epsilon) \leq \frac{E\left[|X_n|\right]}{\epsilon} = \frac{1}{n^{m-1}\epsilon} \tag{7.27}$$

が得られる. このことから, $m > 1$ であれば, 確率変数列 $\{X_n : n = 1, 2, \ldots\}$ は 0 に確率収束することがわかる. しかし,

$$E\left[|X_n - 0|^p\right] = \frac{n^p}{n^m} = n^{p-m} \tag{7.28}$$

であるから, $m < p$ のときには平均 p 乗収束しない. ∎

確率変数列 $\{X_n : n = 1, 2, \ldots\}$ に対する累積分布関数列を $\{F_{X_n}(x) : n = 1, 2, \ldots\}$ とし, 確率変数 X に対する累積分布関数を $F_X(x)$ とする. 任意の x に対して

$$\lim_{n \to \infty} F_{X_n}(x) = F_X(x) \tag{7.29}$$

が成り立つとき, 確率変数列 $\{X_n : n = 1, 2, \ldots\}$ は確率変数 X へ**分布収束** (convergence in distribution) する, あるいは確率変数列 $\{X_n : n = 1, 2, \ldots\}$

は漸近的 (asymptotically) に確率変数 X の確率分布にしたがうといい,

$$X_n \overset{D}{\to} X \tag{7.30}$$

であらわす. このときの X の確率分布を確率変数列 $\{X_n : n = 1, 2, \ldots\}$ の漸近分布 (asymptotic distribution) という.

✔ **例 7.3**　$X_1, X_2, \ldots, X_n$ を一様分布 $U(0, 1)$ からの無作為標本とし,

$$M_n = \max\{X_1, X_2, \ldots, X_n\} \tag{7.31}$$

とする. このとき, M_n の累積分布関数は

$$F_n(x) = \mathrm{pr}(M_n \leq x) = \mathrm{pr}(\max\{X_1, X_2, \ldots, X_n\} \leq x)$$

$$= \mathrm{pr}(X_1 \leq x, X_2 \leq x, \ldots, X_n \leq x) = \prod_{k=1}^{n} \mathrm{pr}(X_k \leq x)$$

$$= \begin{cases} 0 & x < 0 \\ x^n & 0 \leq x \leq 1 \\ 1 & x > 1 \end{cases} \tag{7.32}$$

で与えられる. したがって, $0 < \epsilon < 1$ を満たす任意の実数 ϵ に対して, $n \to \infty$ とすると

$$\mathrm{pr}(|M_n - 1| \geq \epsilon) = \mathrm{pr}(\{M_n - 1 \geq \epsilon\} \cup \{M_n - 1 \leq -\epsilon\})$$

$$= \mathrm{pr}(M_n - 1 \geq \epsilon) + \mathrm{pr}(M_n - 1 \leq -\epsilon) = 0 + \mathrm{pr}(M_n \leq 1 - \epsilon)$$

$$= (1 - \epsilon)^n \to 0 \tag{7.33}$$

を得る ($X_1, X_2, \ldots, X_n$ は一様分布 $U(0, 1)$ からの無作為標本なので, $0 \leq M_n \leq 1$ である). したがって, 確率変数列 $\{M_n : n = 1, 2, \ldots\}$ は 1 に確率収束することがわかる. また, 確率変数列 $\{n(1 - M_n) : n = 1, 2, \ldots\}$ の漸近分布は, (5.30) 式より, $n \to \infty$ とすると

$$\mathrm{pr}(n(1 - M_n) \leq x) = \mathrm{pr}\left(M_n \geq 1 - \frac{x}{n}\right)$$

$$= 1 - \mathrm{pr}\left(M_n < 1 - \frac{x}{n}\right) = 1 - \left(1 - \frac{x}{n}\right)^n \to 1 - \exp(-x) \tag{7.34}$$

すなわち, 指数分布 $\mathrm{Ex}(1)$ となる.　■

7.3 確率不等式

> **定理 7.2**（マルコフの不等式：**Markov's inequality**） 非負値確率変数 X について $E[X]$ が存在するとき，実数 $\epsilon > 0$ に対して，
>
> $$\text{pr}(X \geq \epsilon) \leq \frac{E[X]}{\epsilon} \tag{7.35}$$
>
> が成り立つ．

証明 X は非負値確率変数なので，(7.23) 式で $a = 0, p = 1$ とすれば，マルコフの不等式が得られる． $\square$

> **定理 7.3**（チェビシェフの不等式：**Chebyshev's inequality**） 確率変数 X について $E[X]$ と $\text{var}[X]$ が存在するとき，実数 $\epsilon > 0$ に対して，
>
> $$\text{pr}(|X - E[X]| \geq \epsilon) \leq \frac{E\left[|X - E[X]|^2\right]}{\epsilon^2} = \frac{\text{var}[X]}{\epsilon^2} \tag{7.36}$$
>
> が成り立つ．

証明 マルコフの不等式より

$$
\begin{aligned}
\text{pr}(|X - E[X]| \geq \epsilon) &= \text{pr}(|X - E[X]|^2 \geq \epsilon^2) \\
&\leq \frac{E\left[|X - E[X]|^2\right]}{\epsilon^2} = \frac{\text{var}[X]}{\epsilon^2}
\end{aligned}
\tag{7.37}
$$

である．これより，(7.36) 式が導かれる． $\square$

7.4 連続写像定理

> **定理 7.4**（スラツキーの定理：**Slutsky's theorem**） 確率変数列 $\{X_n : n = 1, 2, \ldots\}$，確率変数 X，確率変数列 $\{Y_n : n = 1, 2, \ldots\}$ と実数 a に対して
>
> $$X_n \xrightarrow{D} X, \quad Y_n \xrightarrow{P} a \tag{7.38}$$
>
> であるとき，
>
> $$X_n + Y_n \xrightarrow{D} X + a \tag{7.39}$$

$$X_n Y_n \overset{D}{\to} aX \tag{7.40}$$

が成り立つ.

証明　ここでは，(7.39) 式，すなわち，$Z_n = X_n + Y_n$ の累積分布関数を $F_{Z_n}(z)$ とするとき，

$$\lim_{n \to \infty} F_{Z_n}(z) = F_{X+a}(z) \tag{7.41}$$

を示すことにし，(7.40) 式の証明については演習問題とする（問題 7.2(1)）.
　まず，$F_{Z_n}(z)$ について

$$
\begin{aligned}
F_{Z_n}(z) &= \mathrm{pr}(X_n + Y_n \le z) \\
&= \mathrm{pr}(X_n + Y_n \le z, |Y_n - a| < \epsilon) + \mathrm{pr}(X_n + Y_n \le z, |Y_n - a| \ge \epsilon) \\
&\le \mathrm{pr}(X_n + a \le z + \epsilon, |Y_n - a| < \epsilon) + \mathrm{pr}(|Y_n - a| \ge \epsilon) \\
&\le \mathrm{pr}(X_n + a \le z + \epsilon) + \mathrm{pr}(|Y_n - a| \ge \epsilon)
\end{aligned} \tag{7.42}
$$

を得ることができる. ここに，$|Y_n - a| < \epsilon$ のとき，

$$X_n + Y_n \le z \;\Rightarrow\; X_n \le z - Y_n < z - a + \epsilon \tag{7.43}$$

であることを利用している. 同様に，$1 - F_{Z_n}(z)$ について

$$
\begin{aligned}
1 - F_{Z_n}(z) &= \mathrm{pr}(X_n + Y_n > z) \\
&= \mathrm{pr}(X_n + Y_n > z, |Y_n - a| < \epsilon) + \mathrm{pr}(X_n + Y_n > z, |Y_n - a| \ge \epsilon) \\
&\le \mathrm{pr}(X_n + a + \epsilon > z, |Y_n - a| < \epsilon) + \mathrm{pr}(|Y_n - a| \ge \epsilon) \\
&\le \mathrm{pr}(X_n + a + \epsilon > z) + \mathrm{pr}(|Y_n - a| \ge \epsilon)
\end{aligned} \tag{7.44}
$$

を得ることができる. $\mathrm{pr}(X + a > z - \epsilon) + \mathrm{pr}(X + a \le z - \epsilon) = 1$ より，以上をまとめて，

$$
\begin{aligned}
\mathrm{pr}(X_n + a \le z - \epsilon) - \mathrm{pr}(|Y_n - a| \ge \epsilon) &\le F_{Z_n}(z) \\
&\le \mathrm{pr}(X_n + a \le z + \epsilon) + \mathrm{pr}(|Y_n - a| \ge \epsilon)
\end{aligned} \tag{7.45}
$$

となる. 確率変数列 $\{X_n : n = 1, 2, \ldots\}$ は X に分布収束し，確率変数列 $\{Y_n : n = 1, 2, \ldots\}$ は実数 a に確率収束するので，十分小さな $\epsilon > 0$ をとることにより，(7.39) 式が成り立つことがわかる. □

定理 7.5　確率変数列 $\{X_n : n = 1, 2, \ldots\}$, 確率変数 X, 確率変数列 $\{Y_n : n = 1, 2, \ldots\}$ と実数 x, y に対して

$$X_n \xrightarrow{P} x, \quad Y_n \xrightarrow{P} y \tag{7.46}$$

であるとき,

$$X_n + Y_n \xrightarrow{P} x + y \tag{7.47}$$

$$X_n Y_n \xrightarrow{P} xy \tag{7.48}$$

$$\frac{1}{X_n} \xrightarrow{P} \frac{1}{x} \quad (x \neq 0) \tag{7.49}$$

が成り立つ.

証明　ここでは, (7.47) 式を示すことにし, (7.48) 式と (7.49) 式については演習問題とする (問題 7.2(2)).

$$|X_n + Y_n - x - y| \le |X_n - x| + |Y_n - y| \tag{7.50}$$

より, 任意の $\epsilon > 0$ に対して

$$|X_n - x| < \frac{\epsilon}{2}, \quad |Y_n - y| < \frac{\epsilon}{2} \tag{7.51}$$

をとると,

$$|X_n + Y_n - x - y| < \epsilon \tag{7.52}$$

を得る. ここで, 標本空間 Ω の部分集合の観点から, 形式的に

$$\left.\begin{array}{l} \left\{\omega : |X_n(\omega) - x| < \frac{\epsilon}{2}\right\} = \left\{|X_n - x| < \frac{\epsilon}{2}\right\} \\[2mm] \left\{\omega : |Y_n(\omega) - y| < \frac{\epsilon}{2}\right\} = \left\{|Y_n - y| < \frac{\epsilon}{2}\right\} \\[2mm] \{\omega : |X_n(\omega) + Y_n(\omega) - x - y| < \epsilon\} = \{|X_n + Y_n - x - y| < \epsilon\} \end{array}\right\} \tag{7.53}$$

とおくと,

$$\left\{|X_n - x| < \frac{\epsilon}{2}\right\} \cap \left\{|Y_n - y| < \frac{\epsilon}{2}\right\} \subset \{|X_n + Y_n - x - y| < \epsilon\} \tag{7.54}$$

を得る. したがって,

$$\mathrm{pr}\left(\left\{|X_n - x| < \frac{\epsilon}{2}\right\} \cap \left\{|Y_n - y| < \frac{\epsilon}{2}\right\}\right) \le \mathrm{pr}\left(|X_n + Y_n - x - y| < \epsilon\right) \tag{7.55}$$

である.ここで,ド・モルガンの法則(定理 2.1(iv))より

$$
\begin{aligned}
\mathrm{pr}&\left(\left(\left\{|X_n - x| < \frac{\epsilon}{2}\right\} \cap \left\{|Y_n - y| < \frac{\epsilon}{2}\right\}\right)^c\right) \\
&= \mathrm{pr}\left(\left\{|X_n - x| < \frac{\epsilon}{2}\right\}^c \cup \left\{|Y_n - y| < \frac{\epsilon}{2}\right\}^c\right) \\
&\leq \mathrm{pr}\left(\left\{|X_n - x| < \frac{\epsilon}{2}\right\}^c\right) + \mathrm{pr}\left(\left\{|Y_n - y| < \frac{\epsilon}{2}\right\}^c\right) \\
&= \mathrm{pr}\left(|X_n - x| \geq \frac{\epsilon}{2}\right) + \mathrm{pr}\left(|Y_n - y| \geq \frac{\epsilon}{2}\right) \ \to \ 0 \quad (n \to \infty) \quad (7.56)
\end{aligned}
$$

を得る.したがって,確率変数列 $\{X_n : n = 1, 2, \ldots\}$ と確率変数列 $\{Y_n : n = 1, 2, \ldots\}$ がそれぞれ実数 x と実数 y に確率収束することから

$$
\begin{aligned}
\lim_{n \to \infty} &\mathrm{pr}\left(\left\{|X_n - x| < \frac{\epsilon}{2}\right\} \cap \left\{|Y_n - y| < \frac{\epsilon}{2}\right\}\right) \\
&= \lim_{n \to \infty}\left(1 - \mathrm{pr}\left(\left(\left\{|X_n - x| < \frac{\epsilon}{2}\right\} \cap \left\{|Y_n - y| < \frac{\epsilon}{2}\right\}\right)^c\right)\right) = 1 \quad (7.57)
\end{aligned}
$$

であり,かつ

$$
\begin{aligned}
\lim_{n \to \infty} &\mathrm{pr}\left(\left\{|X_n - x| < \frac{\epsilon}{2}\right\} \cap \left\{|Y_n - y| < \frac{\epsilon}{2}\right\}\right) \\
&\leq \lim_{n \to \infty} \mathrm{pr}\left(|X_n + Y_n - x - y| < \epsilon\right) \leq 1 \quad (7.58)
\end{aligned}
$$

である.したがって,

$$
\lim_{n \to \infty} \mathrm{pr}\left(|X_n + Y_n - x - y| < \epsilon\right) = 1 \quad (7.59)
$$

を得る.したがって,(7.47) 式が成り立つことがわかる.　　　　□

定理 7.6 (連続写像定理:continuous mapping theorem)　$g(x)$ を実数値連続関数とするとき,確率変数列 $\{X_n : n = 1, 2, \ldots\}$ が実数 a に確率収束する,すなわち,

$$
X_n \ \xrightarrow{P} \ a \quad (7.60)
$$

であるならば,確率変数列 $\{g(X_n) : n = 1, 2, \ldots\}$ も $g(a)$ に確率収束,すなわち,

$$
g(X_n) \ \xrightarrow{P} \ g(a) \quad (7.61)
$$

が成り立つ.

証明　$g(x)$ は実数値連続関数なので，任意の $\epsilon > 0$ に対して，

$$|X - a| < \delta \quad \Rightarrow \quad |g(X) - g(a)| < \epsilon \tag{7.62}$$

なる $\delta > 0$ が存在する．このことは

$$\mathrm{pr}(|X_n - a| < \delta) \leq \mathrm{pr}(|g(X_n) - g(a)| < \epsilon) \tag{7.63}$$

を意味することから，

$$\mathrm{pr}(|X_n - a| \geq \delta) \geq \mathrm{pr}(|g(X_n) - g(a)| \geq \epsilon) \tag{7.64}$$

である．したがって，確率変数列 $\{X_n : n = 1, 2, \ldots\}$ が a に確率収束するならば，確率変数列 $\{g(X_n) : n = 1, 2, \ldots\}$ も $g(a)$ に確率収束することがわかる．□

7.5　大数の法則と中心極限定理

定理 7.7（**大数の弱法則：weak law of large numbers**）　確率変数 $X_1, X_2, \ldots, X_n$ を平均を $\mu_x(|\mu_x| < \infty)$，分散を $\sigma_{xx}(\sigma_{xx} < \infty)$ とする同一の確率分布からの無作為標本とするとき，標本平均

$$\bar{X}_n = \frac{1}{n} \sum_{i=1}^{n} X_i \tag{7.65}$$

について

$$\lim_{n \to \infty} \mathrm{pr}(|\bar{X}_n - \mu_x| \geq \epsilon) = 0, \quad \text{すなわち，} \quad \bar{X}_n \xrightarrow{P} \mu_x \tag{7.66}$$

が成り立つ．

証明　チェビシェフの不等式より，

$$\mathrm{pr}(|\bar{X}_n - \mu_x| \geq \epsilon) < \frac{\sigma_{xx}}{n\epsilon^2} \to 0 \quad (n \to \infty) \tag{7.67}$$

であるから，定理 7.7 が得られる．□

ここで，中心極限定理を紹介する前に，ランダウの記号を導入しておこう．すなわち，実数値関数 $h_1(x) = O(g(x))$ と $h_2(x) = o(g(x))$ をそれぞれ

$$\lim_{x \to \infty} \left| \frac{h_1(x)}{g(x)} \right| < \infty, \quad \lim_{x \to \infty} \left| \frac{h_2(x)}{g(x)} \right| = 0 \tag{7.68}$$

を満たす関数 $h_1(x)$ と $h_2(x)$ の意味で用いることとし，**ランダウの記号** (Landau symbol) という.

　以下に与える中心極限定理は，確率変数列 $\{X_n : n = 1, 2, \ldots\}$ のそれぞれについて積率母関数が存在することを仮定している.

> **定理 7.8**（中心極限定理：**central limit theorem**）　確率変数 $X_1, X_2, \ldots, X_n$ を平均 $\mu_x(|\mu_x| < \infty)$，分散 $\sigma_{xx}(\sigma_{xx} < \infty)$ とする同一の確率分布からの無作為標本とするとき，それらの積率母関数が 3 回微分可能で，かつ，それが連続であるならば，
>
> $$Z_n = \frac{\bar{X}_n - \mu_x}{\sqrt{\sigma_{xx}}/\sqrt{n}} = \sqrt{n}\frac{\bar{X}_n - \mu_x}{\sqrt{\sigma}_{xx}} \tag{7.69}$$
>
> は標準正規分布にしたがう確率変数へ分布収束する.

証明　確率変数列 $\{X_n : n = 1, 2, \ldots\}$ が平均を 0，分散を 1 とする確率分布からの無作為標本であると考えて一般性を失わない．このとき，Z_n の積率母関数 $M_{Z_n}(t)$ は

$$M_{Z_n}(t) = E\left[\exp(tZ_n)\right] = E\left[\exp\left(t\sqrt{n}\frac{X_1 + X_2 + \cdots + X_n}{n}\right)\right]$$

$$= E\left[\exp\left(\frac{tX_1}{\sqrt{n}}\right)\right] \times E\left[\exp\left(\frac{tX_2}{\sqrt{n}}\right)\right] \times \cdots \times E\left[\exp\left(\frac{tX_n}{\sqrt{n}}\right)\right]$$

$$= \left(E\left[\exp\left(\frac{tX_1}{\sqrt{n}}\right)\right]\right)^n = \left\{M_X\left(\frac{t}{\sqrt{n}}\right)\right\}^n \tag{7.70}$$

ここで，$E[X] = 0$, $\mathrm{var}[X] = 1$ であることに注意すると，$M_X\left(\dfrac{t}{\sqrt{n}}\right)$ のマクローリン展開は

$$M_X\left(\frac{t}{\sqrt{n}}\right) = 1 + \frac{E[X]}{1!}\frac{t}{\sqrt{n}} + \frac{E[X^2]}{2!}\left(\frac{t}{\sqrt{n}}\right)^2 + \frac{1}{3!}\frac{d^3 M_X(s)}{ds^3}\bigg|_{s=\frac{\theta t}{\sqrt{n}}}\left(\frac{t}{\sqrt{n}}\right)^3$$

$$= 1 + \frac{1}{2!}\left(\frac{t}{\sqrt{n}}\right)^2 + \frac{1}{3!}\frac{d^3 M_X(s)}{ds^3}\bigg|_{s=\frac{\theta t}{\sqrt{n}}}\left(\frac{t}{\sqrt{n}}\right)^3$$

$$= 1 + \frac{t^2}{2n} + o\left(\frac{1}{n}\right) \tag{7.71}$$

で与えられる．ただし，$0 < \theta < 1$ である．このことから，

$$\lim_{n\to\infty} M_{z_n}(t) = \lim_{n\to\infty}\left\{1 + \frac{t^2}{2n} + o\left(\frac{1}{n}\right)\right\}^n$$

$$= \lim_{n \to \infty} \left\{ \left\{ 1 + \frac{t^2}{2n} + o\left(\frac{1}{n}\right) \right\}^{2n/t^2} \right\}^{t^2/2} = \exp\left(\frac{t^2}{2}\right) \quad (7.72)$$

を得る. (6.26) 式および積率母関数と確率分布の一対一対応性より, これは, Z_n が漸近的に標準正規分布にしたがうことを意味する. □

定理 7.9 （デルタ法：**delta method**）　確率変数 $\sqrt{n}(X_n - \mu_x)$ が正規分布 $N(0, \sigma_{xx})$ にしたがうとき, 実数値関数 $g(x)$ が $x = \mu_x$ の付近で 2 回微分可能であり, かつ, それが連続であるならば, $\sqrt{n}(g(X_n) - g(\mu_x))$ は漸近的に正規分布 $N(0, (g'(\mu_x))^2 \sigma_{xx})$ にしたがう.

$\dfrac{(g'(\mu_x))^2 \sigma_{xx}}{n}$ を $g(X_n)$ の**漸近分散** (asymptotic variance) と呼ぶことがある.

証明　実数値関数 $g(X_n)$ を $X_n = \mu_x$ の付近でテイラー展開を行うと

$$g(X_n) = g(\mu_x) + g'(\mu_x)(X_n - \mu_x) + \frac{1}{2!}g''(\xi)(X_n - \mu_x)^2 \quad (7.73)$$

である $(\xi = tX_n + (1-t)\mu_x, \ 0 < t < 1)$. したがって,

$$\sqrt{n}(g(X_n) - g(\mu_x)) = \sqrt{n}g'(\mu_x)(X_n - \mu_x) + \frac{\sqrt{n}g''(\xi)}{2}(X_n - \mu_x)^2 \quad (7.74)$$

とあらわすことができる. まず, $\sqrt{n}(X_n - \mu_x)$ が正規分布 $N(0, \sigma_{xx})$ にしたがうことから, $\sqrt{n}g'(\mu_x)(X_n - \mu_x)$ も正規分布 $N(0, (g'(\mu_x))^2 \sigma_{xx})$ にしたがう. 次に, 剰余項

$$\frac{\sqrt{n}g''(\xi)}{2}(X_n - \mu_x)^2 \quad (7.75)$$

について,

$$n \, \text{var}\,[X_n] = n \, E\left[(X_n - \mu_x)^2\right] = \sigma_{xx} \quad (7.76)$$

であるから, マルコフの不等式

$$\text{pr}\left(\frac{\sqrt{n}}{2}(X_n - \mu_x)^2 \geq \epsilon\right) \leq \frac{E\left[(X_n - \mu_x)^2\right]}{\epsilon}\frac{\sqrt{n}}{2} = \frac{\sigma_{xx}}{2\sqrt{n}\epsilon} \quad (7.77)$$

より, $\dfrac{\sqrt{n}}{2}(X_n - \mu_x)^2$ は 0 に確率収束し, 連続写像定理より $g''(\xi)$ は $g''(\mu_x)$ に確率収束する. したがって, (7.75) 式は 0 に確率収束することから, スラツキーの定理 (定理 7.4) より, $\sqrt{n}(g(X_n) - g(\mu_x))$ は漸近的に正規分布 $N(0, (g'(\mu_x))^2 \sigma_{xx})$ にしたがうことがわかる. □

なお，定理 7.9 の証明からわかるように，$\sqrt{n}(X_n - \mu_x)$ は必ずしも正規分布 $N(0, \sigma_{xx})$ にしたがわなくてもよい．この場合には，以下の定理が得られる．

> **定理 7.10**　確率変数 $\sqrt{n}(X_n - \mu_x)$ が，平均 0，分散 σ_{xx} を持つ確率分布にしたがう確率変数 Y に分布収束するとき，実数値関数 $g(x)$ が $x = \mu_x$ の付近で 2 回微分可能であり，かつ，それが連続であるならば，$\sqrt{n}(g(X_n) - g(\mu_x))$ は $g'(\mu_x)Y$ に分布収束する．

証明　定理 7.9 の証明と同様な手続きにより，$g(x)$ をテイラー展開したときの剰余項が 0 に確率収束することから，

$$\sqrt{n}(g(X_n) - g(\mu_x)) = \sqrt{n}g'(\mu_x)(X_n - \mu_x) + \frac{\sqrt{n}g''(\xi)}{2}(X_n - \mu_x)^2$$
$$\xrightarrow{D} g'(\mu_x)Y \tag{7.78}$$

を得る（$\xi = tX_n + (1-t)\mu_x,\ 0 < t < 1$）．したがって，$\sqrt{n}(g(X_n) - g(\mu_x))$ は $g'(\mu_x)Y$ に分布収束することがわかる．　　　□

演習問題

問題 7.1　確率変数 X の特性関数 $\phi_X(x)$ が $\phi_X(t) = \exp\left(-\frac{1}{2}t^2\right),\ -\infty < t < \infty$ で与えられる確率分布は標準正規分布である．これを (7.1) 式を用いて導いてみよ．

問題 7.2　次の問いに答えよ．

(1)　定理 7.4 の (7.40) 式を証明せよ．

(2)　定理 7.5 の (7.48) 式と (7.49) 式を証明せよ．

問題 7.3　X がガンマ分布 $\mathrm{Ga}(\alpha, \beta)$ にしたがうとき，定数 $k > 0$ に対して $X^{1/k}$ の漸近分散を求めよ．

問題 7.4　X を区間 $[a, b]$ 上で定義された確率分布にしたがう確率変数とする．X の平均を 0 とするとき，$t > 0$ に対して

$$E[\exp(tX)] \leq \exp\left(\frac{t^2(b-a)^2}{8}\right)$$

が成り立つことを示せ．

第Ⅲ部

統計的推論の基礎

第 8 章

推定量とその性質

8.1 平均二乗誤差

本章以降, 確率変数 X の確率密度関数を $f_X(x:\theta)$ のように, パラメータ θ を強調した形であらわす. たとえば, ベルヌーイ分布 (5.1) 式であれば p が, ポアソン分布 (5.21) 式であれば λ がそれにあたる. 残念ながら, 実際のデータ解析においては, θ がとる真の値があらかじめわかっていることはほとんどないといってよい. それゆえに, データ・セットを用いて θ をどのように評価したらよいのかといった問題を解決する必要がある. この問題を解決するための基本方針を与えることが本章以降のテーマである. その第一ステップとして, 評価対象のパラメータを強調した形式で確率密度関数をあらわすことが重要となる. こういった考え方は, パラメータがとる値を既知として確率分布の特徴づけを行ってきた前章までの内容とは異なる.

確率変数 $X_1, X_2, \ldots, X_n$ を確率密度関数 $f_X(x:\theta)$ を持つ確率分布からの無作為標本とする. また, θ がとりうる値全体からなる集合を Θ であらわし, パラメータ空間 (parameter space) という. Θ は何でもよいわけではなく, Θ に含まれるどの値 θ を与えても, $f_X(x:\theta)$ が確率密度関数の定義を満たすようなものから構成されていなければならない. 一方, 母集団の特徴を推測する際に, 興味の対象外となるパラメータが現れ, 興味あるパラメータの適切な評価を妨げることがある. このようなパラメータは**局外パラメータ** (nuisance parameter) などと呼ばれる.

さて, $X_1, X_2, \ldots, X_n$ がどのようなタイプの確率分布にしたがうのかがあらかじめわかっていたとしても, パラメータ θ の真値がわからないことには, 確率分布の特徴を明らかにすることはできない. そこで, パラメータ θ を確率変数 $X_1, X_2, \ldots, X_n$ の実数値関数

$$\hat{\theta} = \theta(X_1, X_2, \ldots, X_n) \tag{8.1}$$

を用いて評価する（統計学では，**推定** (estimation) するという）ことを考える．この θ を評価するために用いられる $X_1, X_2, \ldots, X_n$ の関数 $\hat{\theta}$ を θ の**推定量** (estimator) という．11.3 節で紹介する区間推定と区別するために，$\hat{\theta}$ を θ の**点推定量** (point estimator) ということもある．点推定量には，1 つのデータ・セットが与えられるとそこから 1 つの値が定められるという意味が含まれている．θ に限らず，$\hat{\theta}$ に未知のパラメータが含まれていては θ を評価することができない．したがって，未知パラメータを含むような $X_1, X_2, \ldots, X_n$ の関数を一般に推定量ということはない．一方，$X_1, X_2, \ldots, X_n$ に関する具体的な値（データ）を点推定量に代入することによって得られる値を**推定値** (estimate) という．なお，未知パラメータを含まない確率変数の関数を統計量というが，この意味で推定量は統計量である．

　推定量 $\hat{\theta}$ を使ってパラメータ θ の真値を評価しようとするとき，$\hat{\theta}$ が θ に「近い」値をとるならば，$\hat{\theta}$ はその分だけ適切な θ の推定量ということができるであろう．しかし，一般に，同じ母集団の同じ属性を観測し続けたとしても，恣意的なものでない限り，観測される個々のデータは観測されるたびに異なる．それにともなって，データ・セットも標本ごとに異なることから，θ の推定値 $\hat{\theta}$ もデータ・セットごとに異なる値をとると考えるのが自然である．それゆえに，推定量 $\hat{\theta}$ の良さを明らかにしておくことが重要となる．そこで，まず，$\hat{\theta}$ と θ との「近さ」を測るのに，

$$\mathrm{MSE}(\hat{\theta}, \theta) = E[(\hat{\theta} - \theta)^2] \tag{8.2}$$

を考えることにする．これを θ の推定量 $\hat{\theta}$ に対する**平均二乗誤差** (mean squared error) という．平均二乗誤差は，7.2 節で説明した平均 p 乗誤差の特別なケースにあたる．

　$\mathrm{MSE}(\hat{\theta}, \theta)$ と $\mathrm{var}[\hat{\theta}]$ には

$$
\begin{aligned}
\mathrm{MSE}(\hat{\theta}, \theta) &= E[(\hat{\theta} - E[\hat{\theta}] + E[\hat{\theta}] - \theta)^2] \\
&= E[(\hat{\theta} - E[\hat{\theta}])^2] + E[(E[\hat{\theta}] - \theta)^2] + 2E[(\hat{\theta} - E[\hat{\theta}])(E[\hat{\theta}] - \theta)] \\
&= E[(\hat{\theta} - E[\hat{\theta}])^2] + (E[\hat{\theta}] - \theta)^2 \geq E[(\hat{\theta} - E[\hat{\theta}])^2] = \mathrm{var}[\hat{\theta}] \tag{8.3}
\end{aligned}
$$

という関係がある．ここに，$E[\hat{\theta}] - \theta$ を**バイアス** (bias) という．バイアスは，θ の推定量 $\hat{\theta}$ が平均的な意味で θ からどの方向にどの程度離れているのかをあらわす指標として重要な役割を果たす．

さて，パラメータ θ に対する最良な推定量 $\hat{\theta}$ は θ 自身である．しかし，根本的でかつ現実的な問題として，θ がとる真の値はわからないため，このような推定量を構成することはできない．そこで，望ましい推定量とはどのようなものであるべきかを考える必要がある．

8.2 推定の良さ

推定量 $\hat{\theta}$ がどのくらいパラメータ θ を適切に推定しているかを測る代表的な基準として不偏性，有効性，一致性がある．

不偏性 (unbiasedness)：任意の $\theta \in \Theta$ に対して

$$E[\hat{\theta}] = \theta \tag{8.4}$$

が成り立つとき，$\hat{\theta}$ を θ の**不偏推定量** (unbiased estimator) という．$\hat{\theta}$ が θ の不偏推定量であるとき，バイアスは $E[\hat{\theta}] - \theta = 0$ となり，平均二乗誤差 $\mathrm{MSE}(\hat{\theta}, \theta)$ と分散 $\mathrm{var}[\hat{\theta}]$ は一致する．

有効性 (efficiency)：θ の 2 つの不偏推定量 $\hat{\theta}_1$ と $\hat{\theta}_2$ に対して，

$$\mathrm{var}[\hat{\theta}_1] < \mathrm{var}[\hat{\theta}_2] \tag{8.5}$$

であるとき，$\hat{\theta}_1$ は $\hat{\theta}_2$ よりも良い，あるいは**有効** (efficient) であるという．$\hat{\theta}$ の分散 $\mathrm{var}[\hat{\theta}]$ はできるだけ小さいことが望ましい．

一致性 (consistency)：任意の $\epsilon > 0$ に対して

$$\lim_{n \to \infty} \mathrm{pr}(|\hat{\theta}_n - \theta| > \epsilon) = 0 \tag{8.6}$$

が成り立つとき，$\hat{\theta}_n$ を θ の**一致推定量** (consistent estimator) という．

✔ **例 8.1** 一般に，一致推定量が不偏推定量とは限らないし，不偏推定量が一致推定量であるとも限らない．たとえば，正規分布 $N(\mu_x, \sigma_{xx})$ における平均 μ_x

を推定するために，無作為標本 $X_1, X_2, \ldots, X_n$ を得たにもかかわらず X_1 のみ を用いることにしよう．このとき，$E[X_1] = \mu_x$ なので X_1 は不偏推定量である が，X_1 はサンプルサイズに依存しないので μ_x に確率収束しない（一致推定量 ではない）．一方，$\bar{X}$ を $X_1, X_2, \ldots, X_n$ の標本平均とするとき，$\tilde{X} = \dfrac{n}{n-1}\bar{X}$ は，

$$E[\tilde{X}] = \frac{n}{n-1}\mu_x \tag{8.7}$$

となり，μ_x の不偏推定量ではないが一致推定量となる．この例からわかるよう に，不偏性の定義はサンプルサイズに依存しない（サンプルサイズが固定されて いる）のに対して，一致性についてはサンプルサイズを大きくしていくといっ た操作（確率収束）がなされている点で異なる． ∎

$$\lim_{n \to \infty} E[(\hat{\theta}_n - \theta)^2] = 0 \tag{8.8}$$

を満たす θ の推定量 $\hat{\theta}_n$ を **MSE（平均二乗誤差）一致推定量** (MSE consistent estimator) という．(8.3) 式とチェビシェフの不等式（定理 7.3）からわかるよ うに，MSE 一致推定量は一致推定量である．しかし，例 7.2 を見ればわかるよ うに，一般に，一致推定量が MSE 一致推定量とは限らない．

✔ 例 8.2 確率変数 $X_1, X_2, \ldots, X_n$ を平均 μ_x，分散 σ_{xx} とする確率分布から の無作為標本とするとき，標本平均 (1.1) 式の期待値は

$$E\left[\bar{X}\right] = E\left[\frac{1}{n}\sum_{i=1}^{n} X_i\right] = \frac{1}{n}\sum_{i=1}^{n} E[X_i] = \frac{n}{n}\mu_x = \mu_x \tag{8.9}$$

となる．したがって，標本平均は μ_x の不偏推定量である．

より一般に，$c_1, c_2, \ldots, c_n$ に対して

$$\tilde{X} = \sum_{i=1}^{n} c_i X_i, \quad \sum_{i=1}^{n} c_i = 1 \tag{8.10}$$

であるとき，(4.8) 式より

$$E\left[\tilde{X}\right] = E\left[\sum_{i=1}^{n} c_i X_i\right] = \sum_{i=1}^{n} c_i E[X_i] = \mu_x \tag{8.11}$$

である．したがって，$\tilde{X}$ は μ_x の不偏推定量であり，その分散は

$$\mathrm{var}\left[\tilde{X}\right] = \sum_{i=1}^{n} c_i^2 \mathrm{var}\left[X_i\right] = \sigma_{xx} \sum_{i=1}^{n} c_i^2 \tag{8.12}$$

で与えられる．ここで，**ラグランジュの未定乗数法**（補足 8.1 参照）を利用するために

$$S(c_1, c_2, \ldots, c_n) = \sigma_{xx} \sum_{i=1}^{n} c_i^2 + \lambda \left(\sum_{i=1}^{n} c_i - 1\right) \tag{8.13}$$

を考えると，$c_1, c_2, \ldots, c_n$ のそれぞれに対して

$$\frac{\partial S(c_1, c_2, \ldots, c_n)}{\partial c_i} = 2c_i \sigma_{xx} + \lambda, \quad i = 1, 2, \ldots, n \tag{8.14}$$

が得られるので，これらを 0 とおくことにより

$$c_i = -\frac{\lambda}{2\sigma_{xx}} \tag{8.15}$$

が得られる．これを (8.10) 式に代入することにより

$$c_1 = c_2 = \cdots = c_n = \frac{1}{n} \tag{8.16}$$

が得られる．このことから，標本平均は (8.10) 式を満たす μ_x の不偏推定量のなかでもっとも分散が小さい不偏推定量であることがわかる．このように，確率変数の線形結合としてあらわされる不偏推定量のことを**線形不偏推定量** (linear unbiased estimator) といい，そのなかで分散が一番小さいものを**最良線形不偏推定量** (best linear unbiased estimator) という [1]．

次に，標本分散 (1.22) 式の期待値を計算してみよう．まず，標本分散を

$$S_{xx} = \frac{1}{n} \sum_{i=1}^{n} X_i^2 - \left(\frac{1}{n} \sum_{i=1}^{n} X_i\right)^2 = \frac{1}{n} \sum_{i=1}^{n} X_i^2 - \frac{1}{n^2}\left(\sum_{i=1}^{n} X_i^2 + \sum_{i \neq j}^{n} X_i X_j\right)$$

$$= \frac{n-1}{n^2} \sum_{i=1}^{n} X_i^2 - \frac{1}{n^2} \sum_{i \neq j}^{n} X_i X_j \tag{8.17}$$

---

[1] ここでいう "線形" とは，パラメータについて線形という意味であって，個々の確率変数は非線形関数の形式をとるものであってもよい．

と変形する．ここで，仮定より，$E[X_i] = \mu_x$，$E\left[X_i^2\right] = \sigma_{xx} + \mu_x^2$ $(i = 1, 2, \ldots, n)$ を得る．また，$i \neq j$ に対して $X_i \perp\!\!\!\perp X_j$ であることから，$E[X_i X_j] = E[X_i]E[X_j] = \mu_x^2$ が成り立つ．これらのことを用いて

$$E[S_{xx}] = \frac{n-1}{n^2} \sum_{i=1}^{n} E\left[X_i^2\right] - \frac{1}{n^2} \sum_{i \neq j}^{n} E[X_i X_j]$$

$$= \frac{n-1}{n^2} \sum_{i=1}^{n} (\sigma_{xx} + \mu_x^2) - \frac{1}{n^2} \sum_{i \neq j}^{n} \mu_x^2$$

$$= \frac{n-1}{n^2} n\sigma_{xx} + \frac{n-1}{n^2} n\mu_x^2 - \frac{1}{n^2}(n^2 - n)\mu_x^2 = \frac{n-1}{n} \sigma_{xx} \quad (8.18)$$

を得る．このことから，標本分散は σ_{xx} の不偏推定量ではないことがわかる．一方，標本不偏分散 (1.24) 式の場合には，

$$E[\hat{\sigma}_{xx}] = E\left[\frac{n}{n-1} S_{xx}\right] = \frac{n}{n-1} \frac{n-1}{n} \sigma_{xx} = \sigma_{xx} \quad (8.19)$$

となり，σ_{xx} の不偏推定量であることがわかる． ∎

補足 8.1（ラグランジュの未定乗数法：method of Lagrange multiplier）　2 つの実数値関数 $g(x, y)$ と $G(x, y)$ が x と y について偏微分可能で，その偏導関数が連続であるとする．$g(x, y) = 0$ の下で $G(x, y)$ は点 (a, b) で広義の極値をとるとき，$\left.\dfrac{\partial g(x, y)}{\partial x}\right|_{(x,y)=(a,b)}$ も $\left.\dfrac{\partial g(x, y)}{\partial y}\right|_{(x,y)=(a,b)}$ も 0 でないならば，

$$\left.\begin{array}{r} g(a, b) = 0 \\[2mm] \left.\dfrac{\partial G(x, y)}{\partial x}\right|_{(x,y)=(a,b)} + \lambda \left.\dfrac{\partial g(x, y)}{\partial x}\right|_{(x,y)=(a,b)} = 0 \\[4mm] \left.\dfrac{\partial G(x, y)}{\partial y}\right|_{(x,y)=(a,b)} + \lambda \left.\dfrac{\partial g(x, y)}{\partial y}\right|_{(x,y)=(a,b)} = 0 \end{array}\right\}$$

を満たす λ が存在する．この手続きを用いて極値を求める方法をラグランジュの未定乗数法という．この記述からわかるように，上述の連立方程式の解は $G(x, y)$ が極値をとるための必要条件を与えているにすぎない．すなわち，それが実際に極値を与えているかどうかについてはさらに調べる必要がある．

✔ **例 8.3** 確率変数 $X_1, X_2, \ldots, X_n$ をポアソン分布 $\text{Po}(\lambda)$ からの無作為標本とするとき，標本平均も標本不偏分散も λ の不偏推定量である．このことは，ポアソン分布にしたがう確率変数の平均と分散が一致することと，例 8.1 からわかるように，標本平均が平均に対する不偏推定量となっており，標本不偏分散が分散の不偏推定量になっていることから明らかであろう． ∎

✔ **例 8.4** 確率変数 $X_1, X_2, \ldots, X_n$ を一様分布 $U(0,\theta)$ からの無作為標本とするとき，θ に対する 2 つの推定量

$$\hat{\theta}_1 = \frac{n+2}{n+1} \max\{X_1, X_2, \ldots, X_n\}, \quad \hat{\theta}_2 = \frac{2}{n} \sum_{i=1}^{n} X_i \qquad (8.20)$$

を考えよう．定理 3.2 より，$M_n = \max\{X_1, X_2, \ldots, X_n\}$ がしたがう確率分布の確率密度関数は

$$f_{M_n}(x) = n\frac{x^{n-1}}{\theta^n} \qquad (8.21)$$

で与えられることから，

$$E[M_n] = \int_0^\theta n\frac{x^n}{\theta^n} dx = \frac{n}{n+1}\theta \qquad (8.22)$$

を得る．したがって，

$$E[\hat{\theta}_1] = \frac{n(n+2)}{(n+1)^2}\theta \qquad (8.23)$$

となり，$\hat{\theta}_1$ は θ の不偏推定量ではないことがわかる．一方，$\hat{\theta}_2$ については

$$E[\hat{\theta}_2] = E\left[\frac{2}{n}\sum_{i=1}^{n} X_i\right] = \frac{2}{n}\frac{n}{2}\theta = \theta \qquad (8.24)$$

なので，$\hat{\theta}_2$ は θ の不偏推定量であることがわかる．

ここで，$\hat{\theta}_1$ と $\hat{\theta}_2$ の平均二乗誤差をそれぞれ計算してみよう．まず，

$$E[M_n^2] = \int_0^\theta n\frac{x^{n+1}}{\theta^n} dx = \frac{n}{n+2}\theta^2 \qquad (8.25)$$

なので，(8.22) 式と (8.25) 式をあわせて，θ に対する $\hat{\theta}_1$ の平均二乗誤差は

$$\text{MSE}(\hat{\theta}_1, \theta) = E[\hat{\theta}_1^2] - 2E[\hat{\theta}_1]\theta + \theta^2 = \frac{\theta^2}{(n+1)^2} \qquad (8.26)$$

となる．一方，$\hat{\theta}_2$ が θ の不偏推定量であることに注意すると，(6.5) 式より，θ に対する $\hat{\theta}_2$ の平均二乗誤差は，

$$\mathrm{MSE}(\hat{\theta}_2, \theta) = \mathrm{var}[\hat{\theta}_2] = \left(\frac{2}{n}\right)^2 \sum_{i=1}^{n} \mathrm{var}\,[X_i] = \frac{4n}{n^2}\frac{\theta^2}{12} = \frac{\theta^2}{3n} \tag{8.27}$$

となる．これらのことから，平均二乗誤差の観点で比較した場合，θ の推定量としては，$\hat{\theta}_2$ よりも $\hat{\theta}_1$ のほうが良い推定量ということになる．∎

例 8.4 のように，任意の $\theta \in \Theta$ に対して，θ に関する 2 つの推定量 $\hat{\theta}_1$ と $\hat{\theta}_2$ の平均二乗誤差が

$$\mathrm{MSE}(\hat{\theta}_1, \theta) \leq \mathrm{MSE}(\hat{\theta}_2, \theta) \tag{8.28}$$

を満たしており，かつ

$$\mathrm{MSE}(\hat{\theta}_1, \theta) < \mathrm{MSE}(\hat{\theta}_2, \theta) \tag{8.29}$$

を満たす $\theta \in \Theta$ が少なくとも一つ存在するとき，$\hat{\theta}_1$ は $\hat{\theta}_2$ を**優越** (dominate) するという．また，推定量 $\hat{\theta}$ を優越する推定量が存在しないとき，$\hat{\theta}$ は**許容的** (admissible) であるという．

8.3 有効推定量

本節以降，$\boldsymbol{x} = (x_1, x_2, \ldots, x_n)'$, $\boldsymbol{X} = (X_1, X_2, \ldots, X_n)'$ とおく．また，以降に多重積分が頻繁に現れるが，紙面の都合上，$\int_{D_{X_1}} \int_{D_{X_2}} \cdots \int_{D_{X_n}}$ をまとめて $\int_{D_X}$ であらわし，$dx_1 dx_2 \cdots dx_n$ をまとめて $d\boldsymbol{x}$ と表記することにする．

> **定理 8.1** 確率変数 $X_1, X_2, \ldots, X_n$ は確率密度関数 $f_X(x : \theta)$ を持つ確率分布からの無作為標本であり，$\hat{\theta}$ を θ の不偏推定量とする．また，確率密度関数 $f_X(x : \theta)$ が次の条件
>
> 1. $$\frac{\partial f_X(\boldsymbol{x} : \theta)}{\partial \theta} \tag{8.30}$$
>
>   がすべての $\boldsymbol{x} \in D_X$ に対して存在する．
>
> 2. $$\frac{d}{d\theta} \int_{D_X} f_X(\boldsymbol{x} : \theta) d\boldsymbol{x} = \int_{D_X} \frac{\partial f_X(\boldsymbol{x} : \theta)}{\partial \theta} d\boldsymbol{x} \tag{8.31}$$

3. すべての θ に対して

$$\int_{D_X} \left(\frac{\partial \log f_X(\boldsymbol{x}:\theta)}{\partial \theta} \right)^2 f_X(\boldsymbol{x}:\theta) d\boldsymbol{x} \tag{8.32}$$

が存在する.

4.
$$\frac{d}{d\theta} \int_{D_X} \hat{\theta} f_X(\boldsymbol{x}:\theta) d\boldsymbol{x} = \int_{D_X} \hat{\theta} \frac{\partial f_X(\boldsymbol{x}:\theta)}{\partial \theta} d\boldsymbol{x} \tag{8.33}$$

を満たすとする. このとき,

$$\mathrm{var}[\hat{\theta}] \geq 1 \left/ E\left[\left(\frac{\partial \log f_X(\boldsymbol{X}:\theta)}{\partial \theta} \right)^2 \right] \right. \tag{8.34}$$

が成り立つ. この不等式を**クラメール・ラオの不等式** (Cramèr-Rao inequality) という. 等号は

$$\frac{\partial \log f_X(\boldsymbol{x}:\theta)}{\partial \theta} = K(\theta)(\hat{\theta}-\theta) \tag{8.35}$$

のとき成り立つ. ただし. $K(\theta)$ は θ には依存するが, $\boldsymbol{x}$ には依存しない定数である.

定理 8.1 に現れている

$$\frac{\partial \log f_X(\boldsymbol{x}:\theta)}{\partial \theta} \tag{8.36}$$

を**スコア関数** (score function) という. また,

$$E\left[\left(\frac{\partial \log f_X(\boldsymbol{X}:\theta)}{\partial \theta} \right)^2 \right] \tag{8.37}$$

を**フィッシャー情報量** (Fisher information) という. 加えて, $\log f_X(\boldsymbol{x}:\theta)$ を θ の関数とみなしたとき, この関数を**対数尤度** (log likelihood) といい,

$$\frac{\partial \log f_X(\boldsymbol{x}:\theta)}{\partial \theta} = 0 \tag{8.38}$$

を（対数）**尤度方程式** ((log) likelihood equation) という. さらに, θ の不偏推定量 $\hat{\theta}$ の分散がクラメール・ラオの不等式の下限と一致するとき, $\hat{\theta}$ を**有効推定量** (efficient estimator) という. 一般に, 有効推定量は一様最小分散不偏

推定量であるが，一様最小分散不偏推定量が有効推定量とは限らない．ここに，θ の不偏推定量 $\hat{\theta}$ が**一様最小分散不偏推定量** (uniformly minimum variance unbiased estimator) であるとは，θ に関する任意の不偏推定量 $\tilde{\theta}$ に対して，

$$\text{var}[\hat{\theta}] \leq \text{var}[\tilde{\theta}] \tag{8.39}$$

が成り立つことをいう．簡単にいえば，パラメータ θ の不偏推定量のなかで，その分散が最小のものが一様最小分散不偏推定量である．

定理 8.1 の証明　証明を始める前に，確率変数 $X_1, X_2, \ldots, X_n$ が確率密度関数 $f_X(\boldsymbol{x} : \theta)$ を持つ確率分布からの無作為標本であることから

$$\log f_X(\boldsymbol{x} : \theta) = \sum_{i=1}^{n} \log f_X(x_i : \theta) \tag{8.40}$$

と書けることに注意しよう．まず，$\hat{\theta}$ が θ の不偏推定量であることから，

$$\int_{D_X} \hat{\theta} f_X(\boldsymbol{x} : \theta) d\boldsymbol{x} = \theta \tag{8.41}$$

を満たす．この式の両辺を θ で微分することにより，

$$\frac{d}{d\theta} \int_{D_X} \hat{\theta} f_X(\boldsymbol{x} : \theta) d\boldsymbol{x} = 1 \tag{8.42}$$

を得る．また，条件 4 より

$$\frac{d}{d\theta} \int_{D_X} \hat{\theta} f_X(\boldsymbol{x} : \theta) d\boldsymbol{x} = \int_{D_X} \hat{\theta} \frac{\partial f_X(\boldsymbol{x} : \theta)}{\partial \theta} d\boldsymbol{x}$$

$$= \int_{D_X} \hat{\theta} \frac{1}{f_X(\boldsymbol{x} : \theta)} \frac{\partial f_X(\boldsymbol{x} : \theta)}{\partial \theta} f_X(\boldsymbol{x} : \theta) d\boldsymbol{x} = \int_{D_X} \hat{\theta} \frac{\partial \log f_X(\boldsymbol{x} : \theta)}{\partial \theta} f_X(\boldsymbol{x} : \theta) d\boldsymbol{x}$$

$$= 1 \tag{8.43}$$

を得る．次に，

$$\int_{D_X} f_X(\boldsymbol{x} : \theta) d\boldsymbol{x} = 1 \tag{8.44}$$

の両辺を θ で微分すると，条件 2 より

$$\frac{d}{d\theta} \int_{D_X} f_X(\boldsymbol{x} : \theta) d\boldsymbol{x} = \int_{D_X} \frac{\partial f_X(\boldsymbol{x} : \theta)}{\partial \theta} d\boldsymbol{x}$$

$$= \int_{D_X} \frac{\partial \log f_X(\boldsymbol{x}:\theta)}{\partial \theta} f_X(\boldsymbol{x}:\theta) d\boldsymbol{x} = 0 \tag{8.45}$$

を得る. ここで, (8.43) 式と (8.45) 式より

$$\int_{D_X} (\hat{\theta} - \theta) \frac{\partial \log f_X(\boldsymbol{x}:\theta)}{\partial \theta} f_X(\boldsymbol{x}:\theta) d\boldsymbol{x} = 1 \tag{8.46}$$

なので, コーシー・シュワルツの不等式 (定理 4.3) を用いて,

$$\int_{D_X} (\hat{\theta} - \theta)^2 f_X(\boldsymbol{x}:\theta) d\boldsymbol{x} \int_{D_X} \left(\frac{\partial \log f_X(\boldsymbol{x}:\theta)}{\partial \theta} \right)^2 f_X(\boldsymbol{x}:\theta) d\boldsymbol{x}$$
$$\geq \left(\int_{D_X} (\hat{\theta} - \theta) \frac{\partial \log f_X(\boldsymbol{x}:\theta)}{\partial \theta} f_X(\boldsymbol{x}:\theta) d\boldsymbol{x} \right)^2 = 1 \tag{8.47}$$

すなわち,

$$\mathrm{var}[\hat{\theta}] \geq 1 \left/ E\left[\left(\frac{\partial \log f_X(\boldsymbol{X}:\theta)}{\partial \theta} \right)^2 \right] \right. \tag{8.48}$$

を得る. また, X_i と X_j は独立であるから, (4.50) 式より $\dfrac{\partial \log f_X(X_i:\theta)}{\partial \theta}$ と $\dfrac{\partial \log f_X(X_j:\theta)}{\partial \theta}$ も独立である. 加えて, (8.45) 式より, $X_1, X_2, \ldots, X_n$ に対して

$$E\left[\frac{\partial \log f_X(X_i:\theta)}{\partial \theta} \right] = 0, \quad i = 1, 2, \ldots, n \tag{8.49}$$

であることとあわせて

$$E\left[\left(\frac{\partial \log f_X(\boldsymbol{X}:\theta)}{\partial \theta} \right)^2 \right] = E\left[\left(\sum_{i=1}^{n} \frac{\partial \log f_X(X_i:\theta)}{\partial \theta} \right)^2 \right]$$
$$= E\left[\sum_{i=1}^{n} \left(\frac{\partial \log f_X(X_i:\theta)}{\partial \theta} \right)^2 + \sum_{i \neq j}^{n} \frac{\partial \log f_X(X_i:\theta)}{\partial \theta} \frac{\partial \log f_X(X_j:\theta)}{\partial \theta} \right]$$
$$= nE\left[\left(\frac{\partial \log f_X(X:\theta)}{\partial \theta} \right)^2 \right] \tag{8.50}$$

を得る. ここに, コーシー・シュワルツの不等式 (定理 4.3) より, 等号は

$$\frac{\partial \log f_X(\boldsymbol{x}:\theta)}{\partial \theta} = K(\theta)(\hat{\theta} - \theta) \tag{8.51}$$

のとき成り立つ. □

(8.51) 式を θ に関する微分方程式とみなして解くことにより

$$\log f_X(\boldsymbol{x} : \theta) = \hat{\theta} g_1(\theta) + g_2(\theta) + g_3(\boldsymbol{x}) \tag{8.52}$$

すなわち,

$$f_X(\boldsymbol{x} : \theta) = \exp\left(\hat{\theta} g_1(\theta) + g_2(\theta) + g_3(\boldsymbol{x})\right) \tag{8.53}$$

を得る. より一般に, 確率変数 X の確率密度関数が

$$f_X(x : \theta) = h_0(x) \exp\left(h_1(x) g_1(\theta) + g_2(\theta)\right) \tag{8.54}$$

で与えられる確率分布の集合を（1 パラメータの）**指数型分布族** (exponential family) という.

次に, $\log f_X(\boldsymbol{x} : \theta)$ が 2 回微分可能で

$$\frac{d^2}{d\theta^2} \int_{D_X} f_X(\boldsymbol{x} : \theta)\, d\boldsymbol{x} = \int_{D_X} \frac{\partial^2 f_X(\boldsymbol{x} : \theta)}{\partial \theta^2}\, d\boldsymbol{x} (= 0) \tag{8.55}$$

を満たすとしよう. このとき,

$$\begin{aligned}
\frac{\partial^2 \log f_X(\boldsymbol{x} : \theta)}{\partial \theta^2} &= \frac{\partial}{\partial \theta} \frac{\partial \log f_X(\boldsymbol{x} : \theta)}{\partial \theta} \\
&= \frac{\partial^2 f_X(\boldsymbol{x} : \theta)/\partial \theta^2}{f_X(\boldsymbol{x} : \theta)} - \left(\frac{\partial f_X(\boldsymbol{x} : \theta)/\partial \theta}{f_X(\boldsymbol{x} : \theta)}\right)^2 \\
&= \frac{\partial^2 f_X(\boldsymbol{x} : \theta)/\partial \theta^2}{f_X(\boldsymbol{x} : \theta)} - \left(\frac{\partial}{\partial \theta} \log f_X(\boldsymbol{x} : \theta)\right)^2
\end{aligned} \tag{8.56}$$

を得る. したがって, (8.55) 式より

$$\begin{aligned}
E\left[\frac{\partial^2 f_X(\boldsymbol{X} : \theta)/\partial \theta^2}{f_X(\boldsymbol{X} : \theta)}\right] &= \int_{D_X} \frac{\partial^2 f_X(\boldsymbol{x} : \theta)/\partial \theta^2}{f_X(\boldsymbol{x} : \theta)} f_X(\boldsymbol{x} : \theta) d\boldsymbol{x} \\
&= \int_{D_X} \frac{\partial^2 f_X(\boldsymbol{x} : \theta)}{\partial \theta^2}\, d\boldsymbol{x} = 0
\end{aligned} \tag{8.57}$$

なので, フィッシャー情報量の別表現として

$$E\left[\left(\frac{\partial \log f_X(\boldsymbol{X} : \theta)}{\partial \theta}\right)^2\right] = -E\left[\frac{\partial^2 \log f_X(\boldsymbol{X} : \theta)}{\partial \theta^2}\right] \tag{8.58}$$

を得る.

✔例 8.5　確率変数 $X_1, X_2, \ldots, X_n$ を正規分布 $N(\mu_x, 1)$ からの無作為標本とするとき,

$$
\log f_X(\boldsymbol{x} : \mu_x) = -\frac{n}{2}\log(2\pi) - \frac{1}{2}\sum_{i=1}^{n}(x_i - \mu_x)^2
$$

$$
= -\frac{n}{2}\log(2\pi) - \frac{1}{2}\left(\sum_{i=1}^{n}x_i^2 - 2\mu_x\sum_{i=1}^{n}x_i + n\mu_x^2\right) \quad (8.59)
$$

なので, (8.53) 式において

$$
g_1(\mu_x) = n\mu_x, \quad g_2(\mu_x) = -\frac{n}{2}\mu_x^2, \quad g_3(\boldsymbol{x}) = -\frac{1}{2}\sum_{i=1}^{n}x_i^2 - \frac{n}{2}\log(2\pi)
$$

$$
(8.60)
$$

とおく. このとき, 例 8.1 より, 標本平均 $\bar{X}$ は不偏推定量であり, かつ (8.60) 式より有効推定量であることが確認できる. 実際, スコア関数が

$$
\frac{\partial}{\partial \mu_x}\log f_X(\boldsymbol{x} : \mu_x) = \sum_{i=1}^{n}(x_i - \mu_x) \quad (8.61)
$$

で与えられることに注意しよう. このことから, フィッシャー情報量として,

$$
E\left[\left(\frac{\partial \log f_X(\boldsymbol{X} : \mu_x)}{\partial \mu_x}\right)^2\right] = nE\left[\left(\frac{\partial \log f_X(X : \mu_x)}{\partial \mu_x}\right)^2\right]
$$

$$
= n\mathrm{var}\,[X] = n \quad (8.62)
$$

が導かれ, $\bar{X}$ の分散がクラメール・ラオの不等式の下限 (8.48) 式と一致することがわかる. ∎

✔例 8.6　クラメール・ラオの不等式は, 興味あるパラメータ θ に対する不偏推定量 $\hat{\theta}$ の分散の下限を与えているのであって, 不偏推定量以外の推定量に対する下限の存在を示したものではない. 例として, 確率変数 $X_1, X_2, \ldots, X_n$ を正規分布 $N(\mu_x, \sigma_{xx})$ からの無作為標本としたとき, k を正の定数とした統計量

$$
\tilde{\sigma}_{xx} = \frac{1}{n+k}\sum_{i=1}^{n}(X_i - \mu_x)^2 \quad (8.63)
$$

を考えよう. μ_x が既知であるとき, $\tilde{\sigma}_{xx}$ の期待値は

$$E\left[\tilde{\sigma}_{xx}\right] = \frac{1}{n+k}\sum_{i=1}^{n} E\left[X_i - \mu_x\right]^2 = \frac{n}{n+k}\sigma_{xx} \tag{8.64}$$

なので，

$$\sigma_{xx} - E\left[\tilde{\sigma}_{xx}\right] = \frac{k}{n+k}\sigma_{xx} \tag{8.65}$$

だけバイアスを持つ．また，X_i と X_j は独立であるから，(4.50) 式より

$$E\left[\left(\sum_{i=1}^{n}(X_i - \mu_x)^2\right)^2\right] = E\left[\sum_{i=1}^{n}(X_i - \mu_x)^4 + \sum_{i\neq j}^{n}(X_i - \mu_x)^2(X_j - \mu_x)^2\right]$$

$$= \sum_{i=1}^{n} E\left[(X_i - \mu_x)^4\right] + \sum_{i\neq j}^{n} E\left[(X_i - \mu_x)^2\right] E\left[(X_j - \mu_x)^2\right]$$

$$= 3n\sigma_{xx}^2 + n(n-1)\sigma_{xx}^2 = n(n+2)\sigma_{xx}^2 \tag{8.66}$$

であるから，その分散は

$$\mathrm{var}\left[\tilde{\sigma}_{xx}\right] = \frac{n(n+2)}{(n+k)^2}\sigma_{xx}^2 - \left(\frac{n}{n+k}\right)^2\sigma_{xx}^2 = \frac{2n}{(n+k)^2}\sigma_{xx}^2 \tag{8.67}$$

となる．一方，

$$\log f_X(x : \sigma_{xx}) = -\frac{\log(2\pi)}{2} - \frac{\log \sigma_{xx}}{2} - \frac{1}{2}\frac{(x - \mu_x)^2}{\sigma_{xx}} \tag{8.68}$$

より，フィッシャー情報量は，

$$-nE\left[\left(\frac{\partial^2 \log f_X(x : \sigma_{xx})}{\partial \sigma_{xx}^2}\right)\right] = \frac{n}{2\sigma_{xx}^2} \tag{8.69}$$

となる．したがって，$\tilde{\sigma}_{xx}$ の分散はクラメール・ラオの不等式の下限を下回ることがわかる．　∎

演習問題

問題 8.1　確率変数 $X_1, X_2, \ldots, X_n$ を指数分布 $\mathrm{Ex}(1/\beta)$ からの無作為標本とするとき，β の有効推定量を求めよ．

問題 8.2　確率変数 X が一様分布 $U(0, \theta)$ からの無作為標本とするとき，θ^{-1} の不偏推定量は存在しないことを示せ．

問題 **8.3** クラメール・ラオの不等式において等号条件が成り立つとき，(8.51) 式において $K(\theta) = I(\theta)$ となることを示せ．ただし，$I(\theta)$ はフィッシャー情報量とする．

問題 **8.4** (8.7) 式が μ_x の一致推定量であることを示せ．

第 9 章

最尤推定量とその周辺

9.1 尤度方程式による解法とその問題点

確率変数 $X_1, X_2, \ldots, X_n$ を確率密度関数 $f_X(x : \theta)$ を持つ確率分布からの無作為標本とするとき,

$$L(\theta : \boldsymbol{x}) = f_X(x_1 : \theta) \times f_X(x_2 : \theta) \times \cdots \times f_X(x_n : \theta) = \prod_{i=1}^{n} f_X(x_i : \theta) \quad (9.1)$$

とおく. このとき, θ を未知の定数とし, (9.1) 式を $X_1, X_2, \ldots, X_n$ の実数値関数とみなすことにすれば, $L(\theta : \boldsymbol{x})$ は $X_1, X_2, \ldots, X_n$ の同時確率密度関数に他ならない.

一方, $X_1, X_2, \ldots, X_n$ に対するデータ・セットが得られた状況を想定し, これらの確率変数を定数とみなしてみよう. この状況において, (9.1) 式を θ の実数値関数と考えたときの $L(\theta : \boldsymbol{x})$ を**尤度関数** (likelihood function) あるいは単に**尤度** (likelihood) という. そして, 尤度関数の最大値を与える $X_1, X_2, \ldots, X_n$ の関数 $\hat{\theta}$ を θ の**最尤推定量** (maximum likelihood estimator: MLE) という. 最尤推定量を与える方法が**最尤法** (method of maximum likelihood) である. 任意の $x_1, x_2, \ldots, x_n$ に対して, 対数尤度関数 $\log L(\theta : \boldsymbol{x})$ が θ について微分可能であるとき, 尤度方程式

$$\frac{\partial}{\partial \theta} \log L(\theta : \boldsymbol{x}) = 0 \quad (9.2)$$

を θ について解いて最尤推定量を求めることが多い.

> **定理 9.1** (有効推定量と最尤推定量：efficient estimator and MLE)
> 定理 8.1 の条件の下で対数尤度関数が 2 回微分可能で, かつ (8.55) 式を満たし, θ の有効推定量が存在するならば, 尤度方程式の唯一の解であり, 最尤推定量である.

証明 まず，θ の有効推定量が存在すれば，その推定量は尤度方程式の唯一の解であることは定理 8.1 で述べた等号条件より明らかである．そこで，有効推定量が最尤推定量であることを示そう．(8.35) 式より

$$\frac{\partial^2 \log f(\boldsymbol{x}:\theta)}{\partial \theta^2} = K(\theta)'(\hat{\theta}-\theta) - K(\theta) \tag{9.3}$$

である．このとき，$\hat{\theta}$ は θ の不偏推定量なので，フィッシャー情報量の別表現である (8.58) 式より

$$K(\theta) = -E\left[\frac{\partial^2 \log f(\boldsymbol{x}:\theta)}{\partial \theta^2}\right] > 0 \tag{9.4}$$

を得る．すなわち，(8.35) 式は θ について単調減少関数であり，$\theta = \hat{\theta}$ で符号が反転することから，$\theta = \hat{\theta}$ のとき極大値をとる．これは，$\hat{\theta}$ が θ の最尤推定量であることを意味する． □

✔ **例 9.1** 確率変数 $X_1, X_2, \ldots, X_n$ を正規分布 $N(\mu_x, \sigma_{xx})$ からの無作為標本とするとき，$X_1, X_2, \ldots, X_n$ の同時確率密度関数は

$$\begin{aligned}
f_X(\boldsymbol{x}:\mu_x, \sigma_{xx}) &= \prod_{i=1}^{n} \frac{1}{\sqrt{2\pi\sigma_{xx}}} \exp\left(-\frac{(x_i-\mu_x)^2}{2\sigma_{xx}}\right) \\
&= \frac{1}{\sqrt{(2\pi\sigma_{xx})^n}} \exp\left(-\sum_{i=1}^{n} \frac{(x_i-\mu_x)^2}{2\sigma_{xx}}\right)
\end{aligned} \tag{9.5}$$

であり，その対数尤度は

$$\log L(\mu_x, \sigma_{xx}:\boldsymbol{x}) = -\frac{n}{2}\log(2\pi) - \frac{n}{2}\log\sigma_{xx} - \sum_{i=1}^{n} \frac{(x_i-\mu_x)^2}{2\sigma_{xx}} \tag{9.6}$$

で与えられる．これを μ_x と σ_{xx} で微分することにより，尤度方程式として

$$\frac{\partial \log L(\mu_x, \sigma_{xx}:\boldsymbol{x})}{\partial \mu_x} = \sum_{i=1}^{n} \frac{x_i-\mu_x}{\sigma_{xx}} = 0 \tag{9.7}$$

$$\frac{\partial \log L(\mu_x, \sigma_{xx}:\boldsymbol{x})}{\partial \sigma_{xx}} = -\frac{n}{2\sigma_{xx}} + \sum_{i=1}^{n} \frac{(x_i-\mu_x)^2}{2\sigma_{xx}^2} = 0 \tag{9.8}$$

を得る．(9.7) 式より，μ_x の最尤推定量として標本平均 $\bar{X}$ が得られ，(9.8) 式より σ_{xx} の最尤推定量として標本分散 S_{xx} が得られることがわかる． ∎

✔ 例9.2 確率変数 $X_1, X_2, \ldots, X_n$ を一様分布 $U(0, \theta)$ からの無作為標本とするとき，θ の尤度関数は

$$L(\theta : \boldsymbol{x}) = \frac{1}{\theta^n}, \quad 0 \le x_1, x_2, \ldots, x_n \le \theta \tag{9.9}$$

で与えられる．この式からわかるように，θ が小さければ小さいほど，尤度関数の値は大きくなる．しかし，$x_1, x_2, \ldots, x_n$ が実現してしまった以上は，θ を $\max\{x_1, x_2, \ldots, x_n\}$ よりも小さくすることはできない．したがって，尤度関数を最大にする θ の値，すなわち，最尤推定量 $\hat{\theta}$ は $\max\{X_1, X_2, \ldots, X_n\}$ で与えられる．これは不偏推定量ではないし，尤度関数を微分して得られるものでもない． ∎

✔ 例9.3 確率変数 $X_1, X_2, \ldots, X_n$ を正規分布 $N\left(\dfrac{1}{\theta^2 + 1}, 1\right)$ からの無作為標本とするとき，θ の尤度関数は

$$
\begin{aligned}
L(\theta : \boldsymbol{x}) &= \prod_{i=1}^{n} \frac{1}{\sqrt{2\pi}} \exp\left(-\frac{1}{2}\left(x_i - \frac{1}{\theta^2 + 1}\right)^2\right) \\
&= \frac{1}{\sqrt{(2\pi)^n}} \exp\left(-\frac{1}{2}\sum_{i=1}^{n}\left(x_i - \frac{1}{\theta^2 + 1}\right)^2\right)
\end{aligned} \tag{9.10}
$$

で与えられ，その対数尤度は

$$\log L(\theta : \boldsymbol{x}) = -\frac{n}{2}\log(2\pi) - \frac{1}{2}\sum_{i=1}^{n}\left(x_i - \frac{1}{\theta^2 + 1}\right)^2 \tag{9.11}$$

で与えられる．これを θ で微分すると，尤度方程式

$$
\begin{aligned}
\frac{\partial \log L(\theta : \boldsymbol{x})}{\partial \theta} &= -\sum_{i=1}^{n}\left(x_i - \frac{1}{1 + \theta^2}\right)\frac{2\theta}{(1 + \theta^2)^2} \\
&= -n\left(\bar{x} - \frac{1}{1 + \theta^2}\right)\frac{2\theta}{(1 + \theta^2)^2} = 0
\end{aligned} \tag{9.12}
$$

が得られる．したがって，尤度方程式の解の候補として $\hat{\theta} = 0$ と $\hat{\theta}^2 = \dfrac{1}{\bar{X}} - 1$ が得られる．ところが，標本平均 $\bar{X}$ が負となった場合には，$\theta = 0$ のみが尤度方程式の解となるものの，対数尤度関数の極小値を与えてしまうため，最尤推定量ではないことになる． ∎

　実際のデータ解析においては，尤度方程式の解が最尤推定量を与えることが多い．しかし，一般に，尤度方程式そのものは $L(\theta : \boldsymbol{x})$ の極値を求める方程式であるから，その解が尤度関数の最大値を与えるとは限らないし，極小値を与えることとなっても不思議なことではない．また，尤度方程式が複数の解を持つこともあるし，対数尤度関数の導関数そのものが存在しないこともある．それゆえに，尤度方程式の解が実際に尤度関数を最大にするかどうかを確かめなければならないこともあるので注意されたい．ちなみに，尤度関数の解が最尤推定量である十分条件は，対数尤度関数が θ に関して上に凸となる関数であることであり，対数尤度関数の二次導関数が存在するときには，それが任意の θ に対して負値をとっていることである．詳細は微分積分学の教科書を参照してほしい．

✔ 例 9.4　ここで，超幾何分布 $\mathrm{HG}(n, M, N-M)$ について，N の最尤推定量を求めることにしよう．超幾何分布の場合，パラメータが整数であり，階乗計算となっているため，尤度方程式を解いて求めることができない．そこで，(5.34) 式

$$f_X(x) = \frac{{}_M\mathrm{C}_x \, {}_{N-M}\mathrm{C}_{n-x}}{{}_N\mathrm{C}_n} \tag{9.13}$$

を尤度関数 $L(N : x)$ とみなし，これを直接操作して，尤度関数を最大にするような N を求めることになる．まず，図 9.1 を参照しながら

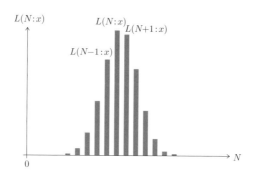

図 9.1　超幾何分布の最尤推定量

$$\frac{L(N:x)}{L(N-1:x)} = \frac{(N-M)(N-n)}{N(N-M-n+x)} \tag{9.14}$$

を考えると, $L(N:x)$ を最大にする N は

$$\frac{L(N:x)}{L(N-1:x)} = \frac{(N-M)(N-n)}{N(N-M-n+x)} \geq 1 \tag{9.15}$$

$$\frac{L(N+1:x)}{L(N:x)} = \frac{(N+1-M)(N+1-n)}{(N+1)(N+1-M-n+x)} \leq 1 \tag{9.16}$$

を満たす最大の整数であることがわかる. この式から

$$Mn \geq xN, \quad Mn \leq x(N+1) \tag{9.17}$$

となり,

$$\frac{Mn}{x} - 1 \leq N \leq \frac{Mn}{x}, \quad すなわち, \quad \hat{N} = \left[\frac{Mn}{x}\right] \tag{9.18}$$

を得る. ここに, $[\cdot]$ はガウス記号である (例 3.2 参照). ■

> **定理 9.2** (最尤推定量の不変性：invariance property of the MLE)
> $\hat{\theta}$ が θ の最尤推定量であるとき, 単調関数 $\eta = h(\theta) \in \Theta$ に対して $h(\hat{\theta})$ は $h(\theta)$ の最尤推定量である.

証明 $\hat{\theta}$ は θ の最尤推定量であるから, $\eta = h(\theta)$ を満たす任意の θ に対して

$$L(\hat{\theta} : \boldsymbol{x}) \geq L(h^{-1}(\eta) : \boldsymbol{x}) \tag{9.19}$$

となる. したがって, $\eta = h(\hat{\theta})$ のとき, 右辺が最大値をとることがわかる. □

9.2 最尤推定量の漸近正規性

ここで, 最尤推定量の漸近正規性について述べておこう.

> **定理 9.3** (最尤推定量の漸近正規性：asymptotic normality of the MLE)
> 確率変数 $X_1, X_2, \ldots, X_n$ を確率密度関数 $f_X(x:\theta)$ を持つ確率分布からの無作為標本であり, 確率密度関数 $f_X(x:\theta)$ が次の条件
>
> 1. $f_X(x:\theta)$ の定義域 D_X は θ に依存しない.

2. 任意の $x \in D_X$ に対して, $\log f_X(x : \theta)$ は θ について 3 回偏微分可能であり, それらは連続である.

3. $k = 1, 2$ に対して

$$\frac{d^k}{d\theta^k} \int_{-\infty}^{\infty} f_X(x : \theta) dx = \int_{-\infty}^{\infty} \frac{\partial^k f_X(x : \theta)}{\partial \theta^k} dx \tag{9.20}$$

4. $k = 2, 3$ に対して

$$E\left[\left|\frac{\partial \log f_X(X : \theta)}{\partial \theta}\right|^k\right] < \infty, \quad E\left[\left(\frac{\partial^2 \log f_X(X : \theta)}{\partial \theta^2}\right)^2\right] < \infty \tag{9.21}$$

が成り立つ.

5. θ_0 を含む区間と $x \in D_X$ に対して,

$$\left|\frac{\partial^3 \log f_X(x : \theta)}{\partial \theta^3}\right| < M(x) \tag{9.22}$$

かつ

$$E\left[M(X)\right] < \infty, \quad \mathrm{var}\left[M(X)\right] < \infty \tag{9.23}$$

を満たす関数 $M(x)$ が存在する.

を満たすとする. このとき, $\hat{\theta}$ を θ_0 に対する一致推定量である尤度方程式の解とすると, $\sqrt{n}(\hat{\theta} - \theta_0)$ は漸近的に正規分布 $N(0, 1/I(\theta_0))$ にしたがう. ここに,

$$I(\theta_0) = E\left[\left(\frac{\partial \log f_X(X : \theta)}{\partial \theta}\bigg|_{\theta=\theta_0}\right)^2\right] \tag{9.24}$$

である.

証明 $X_1, X_2, \ldots, X_n$ が独立であることから, スコア関数を $\theta = \theta_0$ の付近でテイラー展開を行い, 両辺を $\sqrt{n}$ で割ると,

$$\frac{1}{\sqrt{n}} \frac{\partial \log f_X(\boldsymbol{x} : \theta)}{\partial \theta} = \frac{1}{\sqrt{n}} \sum_{i=1}^{n} \frac{\partial \log f_X(x_i : \theta)}{\partial \theta}$$

$$
= \frac{1}{\sqrt{n}} \sum_{i=1}^{n} \left. \frac{\partial \log f_X(x_i : \theta)}{\partial \theta} \right|_{\theta=\theta_0} + \frac{1}{\sqrt{n}} \sum_{i=1}^{n} \left. \frac{\partial^2 \log f_X(x_i : \theta)}{\partial \theta^2} \right|_{\theta=\theta'} (\theta - \theta_0)
$$

$$(9.25)$$

を得る $(\theta' = t\theta_0 + (1-t)\theta,\ 0 < t < 1)$. ここで, θ に関する尤度方程式の解 $\hat{\theta}$ を代入すると

$$
\frac{1}{\sqrt{n}} \sum_{i=1}^{n} \left. \frac{\partial \log f_X(x_i : \theta)}{\partial \theta} \right|_{\theta=\hat{\theta}}
$$

$$
= \frac{1}{\sqrt{n}} \sum_{i=1}^{n} \left. \frac{\partial \log f_X(x_i : \theta)}{\partial \theta} \right|_{\theta=\theta_0} + \frac{1}{\sqrt{n}} \sum_{i=1}^{n} \left. \frac{\partial^2 \log f_X(x_i : \theta)}{\partial \theta^2} \right|_{\theta=\theta'} (\hat{\theta} - \theta_0)
$$

$$
= 0 \tag{9.26}
$$

すなわち,

$$
-\frac{1}{\sqrt{n}} \sum_{i=1}^{n} \left. \frac{\partial \log f_X(x_i : \theta)}{\partial \theta} \right|_{\theta=\theta_0} = \frac{1}{n} \sum_{i=1}^{n} \left. \frac{\partial^2 \log f_X(x_i : \theta)}{\partial \theta^2} \right|_{\theta=\theta'} \sqrt{n}(\hat{\theta} - \theta_0)
$$

$$(9.27)$$

を得る.

ここで, まず, (9.27) 式の左辺に関して,

$$
\frac{1}{\sqrt{n}} \sum_{i=1}^{n} \left. \frac{\partial \log f_X(x_i : \theta)}{\partial \theta} \right|_{\theta=\theta_0} = \sqrt{n} \left(\frac{1}{n} \sum_{i=1}^{n} \left. \frac{\partial \log f_X(x_i : \theta)}{\partial \theta} \right|_{\theta=\theta_0} \right) \tag{9.28}
$$

とあらわすことができる. 加えて, 条件 3 より, (8.49) 式と同様の式, すなわち,

$$
E \left[\frac{\partial \log f_X(X : \theta)}{\partial \theta} \right] = 0 \tag{9.29}
$$

が得られる. また, 条件 4 より, $\dfrac{\partial \log f_X(x : \theta)}{\partial \theta}$ は二次および三次の積率を持つ. このことから, 中心極限定理 (定理 7.8) を適用することにより,

$$
\frac{1}{\sqrt{n}} \sum_{i=1}^{n} \left. \frac{\partial \log f_X(x_i : \theta)}{\partial \theta} \right|_{\theta=\theta_0}
$$

が漸近的に正規分布 $N \left(0, E \left[\left(\left. \dfrac{\partial \log f_X(X : \theta)}{\partial \theta} \right|_{\theta=\theta_0} \right)^2 \right] \right)$ にしたがうことがわかる.

次に, 右辺に注目しよう. まず, 条件 3, 条件 4 と (8.58) 式より,

$$E\left[\left(\frac{\partial \log f_X(X:\theta)}{\partial \theta}\right)^2\right] = -\,\mathrm{E}\left[\frac{\partial^2 \log f_X(X:\theta)}{\partial \theta^2}\right] < \infty \tag{9.30}$$

$$E\left[\left(\frac{\partial^2 \log f_X(X:\theta)}{\partial \theta^2}\right)^2\right] < \infty \tag{9.31}$$

なので, $\dfrac{\partial^2 \log f_X(x:\theta)}{\partial \theta^2}$ の分散が存在する. したがって, チェビシェフの不等式 (定理 7.3) を用いることにより,

$$\frac{1}{n}\sum_{i=1}^{n}\frac{\partial^2 \log f_X(x_i:\theta)}{\partial \theta^2} \xrightarrow{P} E\left[\frac{\partial^2 \log f_X(X:\theta)}{\partial \theta^2}\right] \tag{9.32}$$

であることがわかる.

さらに, (9.27) 式に現れている $\theta' = t\theta_0 + (1-t)\hat{\theta}\ (0 < t < 1)$ を満たしており, かつ $\hat{\theta}$ が θ_0 の一致推定量であることから,

$$(1-t)|\hat{\theta} - \theta_0| = |\theta' - \theta_0| \le |\hat{\theta} - \theta_0| \xrightarrow{P} 0 \tag{9.33}$$

を得ることができる. ここで, 条件 5 より, 再びチェビシェフの不等式 (定理 7.3) を用いて

$$\frac{1}{n}\sum_{i=1}^{n}M(X_i) \xrightarrow{P} E\left[M(X)\right] \tag{9.34}$$

を得る. θ に関して $\log f_X(x_i:\theta)$ の 3 次偏導関数が存在することから, 平均値の定理および定理 7.5 の (7.48) 式を使って

$$\left| \frac{1}{n}\sum_{i=1}^{n}\left.\frac{\partial^2 \log f_X(x_i:\theta)}{\partial \theta^2}\right|_{\theta=\theta'} - \frac{1}{n}\sum_{i=1}^{n}\left.\frac{\partial^2 \log f_X(x_i:\theta)}{\partial \theta^2}\right|_{\theta=\theta_0} \right|$$

$$= \left| \frac{1}{n}\sum_{i=1}^{n}\left.\frac{\partial^3 \log f_X(x_i:\theta)}{\partial \theta^3}\right|_{\theta=\theta''}(\theta' - \theta_0) \right| \qquad \text{平均値の定理より}$$

$$\le \frac{1}{n}\sum_{i=1}^{n}\left|\left.\frac{\partial^3 \log f_X(x_i:\theta)}{\partial \theta^3}\right|_{\theta=\theta''}\right| \,|\theta' - \theta_0|$$

$$< \frac{1}{n}\sum_{i=1}^{n}M(x_i)\,|\theta' - \theta_0| \le \frac{1}{n}\sum_{i=1}^{n}M(x_i)\left|\hat{\theta} - \theta_0\right| \xrightarrow{P} 0 \quad \text{定理 7.5 より} \tag{9.35}$$

を得る ($\theta'' = t\theta_0 + (1-t)\theta'$, $0 < t < 1$). このことと (9.30) 式, (9.32) 式をあわ

せることにより,

$$
\frac{1}{n}\sum_{i=1}^{n}\frac{\partial^2 \log f_X(x_i:\theta)}{\partial\theta^2}\bigg|_{\theta=\theta'} \xrightarrow{P} \frac{1}{n}\sum_{i=1}^{n}\frac{\partial^2 \log f_X(x_i:\theta)}{\partial\theta^2}\bigg|_{\theta=\theta_0}
$$

$$
\xrightarrow{P} E\left[\frac{\partial^2 \log f_X(X:\theta)}{\partial\theta^2}\bigg|_{\theta=\theta_0}\right] = -E\left[\left(\frac{\partial \log f_X(X:\theta)}{\partial\theta}\bigg|_{\theta=\theta_0}\right)^2\right] \tag{9.36}
$$

となる. 以上のことから, 右辺は, 漸近的に

$$
-E\left[\left(\frac{\partial \log f_X(X:\theta)}{\partial\theta}\bigg|_{\theta=\theta_0}\right)^2\right]\sqrt{n}(\hat{\theta}-\theta_0) \tag{9.37}
$$

と表現できることがわかる. (9.27) 式の左辺の漸近分布が $N(0, I(\theta_0))$ であることと, 右辺に関する (9.37) 式をあわせて, 題意を得る. □

定理 9.4　$g(\theta)$ が定理 7.9 の条件を満たす θ の実数値関数であるとき, 定理 9.3 と同じ条件の下で $\sqrt{n}(g(\hat{\theta})-g(\theta_0))$ は漸近的に正規分布 $N\left(0, \dfrac{(g'(\theta_0))^2}{I(\theta_0)}\right)$ にしたがう.

証明　定理 9.3 より $\sqrt{n}(\hat{\theta}-\theta_0)$ が漸近的に正規分布 $N\left(0, \dfrac{1}{I(\theta_0)}\right)$ にしたがうことがわかる. この漸近分布に対して定理 7.9 を適用することにより題意を得ることができる. □

$\hat{\theta}$ が漸近的に正規分布 $N\left(\theta, \dfrac{1}{nI(\theta)}\right)$ にしたがうとき, $\hat{\theta}$ を θ の**最良漸近正規推定量** (best asymptotically normal estimator) という [1]. 最良漸近正規推定量は, その定義からわかるように, 漸近的に正規分布にしたがい, その分散は漸近的な意味でクラメール・ラオの不等式の下限と一致する. 定理 9.4 は, $g(\hat{\theta})$ が $g(\theta)$ の最良漸近正規推定量であるための十分条件を与えている.

9.3　十分統計量

9.3.1　基本的概念

確率変数 $X_1, X_2, \ldots, X_n$ を確率密度関数 $f_X(x:\theta)$ を持つ確率分布からの

---

[1] $\sqrt{n}(g(\hat{\theta})-g(\theta))$ が漸近的に正規分布 $N(0, g'(\theta)^2/I(\theta))$ にしたがうとき, $g(\hat{\theta})$ を $g(\theta)$ の最良漸近正規推定量という. 最良漸近正規推定量 $g(\hat{\theta})$ の漸近分散がクラメール・ラオの不等式の下限と一致しているという意味で, $g(\hat{\theta})$ は $g(\theta)$ の漸近有効推定量ともいわれる.

無作為標本とし，$X_1, X_2, \ldots, X_n$ の関数を $T = T(X_1, X_2, \ldots, X_n)$ とおく．$T = t$ を与えたとき，$X_1, X_2, \ldots, X_n$ の条件付き確率分布がパラメータ θ に依存しない，すなわち，確率密度関数の観点からいえば

$$f_{X|T}(\boldsymbol{x}|t : \theta) = f_{X|T}(\boldsymbol{x}|t, \theta) = f_{X|T}(\boldsymbol{x}|t) \tag{9.38}$$

であるとき，T を θ に対する**十分統計量** (sufficient statistic) であるという．直感的に，(9.38) 式は，T を与えたときに $X_1, X_2, \ldots, X_n$ と θ が条件付き独立であると解釈できる．実際，θ が確率変数ではなくパラメータであるものの，この式は (3.62) 式と同じ形式である．したがって，本節では，$f_{X|T}(\boldsymbol{x}|t : \theta)$ を $T = t$ と θ を与えたときの X の条件付き確率密度関数 $f_{X|T,\theta}(\boldsymbol{x}|t, \theta)$，すなわち，

$$f_{X|T}(\boldsymbol{x}|t : \theta) = f_{X|T,\theta}(\boldsymbol{x}|t, \theta) \tag{9.39}$$

のようにあらわすことにする．このように表現することで，条件付き独立関係の観点から，十分統計量の考え方を整理することができるであろう．

なお，$X_1, X_2, \ldots, X_n$ の値が決まると T の値も一意に決まることから

$$f_{X,T|\theta}(\boldsymbol{x}, t|\theta) = f_{T|X,\theta}(t|\boldsymbol{x}, \theta) f_{X|\theta}(\boldsymbol{x}|\theta) = f_{X|\theta}(\boldsymbol{x}|\theta) \tag{9.40}$$

となる．したがって，T が θ に対する十分統計量であれば，上述の定義より

$$f_{X|\theta}(\boldsymbol{x}|\theta) = f_{X|T}(\boldsymbol{x}|t) f_{T|\theta}(t|\theta) \tag{9.41}$$

を得る．

確率変数 X がしたがう確率分布を規定するパラメータ θ について，統計量 T に値を割り当てると，X の確率密度関数が θ を含まなくなるというのが十分統計量の意図するところである．ここで，仮に，T を与えたときの X の条件付き確率密度関数が θ に依存しているとしよう．この場合，X に関して θ は T だけではあらわすことのできない情報を持っている（X の挙動を規定するのに T だけでは情報が足りない）ことになる．その意味で「T は θ に対して十分ではない」ということができる．一方，T を与えたときの X の条件付き確率密度関数が θ に依存しない場合には，X に関して T は θ よりも多くの情報を持っていると判断できる．この意味において，θ の情報を必要としない（X の挙動を規定するのに T のみで十分）ことになり，その意味で「T は θ に対して十分であ

る」ということができる.

もちろん,未知のパラメータ θ を用いることなく X の確率密度関数を表現できるようになる「必要最小限の情報」が存在するケースがある.この意味での十分統計量を最小十分統計量という.すなわち,θ に対する任意の十分統計量 U に対して,θ に対する十分統計量 T が $T = g(U)$ としてあらわせるとき,T を**最小十分統計量** (minimal sufficient statistic) という.θ に関してどのような十分統計量を取り上げたとしても,それらが持つ情報は T に集約されているわけであるから,その意味において T は最小(極小)な十分統計量であると解釈できる.

✔**例 9.5** 確率変数 $X_1, X_2, \ldots, X_n$ をベルヌーイ分布 $\mathrm{Be}(p)$ からの無作為標本とするとき,$T = \sum_{i=1}^{n} X_i$ は p に対する十分統計量となる.実際,$X_1, X_2, \ldots, X_n$ は独立だから,

$$f_{X|p}(\boldsymbol{x}|p) = \prod_{i=1}^{n} p^{x_i}(1-p)^{1-x_i} = p^t(1-p)^{n-t} \tag{9.42}$$

であり,T は二項分布 $\mathrm{BN}(n, p)$ にしたがうことから

$$f_{T|p}(t|p) = \frac{n!}{t!(n-t)!} p^t(1-p)^{n-t} \tag{9.43}$$

となる.したがって,$T = t$ を与えたときの $X_1, X_2, \ldots, X_n$ の条件付き確率密度関数は

$$f_{X|T,p}(\boldsymbol{x}|t, p) = \frac{f_{X,T|p}(\boldsymbol{x}, t|p)}{f_{T|p}(t|p)} = \frac{p^t(1-p)^{n-t}}{\dfrac{n!}{t!(n-t)!} p^t(1-p)^{n-t}} = \frac{t!(n-t)!}{n!} \tag{9.44}$$

となり,パラメータ p に依存しない.このことから,T は p に対する十分統計量であることがわかる. ∎

ここで,興味ある統計量が十分統計量であるかどうかを判定するための定理を与える.

定理 9.5（因数分解定理：Fisher-Neyman factorization theorem）

確率変数 $X_1, X_2, \ldots, X_n$ を確率密度関数 $f_{X|\theta}(x|\theta)$ を持つ確率分布からの無作為標本とするとき，次式を満たす非負実数値関数 $g(t, \theta)$ と $h(\boldsymbol{x})$ が存在することと，T が θ に対する十分統計量であることは同値である．

$$f_{X|\theta}(\boldsymbol{x}|\theta) = h(\boldsymbol{x})\,g(t, \theta) \tag{9.45}$$

証明　まず，T が θ に対する十分統計量であるとき，(9.41) 式が成り立つ．したがって，

$$h(\boldsymbol{x}) = f_{X|T}(\boldsymbol{x}|t), \quad g(t, \theta) = f_{T|\theta}(t|\theta) \tag{9.46}$$

とおくことによって，(9.45) 式が成り立つことがわかる．

次に，(9.45) 式が成り立つとき，

$$\begin{aligned}
f_{T|\theta}(t|\theta) &= \int_{T=t} f_{X,T|\theta}(\boldsymbol{x}, t|\theta)d\boldsymbol{x} = \int_{T=t} f_{X|\theta}(\boldsymbol{x}|\theta)d\boldsymbol{x} \\
&= \int_{T=t} h(\boldsymbol{x})g(t, \theta)d\boldsymbol{x} = g(t, \theta)\int_{T=t} h(\boldsymbol{x})d\boldsymbol{x}
\end{aligned} \tag{9.47}$$

を得ることができる．したがって，(9.40) 式より，$T = t$ を与えたときの X の条件付き確率密度関数は

$$\begin{aligned}
f_{X|T,\theta}(\boldsymbol{x}|t, \theta) &= \frac{f_{X,T|\theta}(\boldsymbol{x}, t|\theta)}{f_{T|\theta}(t|\theta)} = \frac{f_{X|\theta}(\boldsymbol{x}|\theta)}{f_{T|\theta}(t|\theta)} \\
&= \frac{g(t, \theta)h(\boldsymbol{x})}{g(t, \theta)\displaystyle\int_{T=t} h(\boldsymbol{x})d\boldsymbol{x}} = \frac{h(\boldsymbol{x})}{\displaystyle\int_{T=t} h(\boldsymbol{x})d\boldsymbol{x}}
\end{aligned} \tag{9.48}$$

となり，パラメータ θ に依存していない，すなわち，T は θ に関する十分統計量であることがわかる．　　　　　　　　　　　　　　　　　　　　　　　□

本項の最後に，最尤推定量と十分統計量の関係について述べておこう．

定理 9.6　T が θ に関する十分統計量であり，θ の最尤推定量がただ一つ存在するならば，その最尤推定量は十分統計量 T の実数値関数であらわすことができる．

証明　因数分解定理（定理 9.5）より，確率密度関数 $f_{X|\theta}(\boldsymbol{x}|\theta)$ は

$$f_{X|\theta}(\boldsymbol{x}|\theta) = h(\boldsymbol{x})g(t,\theta) \tag{9.49}$$

とあらわすことができる．ここに，$h(\boldsymbol{x})$ は θ に依存しない．したがって，最尤推定量の定義より θ に基づいて $f_{X|\theta}(\boldsymbol{x}|\theta)$ の最大値を求めることと，$g(t,\theta)$ の最大値を求めることは同値である．このことから，$g(t,\theta)$ の最大値を与える θ は十分統計量 T の実数値関数であり，最尤推定量であることがわかる（$g(t,\theta)$ の最大値を与える θ が 2 つ存在する場合には，「θ の最尤推定量がただ一つ存在」という仮定に反する）． □

定理 9.7 1 パラメータの指数型分布族

$$f_{X|\theta}(\boldsymbol{x}|\theta) = h_0(\boldsymbol{x}) \exp(h_1(\boldsymbol{x})g_1(\theta) + g_2(\theta)) \tag{9.50}$$

において，$h_1(\boldsymbol{x})$ は θ の十分統計量である．

証明 因数分解定理（定理 9.5）と指数型分布族の関数形を見れば明らかである．
□

9.3.2 ラオ・ブラックウェルの定理

一般に，興味あるパラメータの不偏推定量は複数存在する．それゆえに，それらのなかから「何らかの意味で良い」推定量を選択することが必要となる．このことに平均二乗誤差の立場から答えるのがラオ・ブラックウェルの定理である．

定理 9.8（ラオ・ブラックウェルの定理：**Rao-Blackwell theorem**）
確率変数 $X_1, X_2, \ldots, X_n$ を確率密度関数 $f_X(x|\theta)$ を持つ確率分布からの無作為標本とし，$S = S(X_1, X_2, \ldots, X_n)$ を θ に対する十分統計量，T を θ に対する推定量とする．このとき，$T^* = E[T|S]$ も θ に対する推定量であり，

$$E\left[(T^* - \theta)^2\right] \leq E\left[(T - \theta)^2\right] \tag{9.51}$$

が成り立つ．特に，T が θ に対する不偏推定量であるならば，T^* も θ に対する不偏推定量である．

ラオ・ブラックウェルの定理は，θ に対する「おおざっぱ（ラフ）」な推定量 T が得られたとき，この推定量の条件付き期待値を求めることで，平均二乗誤

差の意味で T よりも優れた推定量を得ることができることを示している.

　証明　まず, 期待値の基本公式 (定理 4.1) より

$$E\left[T\right] = E\left[E\left[T|S\right]\right] = E\left[T^*\right] \tag{9.52}$$

であるから, パラメータ θ に対して T と T^* は同じバイアスを持つ. すなわち, T が不偏推定量であるならば T^* も不偏推定量であることがわかる. また, T は $X_1, X_2, \ldots, X_n$ の関数であり, S は θ に関する十分統計量であるから

$$E[T|S] = \int_{S=s} t f_{X|S,\theta}(\boldsymbol{x}|s,\theta)d\boldsymbol{x} = \int_{S=s} t f_{X|S}(\boldsymbol{x}|s)d\boldsymbol{x} \tag{9.53}$$

すなわち, θ に依存しない.

　次に,

$$
\begin{aligned}
E\left[(T-\theta)^2\right] &= E\left[(T - T^* + T^* - \theta)^2\right] \\
&= E\left[(T-T^*)^2\right] + 2E\left[(T-T^*)(T^*-\theta)\right] + E\left[(T^*-\theta)^2\right]
\end{aligned} \tag{9.54}
$$

であり, $T^* = E\left[T|S\right]$ は S の実数値関数であることから,

$$
\begin{aligned}
E[(T-T^*)(T^*-\theta)] &= E\left[E\left[(T-T^*)(T^*-\theta)|S\right]\right] \\
&= E\left[(T^*-\theta)\,E\left[T-T^*|S\right]\right]
\end{aligned} \tag{9.55}
$$

である. ここで,

$$E\left[T-T^*|S\right] = E\left[T|S\right] - E\left[T^*|S\right] = T^* - T^* = 0 \tag{9.56}$$

なので,

$$E\left[(T-\theta)^2\right] = E[(T-T^*)^2] + E[(T^*-\theta)^2] \geq E[(T^*-\theta)^2] \tag{9.57}$$

を得る. 特に, T が θ に対する不偏推定量である場合には, 分散に対する基本公式 (定理 4.2) より

$$\mathrm{var}\left[T\right] = E\left[\mathrm{var}\left[T|S\right]\right] + \mathrm{var}\left[E\left[T|S\right]\right] \geq \mathrm{var}\left[T^*\right] \tag{9.58}$$

であるから, 題意が成り立つことがわかる.　　　　　　　　　　　　　□

✔ **例 9.6**　例 9.5 の続きとして, $T = X_1$ を考えると, これは p の不偏推定量である. しかし, この不偏推定量は効率が悪いので, 十分統計量 $S = \sum_{i=1}^{n} X_i$ を用

いて改良を行うことにしよう. まず, S を与えたときの T の条件付き確率密度関数は

$$
\begin{aligned}
\mathrm{pr}(T = 1 | S = s, p) &= \frac{\mathrm{pr}(X_1 = 1, S = s | p)}{\mathrm{pr}(S = s | p)} \\
&= \frac{\mathrm{pr}(S = s - 1 | X_1 = 1, p)\mathrm{pr}(X_1 = 1 | p)}{\mathrm{pr}(S = s | p)} \\
&= \frac{\dfrac{(n-1)!}{(s-1)!(n-s)!} p^{s-1}(1-p)^{n-s} p}{\dfrac{n!}{s!(n-s)!} p^s(1-p)^{n-s}} = \frac{s}{n} = \mathrm{pr}(T = 1 | S = s) \quad (9.59)
\end{aligned}
$$

$$
\begin{aligned}
\mathrm{pr}(T = 0 | S = s, p) &= 1 - \mathrm{pr}(T = 1 | S = s, p) \\
&= \frac{n - s}{n} = \mathrm{pr}(T = 0 | S = s) \quad (9.60)
\end{aligned}
$$

なので,

$$
E[T | S] = 0 \times \mathrm{pr}(T = 0 | S = s) + 1 \times \mathrm{pr}(T = 1 | S = s) = \frac{s}{n} \quad (9.61)
$$

を得る. また,

$$
\mathrm{var}[X_1] = p(1-p) \geq \mathrm{var}[E[T | S]] = \mathrm{var}\left[\frac{S}{n}\right] = \frac{p(1-p)}{n} \quad (9.62)
$$

となり, X_1 よりも $E[T | S]$ の分散のほうが小さくなっていることが確認できる.

■

任意の θ に対して, 統計量 T が

$$
E[g(T)] = 0 \;\; \Rightarrow \;\; \mathrm{pr}(g(T) = 0) = 1 \quad (9.63)
$$

を満たすとき, T を**完備統計量** (complete statistic) という. 任意の θ に対して, $E[g(T)] = 0$ となるならば, $g(T)$ は恒等的に 0, すなわち, $g(T)$ は定数関数 $g(T) = 0$ であることを意味する.

✔ **例 9.7** 例 9.6 の続きとして, $T = \sum_{i=1}^{n} X_i$ は p に対する十分統計量であった. ここで, T は二項分布 $\mathrm{BN}(n, p)$ にしたがうので,

$$
E[g(T)] = \sum_{t=0}^{n} g(t) \frac{n!}{t!(n-t)!} p^t (1-p)^{n-t}
$$

$$= (1-p)^n \sum_{t=0}^{n} g(t) \frac{n!}{t!(n-t)!} \alpha^t, \quad \alpha = \frac{p}{1-p} \quad (9.64)$$

を得る. ここで, 任意の $0 < p < 1$ に対して $E[g(T)] = 0$ を考えると, $n > 0$ と $1, \alpha, \ldots, \alpha^n$ は 1 次独立であるから, $g(t) = 0$ でなくてはならないことがわかる. すなわち,

$$\mathrm{pr}(g(T) = 0) = 1 \quad (9.65)$$

なので, T は完備十分統計量であることがわかる. ∎

補足 9.1 x の実数値関数 $g_1(x), g_2(x), \ldots, g_n(x)$ が 1 次独立であるとは, 任意の実数 x に対して, それらの線形結合が恒等的に 0, すなわち, 任意の実数 x に対して,

$$a_1 \times g_1(x) + a_2 \times g_2(x) + \cdots + a_n \times g_n(x) = 0, \quad (a_1, a_2, \ldots, a_n \text{ は定数})$$

ならば, $a_1 = a_2 = \cdots = a_n = 0$ となることをいう.

定理 9.9 （レーマン・シェフェの定理：**Lehmann-Scheffe theorem**）
S を完備十分統計量とし, T を θ の不偏推定量とする. このとき, $T^* = E[T|S]$ は, θ の唯一の一様最小分散不偏推定量である.

証明 S が十分統計量であり, T が θ の不偏推定量であることから, ラオ・ブラックウェルの定理より, T^* も θ の不偏推定量であり, T よりも小さな分散を持つ. ここで, U をもう一つの不偏推定量とし, $T^{**} = E[U|S]$ とおくと, T^{**} もまた θ の不偏推定量であり, U よりも小さい分散を持つ. ここで, $g(S) = T^* - T^{**}$ とおくと,

$$E[T^* - T^{**}] = E[g(S)] = E[T^*] - E[T^{**}] = \theta - \theta = 0 \quad (9.66)$$

である. 一方, $g(S)$ は $E[g(S)] = 0$ を満たす S の関数であり, S は完備十分統計量なので,

$$\mathrm{pr}(T^* - T^{**} = 0) = \mathrm{pr}(g(S) = 0) = 1 \quad (9.67)$$

である（T^* も T^{**} も S の実数値関数）. すなわち, 完備十分統計量の実数値関数

となっている不偏推定量はただ一つであり，その分散は不偏推定量のなかで最小である.   □

ラオ・ブラックウェルの定理とレーマン・シェフェの定理の違いについて述べておこう. ラオ・ブラックウェルの定理は，ある不偏推定量 T を見つけたとき，十分統計量を利用して，その不偏推定量 T を（T よりも分散が小さい不偏推定量を見つけることができるという意味で）改良することができることを述べたものである. すなわち，ラオ・ブラックウェルの定理には，十分統計量を利用して不偏推定量の改良を行うことができるというメリットがある. 一方，十分統計量を利用して改良された不偏推定量が一様最小分散不偏推定量であるかどうかについては別途示さなくてはならない.

これに対して，レーマン・シェフェの定理には，ある不偏推定量 T を見つけたとき，完備十分統計量を利用することにより一様最小分散不偏推定量を得ることができるというメリットがある. その一方で，レーマン・シェフェの定理を利用するためには，その第一ステップとして，不偏推定量を改良するために用いる十分統計量が完備であることを示さなくてはならない.

✔ **例 9.8** 例 9.7 の続きとして，$S = \sum_{i=1}^{n} X_i$ は p に対する完備十分統計量であった. また，例 9.6 で述べたように，$T = X_1$ は p に対する不偏推定量であり，

$$T^* = E[T|S] = \frac{s}{n} \tag{9.68}$$

であった. したがって，レーマン・シェフェの定理より，T^* は一様最小分散不偏推定量であり，その分散は

$$\mathrm{var}[T^*] = \frac{p(1-p)}{n} \tag{9.69}$$

となる.   ∎

9.4 モーメント推定量

最尤推定量を解析的に求めることが難しい場合に，比較的簡単に一致推定量を明示的に得る方法としてモーメント法を紹介しよう.

確率変数 $X_1, X_2, \ldots, X_n$ を確率密度関数 $f_X(x:\theta)$ を持つ確率分布からの無

作為標本とするとき，j 次の標本積率を

$$\overline{X^j} = \frac{1}{n} \sum_{i=1}^{n} X_i^j, \quad j = 1, 2, \dots, k \tag{9.70}$$

とおく．ここに，$\overline{X^1}$ は標本平均 $\bar{X}$ を意味する．興味あるパラメータが 3.2 節で定義した k 個の積率 $\mu_{x^1} = E[X], \mu_{x^2} = E[X^2], \dots, \mu_{x^k} = E[X^k]$ の実数値関数 $g = g(\mu_{x^1}, \mu_{x^2}, \dots, \mu_{x^k})$ で与えられるとき，これらの積率を標本積率で置き換えた

$$\hat{g} = g(\overline{X^1}, \overline{X^2}, \dots, \overline{X^k}) \tag{9.71}$$

を g の**モーメント推定量**（**積率推定量**：moment estimator）という．ここに，g は既知の関数であり，$\mu_{x^1}, \mu_{x^2}, \dots, \mu_{x^k}$ は存在するものとする．

> **定理 9.10**　$g = g(\mu_{x^1}, \mu_{x^2}, \dots, \mu_{x^k})$ が実数値連続関数であるとき，$\mathrm{var}[X^j]$ $(j = 1, 2, \dots, k)$ が存在するならば，g に対するモーメント推定量 $\hat{g} = g(\overline{X^1}, \overline{X^2}, \dots, \overline{X^k})$ は g の一致推定量である．

証明　この証明の大まかな流れは以下のとおりである．連続写像定理（定理 7.6）と同様な考え方にしたがって，実数値関数 g が連続であることから，任意の $\epsilon > 0$ に対して

$$\sum_{j=1}^{k} (\overline{X^j} - \mu_{x^j})^2 < \delta \quad \Rightarrow \quad |\hat{g} - g| < \epsilon \tag{9.72}$$

なる $\delta > 0$ が存在する．このことは，$\mathrm{pr}\left(\sum_{j=1}^{k} (\overline{X^j} - \mu_{x^j})^2 < \delta \right) \leq \mathrm{pr}(|\hat{g} - g| < \epsilon)$ を意味することから $\mathrm{pr}\left(\sum_{j=1}^{k} (\overline{X^j} - \mu_{x^j})^2 > \delta \right) > \mathrm{pr}(|\hat{g} - g| > \epsilon)$ であることがわかる．したがって，マルコフの不等式（定理 7.2）より，

$$\mathrm{pr}\left(\sum_{j=1}^{k} (\overline{X^j} - \mu_{x^j})^2 > \delta \right) \leq \frac{\sum_{j=1}^{k} E[\overline{X^j} - \mu_{x^j}]^2}{\delta} = \frac{\sum_{j=1}^{k} \mathrm{var}[X^j]}{n\delta} \tag{9.73}$$

が導かれ，$g(\overline{X^1}, \overline{X^2}, \dots, \overline{X^k})$ は $g(\mu_{x^1}, \mu_{x^2}, \dots, \mu_{x^k})$ の一致推定量であることがわかる．　□

さて，$g(\mu_{x^1}, \mu_{x^2}, \ldots, \mu_{x^k})$ が $\mu_{x^1}, \mu_{x^2}, \ldots, \mu_{x^k}$ について偏微分可能な実数値連続関数であって，偏導関数も連続であるとしよう．このとき，ある条件の下で $\sqrt{n}(g(\overline{X^1}, \overline{X^2}, \ldots, \overline{X^k}) - g(\mu_{x^1}, \mu_{x^2}, \ldots, \mu_{x^k}))$ は漸近的に，平均を 0 とし，分散を

$$\left(\frac{\partial g}{\partial \mu_{x^1}}, \cdots, \frac{\partial g}{\partial \mu_{x^k}} \right) \begin{pmatrix} \mathrm{var}[X^1] & \cdots & \mathrm{cov}[X^1, X^k] \\ \vdots & \ddots & \vdots \\ \mathrm{cov}[X^1, X^k] & \cdots & \mathrm{var}[X^k] \end{pmatrix} \begin{pmatrix} \dfrac{\partial g}{\partial \mu_{x^1}} \\ \vdots \\ \dfrac{\partial g}{\partial \mu_{x^k}} \end{pmatrix} \tag{9.74}$$

とする正規分布にしたがうことが知られている．(9.74) 式の導出過程の大まかな流れは以下のとおりである．

$\hat{g}$ を $(\mu_{x^1}, \mu_{x^2}, \ldots, \mu_{x^k})$ の付近でテイラー展開することにより，$\hat{g}$ は

$$\hat{g} \simeq g + \sum_{j=1}^{k} \frac{\partial g}{\partial \mu_{x^j}} (\overline{X^j} - \mu_{x^j}) \tag{9.75}$$

と近似できることがわかる．ここで，$\sqrt{n}(\overline{X^1} - \mu_{x^1}, \overline{X^2} - \mu_{x^2}, \ldots, \overline{X^k} - \mu_{x^k})$ が漸近的に正規分布にしたがうならば，$\sqrt{n}(\hat{g} - g)$ は漸近的に平均を 0 とし，(9.74) 式を分散に持つ正規分布にしたがうことがわかる．

✔ **例 9.9** 確率変数 $X_1, X_2, \ldots, X_n$ を確率密度関数を

$$f_X(x : \theta) = \theta x^{\theta-1}, \ 0 < x < 1 \tag{9.76}$$

とする確率分布からの無作為標本とする．このとき，X の平均は

$$E[X] = \int_0^1 x \theta x^{\theta-1} dx = \frac{\theta}{\theta + 1} \tag{9.77}$$

であるから，

$$\bar{X} = \frac{\theta}{\theta + 1} \tag{9.78}$$

を解いて，θ のモーメント推定量

$$\hat{\theta} = \frac{\bar{X}}{1 - \bar{X}} \tag{9.79}$$

を得る. 一方, スコア関数は

$$
\begin{aligned}
\frac{\partial \log f(x_1, x_2, \ldots, x_n : \theta)}{\partial \theta} &= \frac{\partial}{\partial \theta} \left(n \log \theta + (\theta - 1) \sum_{i=1}^{n} \log x_i \right) \\
&= \frac{n}{\theta} + \sum_{i=1}^{n} \log x_i \tag{9.80}
\end{aligned}
$$

となるので, 最尤推定量として

$$\hat{\theta} = -\frac{n}{\displaystyle\sum_{i=1}^{n} \log X_i} \tag{9.81}$$

を得る. このことからわかるように, 一般に, 最尤推定量とモーメント推定量は異なる推定量である. ∎

✔ **例 9.10**　確率変数 $X_1, X_2, \ldots, X_n$ を一様分布 $U(0, \theta)$ からの無作為標本とする. このとき, 6.1 節で述べたように, X の平均は $\theta/2$ である. したがって, θ に対するモーメント推定量は $2\bar{X}$ であることがわかる. 一方, $\theta \geq \max\{X_1, X_2, \ldots, X_n\}$ であることより, $\max\{X_1, X_2, \ldots, X_n\} > 2\bar{X}$ となった場合には, モーメント推定量を用いても θ を適切に評価できない可能性がある. ∎

演習問題

問題 9.1　確率変数 $X_1, X_2, \ldots, X_n$ を正規分布 $N(\mu, \sigma_{xx})$ からの無作為標本とするとき, 不偏分散は σ_{xx} の一様最小分散不偏推定量であることを示せ.

問題 9.2　確率変数 $X_1, X_2, \ldots, X_n$ をポアソン分布 $\mathrm{Po}(\lambda)$ からの無作為標本とするとき, λ と $\exp(-\lambda)$ の一様最小分散不偏推定量を求めよ.

問題 9.3　X と Y を 2 値の確率変数で多項分布 $\mathrm{MN}(n, \{\mathrm{pr}(x_i, y_j) : i, j = 0, 1\})$ にしたがうとき, 対数オッズ比

$$\log \frac{\hat{\mathrm{pr}}(x_1, y_1)\hat{\mathrm{pr}}(x_0, y_0)}{\hat{\mathrm{pr}}(x_0, y_1)\hat{\mathrm{pr}}(x_1, y_0)} \tag{9.82}$$

の漸近分散を求めよ. ここに, n_{ij} を (X, Y) が (x_i, y_j) をとる回数とするとき $(i, j = 0, 1)$, $\hat{\mathrm{pr}}(x_i, y_j) = n_{ij}/n$ で与えられるものとする.

問題 9.4 確率変数 $X_1, X_2, \ldots, X_n$ を確率密度関数

$$f(x : \theta) = \frac{1}{2}\exp(-|x - \theta|), \quad -\infty < x < \infty; -\infty < \theta < \infty \tag{9.83}$$

を持つ確率分布(**ラプラス分布**という)からの無作為標本とするとき, θ の最尤推定量 $\hat{\theta}$ を求めよ.

第10章
統計的仮説検定の考え方

10.1 2つの誤り

　統計的仮説検定 (statistical hypothesis test) とは，ある与えられた仮説に対して，それが正しいかどうかをデータ・セットを用いて判断する統計手法の一つである．

　その基本的なアイデアは背理法，すなわち，「その仮説が正しいのであれば，仮説を検定するのに用いる統計量（**検定統計量**：test statistic）が 'おかしな値' をとることはない」といった論理に基づいて，統計学的観点（統計量の値）からその仮説が誤っていることを積極的に主張することにある．しかし，与えられた仮説とは異なる状況が起こったとき，それが例外的に起こったものなのか，それとも必然的に起こったものなのかといったことを，データが語ってくれるわけではない．すなわち，仮説の正しさを統計的に判断するために用いる統計量（検定統計量）がどのような値をとったときに 'おかしな値' というのかは，最終的にはその結果を受けて判断を下す当事者が置かれている状況に依存する．本書では，当事者個人の判断に依存するような事柄には触れない．

✔ 例10.1　ある占い師に予知能力があるかどうかを調べるために，実力が互角であるサッカーチーム a と b の試合の勝ち負けを予想させたところ，n 回の試合のなかで X 回予想を的中させた（引き分けはないものとする）．このことは，的中率 θ が $\Theta = [0,1]$ で定義されることに着目して，(i) Θ を $\Theta_0 = \left[0, \frac{1}{2}\right]$ と $\Theta_1 = \Theta \backslash \Theta_0 = \left(\frac{1}{2}, 1\right]$ に分割し，(ii) X に基づいて $\theta \in \Theta_0$ か $\theta \in \Theta_1$ かを判断する，といった手続きをとることに対応しているとみなせる．　■

　確率変数 $X_1, X_2, \ldots, X_n$ を確率密度関数 $f_X(x:\theta)$ を持つ確率分布からの無作為標本とし，パラメータ空間 Θ を Θ_0 と $\Theta \backslash \Theta_0 = \Theta_1$ に分割する．このとき，

パラメータ θ の値が Θ_0 に含まれるという仮説を**帰無仮説** (null hypothesis) といい，$H_0 : \theta \in \Theta_0$ であらわす．また，θ が Θ_1 に含まれるという仮説を**対立仮説** (alternative hypothesis) といい，$H_1 : \theta \in \Theta_1$ であらわす．特に，Θ_1 や Θ_0 が 1 つの要素からなるとき**単純仮説** (simple hypothesis) といい，複数の要素からなるとき**複合仮説** (composite hypothesis) という．例 10.1 の場合には，Θ_1 も Θ_0 も複数の要素を含んでいるので複合仮説である．このとき，的中率が高いことを主張したいのであれば，

$$\text{帰無仮説 } H_0 : \theta \in \left[0, \frac{1}{2}\right], \quad \text{対立仮説 } H_1 : \theta \in \left(\frac{1}{2}, 1\right]$$

とあらわす．一方，この例において θ が $\frac{1}{2}$ かどうかに興味がある場合には，$\Theta_0 = \left\{\frac{1}{2}\right\}$, $\Theta_1 = \left[0, \frac{1}{2}\right) \cup \left(\frac{1}{2}, 1\right]$ となり，Θ_0 は単純仮説で，Θ_1 は複合仮説となる．この場合には，

$$\text{帰無仮説 } H_0 : \theta = \frac{1}{2}, \quad \text{対立仮説 } H_1 : \theta \neq \frac{1}{2}$$

のようにあらわすことが多い．

以上の準備を踏まえて，統計的仮説検定問題とは，パラメータ空間 Θ を Θ_0 と Θ_1 に分割したうえで，n 個の無作為標本 $X_1, X_2, \ldots, X_n$ を観測して，

$$\text{帰無仮説 } H_0 : \theta \in \Theta_0, \quad \text{対立仮説 } H_1 : \theta \in \Theta_1$$

のどちらかを選択する問題のことをいう．さて，上述の定式化においては，見かけ上，帰無仮説と対立仮説に対称性があるため，（名称を除いて）これらの仮説に区別がない．しかし，後述する仮説検定の非対称性を踏まえて，一般には，統計的な観点から，否定することが難しくない仮説が帰無仮説として設定される．

ここで，簡単なケースとして，X を確率密度関数 $f_X(x : \theta)$ を持つ確率分布にしたがう確率変数とする．また，単純な帰無仮説 H_0 に対応する確率密度関数を $f_X(x : \theta_0)$，単純な対立仮説 H_1 に対応する確率密度関数を $f_X(x : \theta_1)$ とおく．このとき，2 つの確率密度関数 $f_X(x : \theta_0)$ と $f_X(x : \theta_1)$ の関係が図 10.1 のような状況にあるとしよう．この状況において，X を観測して θ が帰無仮説 H_0 か対立仮説 H_1 のどちらに属するのかを判断する問題，すなわち，

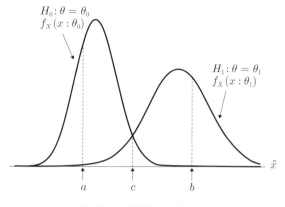

図 10.1　仮説検定の考え方

帰無仮説 $H_0 : \theta = \theta_0$,　　対立仮説 $H_1 : \theta = \theta_1$

という仮説検定問題を考えることにする.

　この問題において, X の値が a の位置にあれば $f_X(x : \theta_1)$ よりも $f_X(x : \theta_0)$ のほうが大きいので帰無仮説 H_0 を支持するであろう. 同様に, b の位置にあれば $f_X(x : \theta_0)$ よりも $f_X(x : \theta_1)$ のほうが大きいので対立仮説 H_1 を支持するのが自然であろう. 一方, X の値が c であれば, $f_X(x : \theta_1)$ と $f_X(x : \theta_0)$ の値はほとんど同じであるから, どちらを支持すべきか判断を保留したいと考えるであろう.

　統計的仮説検定問題の議論においては判断を保留するといった態度を不可とし, X の値を観測する前に, 標本空間 Ω (あるいは, $f_X(x : \theta)$ の定義域 D_X) のなかに集合 C を定める. そのうえで, X を観測し, それが $X \in C$ であれば対立仮説 H_1 が正しく, $X \notin C$ であれば帰無仮説 H_0 が正しいと判断するという手続きを考える. このような判断は,

$$X \in C \quad \Longrightarrow \quad H_1 と判断$$

$$X \notin C \quad \Longrightarrow \quad H_0 と判断$$

とあらわすことができる. 一方, こういった仮説検定問題を数学的に表現するために, $x \in D_X$ に対して次式の 0 と 1 のいずれかしかとらない, いわゆる, 指示関数 $\psi(x)$ を用いて

$$\psi(x) = \begin{cases} 1 & x \in C \\ 0 & x \notin C \end{cases} \tag{10.1}$$

のようにあらわすこともある.このような統計的仮説検定問題に使われる指示
関数 $\psi(x)$ を**検定関数** (test function) といい,このような判断に使われる領域
C を**棄却域** (rejection region) という.上記の検定関数は X がとる値 x が棄
却域 C に入るかどうかだけで決まっており,そこには確率的な判断が含まれて
いない.このことから,関数 $\psi(x)$ を**非確率化検定関数** (non-randomized test
function) ということもある.これに対して,区間 $[0, 1]$ 上の値をとる実数値関
数 $\psi(x)$ で,$X = x'$ のときに確率 $\psi(x')$ で帰無仮説を棄却するものを**確率化検
定関数** (randomized test function) という.直感的には,確率化検定関数を用
いた検定とは,ある興味ある現象において x' が観察されたとき,それに対応し
て確率 $\psi(x')$ で表が出るコインを投げて表が出たら対立仮説を採用し,そうで
なければ帰無仮説を採用することも視野に入れる手続きであると考えてよい.

さて,統計的仮説検定問題では,観測される X の値がどのようなものであっ
ても判断保留を行うようなことはせず,H_0 か H_1 のどちらか一つが選択され
る.それゆえに,統計的仮説検定を実施するにあたっては,大なり小なり誤っ
た判断をおかすことを覚悟しておかなくてはならない.たとえば,図 10.1 にお
いて X の値が a の位置にあったとしても,それは $f_X(x : \theta_1)$ よりも $f_X(x : \theta_0)$
のほうが大きいということを述べているにすぎない.すなわち,X の値が a の
位置にあったからといって,X が $f_X(x : \theta_1)$ から得られたものである(対立仮
説 H_1 が正しい)可能性を排除することはできない.同様に,X の値が b の位
置にあったとしても $f_X(x : \theta_0)$ よりも $f_X(x : \theta_1)$ のほうが大きいというだけ
であって,X が $f_X(x : \theta_0)$ から得られたものである(帰無仮説 H_0 が正しい)
可能性が 0 というわけではない.

この考察を踏まえて,図 10.2 を参考に,

帰無仮説 $H_0 : \theta = \theta_0$,　対立仮説 $H_1 : \theta = \theta_1$

を考えてみよう.このとき,帰無仮説 H_0 が正しいのにもかかわらず,対立仮
説 H_1 が正しいと判断する(帰無仮説 H_0 を**棄却** (reject) する)という誤りを

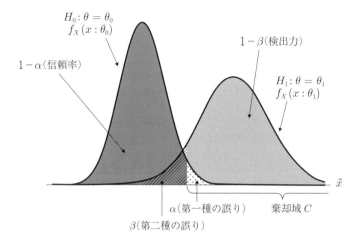

図 **10.2** 統計的仮説検定のフレームワーク

第一種の誤り（タイプ**I**エラー：type I error）という．棄却域を C とするとき，第一種の誤りをおかす確率は

$$\alpha(C) = \mathrm{pr}(X \in C : \theta_0) = \int_C f_X(x : \theta_0)dx \qquad (10.2)$$

であらわされる．実際のところ，(10.2) 式は，θ_0 を与えた下で X の値が棄却域に含まれる確率をあらわしたものであり，「誤りをおかす」という表現は (10.2) 式の実務的な解釈に過ぎない．また，帰無仮説 H_0 が正しいときに帰無仮説 H_0 が正しいと判断する（帰無仮説 H_0 を棄却しない）確率

$$1 - \alpha(C) = \mathrm{pr}(X \notin C : \theta_0) \qquad (10.3)$$

を θ_0 に対する**信頼率** (confidence level) という．信頼率は θ_0 を与えた下で，X の値が棄却域に含まれない確率をあらわしたものである．

これに対して，対立仮説 H_1 が正しいのにもかかわらず，帰無仮説 H_0 が正しいと判断する（帰無仮説 H_0 を棄却しない）という誤りを**第二種の誤り（タイプ II エラー**：type II error）という．第二種の誤りをおかす確率は

$$\beta(C) = \mathrm{pr}(X \notin C : \theta_1) = \int_{C^c} f_X(x : \theta_1)dx \qquad (10.4)$$

表 10.1 仮説検定の判断

		真実	
		帰無仮説は 正しい (H_0)	帰無仮説は 誤り (H_1)
判断	帰無仮説は 正しい (H_0)	○信頼率 $1 - \alpha(C)$	×第二種の誤り $\beta(C)$
	帰無仮説は 誤り (H_1)	×第一種の誤り $\alpha(C)$	○検出力 $1 - \beta(C)$

であらわされる．また，対立仮説 H_1 が正しいときに H_1 が正しいと判断する（帰無仮説 H_0 を棄却する）確率

$$1 - \beta(C) = \mathrm{pr}(X \in C : \theta_1) \tag{10.5}$$

を θ_1 に対する**検出力** (power) という．特に，$\beta(C)$ を $\theta \in \Theta$ の実数値関数とみなしたときの $1 - \beta(C)$ を**検出力関数** (power function) という．これらの関係を表にすると表 10.1 のようになる．

極端なケースとして，X の値によらずに帰無仮説を棄却しない状況を考えた場合，棄却域は空事象 ($C = \phi$) となる．この場合には，$\alpha(\phi) = \mathrm{pr}(X \in \phi : \theta_0) = 0$，すなわち，第一種の誤りをおかす確率は 0 となる．一方，$C^c = \phi^c = D_X$ であるから，$\beta(\phi) = \mathrm{pr}(X \in D_X : \theta_1) = 1$，すなわち，第二種の誤りをおかす確率は 1 となる．逆に，X の値によらずに帰無仮説を棄却する場合には，棄却域は D_X となる．この場合には，$\alpha(D_X) = \mathrm{pr}(X \in D_X : \theta_0) = 1$，すなわち，第一種の誤りをおかす確率は 1 となる．これに対して，$C^c = D_X^c = \phi$ であるから，$\beta(D_X) = \mathrm{pr}(X \in \phi : \theta_1) = 0$，すなわち，第二種の誤りをおかす確率は 0 となる．一般に，第一種の誤りと第二種の誤りにはこのようなトレード・オフの関係があり，両方を同時に小さくするような検定方法は存在しない．

10.2 検定の非対称性

統計的仮説検定では，帰無仮説が誤っていることは積極的に主張できるが，その帰無仮説が正しいことは積極的に主張することができない．このような問題を**仮説検定の非対称性** (asymmetry in hypothesis testing) という．

✔ **例 10.2** 例 10.1 の場合，占い師の予測能力を証明するためには，

1. 「占い師には予測能力がある」という仮説を支持する
2. 「占い師には予測能力はない」という仮説を棄却する

の 2 通りの方法がある．このとき，統計科学では，2. の方法，すなわち，「○○しない」という仮説を設定し，それを棄却する，というダブル・ネガティブの方法が採用される．このとき，「占い師には予測能力はない」という仮説が棄却された場合には，「占い師には予測能力がある」と判断されるが，仮説が棄却されなかった場合には，「占い師には予測能力があるとはいえない」と消極的に判断することになる．極端な例として，占いの結果とサッカーの試合の勝敗が一度でも一致した場合，占い師の占いに予測能力がないとはいいきれなくなるのに対して（まぐれ当たりなのか，占い師の予測能力なのか判断できない），予測能力がないと結論づけるためには，すべての試合で勝敗を外さなくてはならない．このことは，「予知能力がない」という仮説を採択する難しさを示唆しているといえる（ただし，このケースでは，「完全に外せるほど予知能力が高い」とみなせないわけではない）． ■

✔ **例 10.3** 仮説検定の非対称性の例として，ある規則性にしたがって数値が出力される計算アルゴリズムを考えてみよう．このアルゴリズムがどのような結果を出力するのか知らない状態で実行したところ，最初（出力番号 1）の出力値は 1 であり，2 番目（出力番号 2）の出力値は 2 であったと仮定する．このとき，最初の 2 つの出力値にしたがって，

$$帰無仮説\ H_0：出力値 = 出力番号$$

という帰無仮説を設定してみよう．この帰無仮説 H_0 は最初の 2 つの出力値が順番に 1 と 2 であったという事実と矛盾しない．ところが，この事実と合致する帰無仮説は数多く存在し，たとえば，第 i 番目の出力番号を i としたとき

$$帰無仮説\ H_0^*：出力値 = i + (i-1)(i-2)$$

といった帰無仮説とも矛盾しない．ここで，3 番目（出力番号 3）の出力値を考

えてみよう．この計算アルゴリズムが帰無仮説 H_0 のルールにしたがっている
のであれば，このときの出力値は 3 となるはずである．ところが，帰無仮説 H_0^*
が正しいルールであった場合には出力値は $3 + 1 \times 2 = 5$ となり，H_0 のルール
から得られる値とは異なることになる．■

　一般に，データ・セットと合致する帰無仮説はいくらでも存在する．そのた
め，興味ある帰無仮説がデータ・セットと整合したとしても，それはあくまでも
「帰無仮説はデータに矛盾しない」のであって，データに基づいて帰無仮説を積
極的に「採択できる」わけではない．すなわち，帰無仮説が棄却されなかった
場合には，帰無仮説が正しいとも誤っているとも判断できず，実質科学的知見
を踏まえて帰無仮説を採択するのかどうかを判断することが必要となる．一方，
数学的な論理から見れば，反例を一つ見つけることができれば帰無仮説が誤っ
ているといえるであろう．この意味において，帰無仮説を採択するのに比べて，
帰無仮説を棄却することは難しくはない．統計的仮説検定の着眼点は，帰無仮
説に対する反例が少なければその反例は偶然生じたものとして排除して，一般
的に成り立つ状況を求めようとするところにある．もちろん，その反例が偶然
的なものかどうか，重要でないかどうかを単一のデータ・セット自身が教えて
くれるわけではない．

10.3　ネイマン・ピアソンの補題

　本節では，統計的仮説検定問題で中心的役割を果たすネイマン・ピアソンの
補題を紹介する．まずは，そのための準備として

$$\text{帰無仮説 } H_0 : \theta \in \Theta_0, \quad \text{対立仮説 } H_1 : \theta \in \Theta_1$$

なる統計的仮説検定問題を考える．このとき，帰無仮説 H_0 に属するパラメー
タから計算される第一種の誤りをおかす確率の上限，すなわち，

$$\alpha = \sup_{\theta \in \Theta_0} \mathrm{pr}(X \in C : \theta) \tag{10.6}$$

を**検定の大きさ** (size of a test) という．また，**有意水準 α の検定** (test at the
significance level α) とは，$\mathrm{pr}(X \in C : H_0) \leq \alpha$ なる棄却域 C を定めて，

$$X \in C \implies H_1, \quad X \notin C \implies H_0$$

といった判定を行うことをいう．このときの C は**有意水準 α の棄却域** (rejection region at the significance level α) と呼ばれる．ここに，$\mathrm{pr}(X \in C : H_0) \leq \alpha$ は帰無仮説 $H_0 : \theta \in \Theta_0$ に属するすべての θ に対して $\mathrm{pr}(X \in C : \theta) \leq \alpha$ であることを意味する．すなわち，有意水準 α の検定とは，第一種の誤りをおかす確率を α 以下に抑えた状況で，帰無仮説 H_0 と対立仮説 H_1 のどちらが正しい仮説なのかを判定する手続きといえる．

有意水準 α の検定のなかで第二種の誤りをおかす確率がもっとも小さいものを有意水準 α の**最強力検定** (most powerful test) という．この最強力検定を定式化するにあたっては，$\mathrm{pr}(X \in C : H_0) \leq \alpha$ の下で，興味のある $\theta \in \Theta_1$ に対する検出力

$$1 - \beta_\psi(C) = \mathrm{pr}(X \in C : H_1) = E\left[\psi(X) : \theta\right] \tag{10.7}$$

が最大となるような検定関数 $\psi(X)$（あるいは，棄却域 C）を構成することになる．ここに，$1 - \beta_\psi(C)$ は

$$\psi(x) = \begin{cases} 1 & x \in C \text{ のとき} \\ 0 & x \notin C \text{ のとき} \end{cases} \tag{10.8}$$

となるような検定関数を用いて

$$1 - \beta_\psi(C) = \int_{D_X} \psi(x) f_X(x : \theta) dx = \int_C f_X(x : \theta) dx \tag{10.9}$$

とあらわしたものであり，$\theta \in \Theta_1$ である．

有意水準 α の検定のなかで，任意の $\theta \in \Theta_1$ に対して検出力の大きいものが存在するとき，それを有意水準 α の**一様最強力検定** (uniformly most powerful test) という．この一様最強力検定を定式化するにあたっては，$\mathrm{pr}(X \in C : H_0) \leq \alpha$ の下で，任意の $\theta \in \Theta_1$ と任意の検定関数 $\psi^*(x)$ に対して，

$$1 - \beta_\psi(C) = E\left[\psi(X) : \theta\right] \geq 1 - \beta_{\psi^*}(C^*) = E\left[\psi^*(X) : \theta\right] \tag{10.10}$$

となるような検定関数 $\psi(x)$ を構成することになる．この定式化は，有意水準 α の検定のなかで，どのような $\theta \in \Theta_1$ をとってきたとしてもその検出力が最大となるような棄却域 C を構成することと言い換えてもよい．

> **定理 10.1**　（ネイマン・ピアソンの補題：**Neyman-Pearson lemma**）
>
> 確率変数 $X_1, X_2, \ldots, X_n$ を確率密度関数 $f_X(x : \theta)$ を持つ確率分布からの
> 無作為標本とし，$f_X(\boldsymbol{x} : \theta)$ を $X_1, X_2, \ldots, X_n$ の同時確率密度関数とする．
> パラメータ空間を $\Theta = \{\theta_0, \theta_1\}$ とするとき，単純な仮説検定問題
>
> $$\text{帰無仮説 } H_0 : \theta = \theta_0, \quad \text{対立仮説 } H_1 : \theta = \theta_1$$
>
> を考える．正の実数 k に対して棄却域 C が
>
> $$C = \left\{ x : \frac{f_X(\boldsymbol{x} : \theta_1)}{f_X(\boldsymbol{x} : \theta_0)} > k \right\} \tag{10.11}$$
>
> で与えられ，かつ
>
> $$\mathrm{pr}(X \in C : \theta_0) = \int_C f_X(\boldsymbol{x} : \theta_0) d\boldsymbol{x} = \alpha \tag{10.12}$$
>
> を満たす有意水準 α の検定は，有意水準 α の最強力検定である．ここに，
> $f_X(\boldsymbol{x} : \theta_0) = 0$ のとき，
>
> $$\frac{f_X(\boldsymbol{x} : \theta_1)}{f_X(\boldsymbol{x} : \theta_0)} = \infty \tag{10.13}$$
>
> とする．

証明　(10.11) 式とは異なる有意水準 α の検定の棄却域として

$$\mathrm{pr}(X \in D : \theta_0) = \int_D f_X(\boldsymbol{x} : \theta_0) d\boldsymbol{x} = \alpha \tag{10.14}$$

を満たす領域 D を考えよう．このとき，$C_1 = C \cap D(= D_1)$，$C_2 = C \cap D^c$，
$D_2 = C^c \cap D$ とおくと（図 10.3(a) を参照），加法定理 (2.15) 式より，検出力は

$$1 - \beta(C) = \mathrm{pr}(X \in C : \theta_1) = \mathrm{pr}(X \in C_1 : \theta_1) + \mathrm{pr}(X \in C_2 : \theta_1) \tag{10.15}$$

$$1 - \beta(D) = \mathrm{pr}(X \in D : \theta_1) = \mathrm{pr}(X \in D_1 : \theta_1) + \mathrm{pr}(X \in D_2 : \theta_1) \tag{10.16}$$

と書ける（図 10.3(b) を参照）．このことから，(10.15) 式から (10.16) 式を引くこ
とにより，

$$\begin{aligned} \beta(D) - \beta(C) &= \mathrm{pr}(X \in C_2 : \theta_1) - \mathrm{pr}(X \in D_2 : \theta_1) \\ &= \int_{C_2} f_X(\boldsymbol{x} : \theta_1) d\boldsymbol{x} - \int_{D_2} f_X(\boldsymbol{x} : \theta_1) d\boldsymbol{x} \end{aligned} \tag{10.17}$$

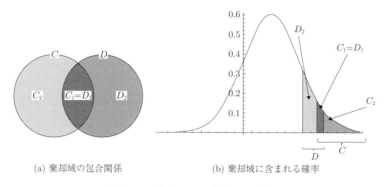

(a) 棄却域の包合関係 (b) 棄却域に含まれる確率

図 10.3 ネイマン・ピアソンの補題

を得る．ここで，$C_2 \subset C$, $D_2 \cap C = \phi$ であることから，C_2 においては

$$f_X(\boldsymbol{x} : \theta_1) > k f_X(\boldsymbol{x} : \theta_0) \tag{10.18}$$

となっており，D_2 においては

$$f_X(\boldsymbol{x} : \theta_1) \leq k f_X(\boldsymbol{x} : \theta_0) \tag{10.19}$$

となっている．したがって，$C_1 = D_1$ であることを踏まえて

$$\beta(D) - \beta(C) = \int_{C_2} f_X(\boldsymbol{x} : \theta_1) d\boldsymbol{x} - \int_{D_2} f_X(\boldsymbol{x} : \theta_1) d\boldsymbol{x}$$

$$= \int_{f_X(\boldsymbol{x}:\theta_1) > k f_X(\boldsymbol{x}:\theta_0)} f_X(\boldsymbol{x} : \theta_1) d\boldsymbol{x} - \int_{f_X(\boldsymbol{x}:\theta_1) \leq k f_X(\boldsymbol{x}:\theta_0)} f_X(\boldsymbol{x} : \theta_1) d\boldsymbol{x}$$

$$\geq k \int_{f_X(\boldsymbol{x}:\theta_1) > k f_X(\boldsymbol{x}:\theta_0)} f_X(\boldsymbol{x} : \theta_0) d\boldsymbol{x} - k \int_{f_X(\boldsymbol{x}:\theta_1) \leq k f_X(\boldsymbol{x}:\theta_0)} f_X(\boldsymbol{x} : \theta_0) d\boldsymbol{x}$$

$$= k(\mathrm{pr}(X \in C_2 : \theta_0) - \mathrm{pr}(X \in D_2 : \theta_0))$$

$$= k(\mathrm{pr}(X \in C_2 : \theta_0) + \mathrm{pr}(X \in C_1 : \theta_0) - \mathrm{pr}(X \in D_1 : \theta_0) - \mathrm{pr}(X \in D_2 : \theta_0))$$

$$= 0 \tag{10.20}$$

すなわち，

$$\beta(D) \geq \beta(C) \tag{10.21}$$

を得る．このことは棄却域を (10.11) 式で定義したときの有意水準 α の検定が最強力検定であることを意味する． □

✔ 例 10.4　確率変数 X が確率密度関数

$$f_X(x : \theta) = \theta x^{\theta-1}, \ 0 \leq x \leq 1; \ 0 < \theta < \infty \tag{10.22}$$

を持つ確率分布にしたがうとする．このとき，仮説検定問題

帰無仮説 $H_0 : \theta \in (0, 1]$,　対立仮説 $H_1 : \theta \in (1, \infty]$

の一様最強力検定を求めてみよう．

まず，帰無仮説 H_0 に属する θ を θ_0 とし，対立仮説 H_1 に属する θ を θ_1 とおくと，ネイマン・ピアソンの補題（定理 10.1）より，

$$\frac{f_X(x : \theta_1)}{f_X(x : \theta_0)} = \frac{\theta_1 x^{\theta_1-1}}{\theta_0 x^{\theta_0-1}} > k \ \Rightarrow \ x^{\theta_1-\theta_0} > k' = \frac{\theta_0}{\theta_1} k \tag{10.23}$$

すなわち，$x > k'' = k'^{1/(\theta_1-\theta_0)}$ を得る．このことから，最強力検定の棄却域 C は $C = \{x : x > k''\}$ で与えられることがわかる．このときの検出力関数と第一種の誤りをおかす確率はそれぞれ

$$1 - \beta(C) = \text{pr}(X \in C : \theta_1) = \int_{k''}^1 \theta_1 x^{\theta_1-1} dx = 1 - (k'')^{\theta_1} \tag{10.24}$$

$$\alpha(C) = \text{pr}(X \in C : \theta_0) = 1 - (k'')^{\theta_0} \tag{10.25}$$

で与えられる．ここに与えられた $0 \leq k'' \leq 1$ に対して，第一種の誤りをおかす確率は θ_0 に関する単調増加関数であり，$\theta_0 = 1$ のときに最大値 $1 - k''$ をとることに注意しよう．すなわち，$\theta_0 \neq 1$ を満たす Θ_0 の要素 θ_0 に対して，$\text{pr}(X \in C : \theta = \theta_0) \leq 1 - k'' = \text{pr}(X \in C : \theta = 1)$ となっている．

さて，$\theta = 1$ における有意水準を α に設定すると，$k'' = 1 - \alpha$ となるので，棄却域は $C = \{x : x > 1 - \alpha\}$ となる．また，(10.24) 式より，検出力関数は

$$1 - \beta(C) = 1 - (1 - \alpha)^{\theta_1}, \ \theta_1 \in \Theta_1 \tag{10.26}$$

で与えられる．この式から，第一種の誤りをおかす確率 α の値を大きくすれば，第二種の誤りをおかす確率は小さくなる（検出力は大きくなる）ことがわかる．一方，第一種の誤りをおかす確率 α の値を小さくすれば，第二種の誤りをおかす確率は大きくなる（検出力は小さくなる）．最後に，ネイマン・ピアソンの補

題より，任意に固定された θ_0 と θ_1 に対しても，$C = \{x : x > 1 - \alpha\}$ が有意水準 α の最強力検定を与える棄却域となっていることに注意しよう．このことと，検出力関数 $1 - \beta(C)$ が α に関する単調増加関数であることをあわせて，$C = \{x : x > 1 - \alpha\}$ が有意水準 α に対する一様最強力検定となっていることがわかる． ■

定理 10.1 において，(10.11) 式のような領域を考えたが，

$$\frac{f_X(\boldsymbol{x} : \theta_1)}{f_X(\boldsymbol{x} : \theta_0)} \tag{10.27}$$

を**尤度比** (likelihood ratio) という．特に，任意の $\theta_1 > \theta_0$ に対して，(10.27) 式がある実数値関数 $T = T(\boldsymbol{X})$ に関する単調増加関数であるとき，(10.27) 式を T の**単調尤度比** (monotone likelihood ratio) という．単調尤度比について，以下が成り立つ．

> **定理 10.2** 確率変数 X が 1 パラメータの指数型分布族に属する確率密度関数
>
> $$f_X(\boldsymbol{x} : \theta) = h_0(\boldsymbol{x}) \exp\left(h_1(\boldsymbol{x})g_1(\theta) + g_2(\theta)\right) \tag{10.28}$$
>
> を持つ確率分布にしたがうとき，$g_1(\theta)$ が θ に関する単調増加関数ならば，(10.27) 式は $h_1(\boldsymbol{x})$ の単調尤度比である．

証明

$$
\begin{aligned}
\frac{f_X(\boldsymbol{x} : \theta_1)}{f_X(\boldsymbol{x} : \theta_0)} &= \frac{h_0(\boldsymbol{x}) \exp\left(h_1(\boldsymbol{x})g_1(\theta_1) + g_2(\theta_1)\right)}{h_0(\boldsymbol{x}) \exp\left(h_1(\boldsymbol{x})g_1(\theta_0) + g_2(\theta_0)\right)} \\
&= \frac{\exp(g_2(\theta_1))}{\exp(g_2(\theta_0))} \exp\left((g_1(\theta_1) - g_1(\theta_0))h_1(\boldsymbol{x})\right)
\end{aligned} \tag{10.29}
$$

である．また，関数 $g_1(\theta)$ が θ に関する単調増加関数であることから，任意の $\theta_1 > \theta_0$ に対して $g_1(\theta_1) \geq g_1(\theta_0)$ が成り立つ．したがって，(10.27) 式は $h_1(\boldsymbol{x})$ について単調増加関数，すなわち，単調尤度比であることがわかる． □

✔ **例 10.5** 確率変数 X が正規分布 $N(\mu_x, 1)$ にしたがう確率変数とするとき，その確率密度関数は

$$f_X(x : \mu_x) = \exp\left(-\frac{1}{2}\log(2\pi) - \frac{1}{2}(x - \mu_x)^2\right)$$
$$= \exp\left(-\frac{1}{2}\left(\log(2\pi) + x^2 - 2x\mu_x + \mu_x^2\right)\right) \tag{10.30}$$

で与えられる．したがって，(8.54) 式において，

$$g_1(\mu_x) = \mu_x, \ \ g_2(\mu_x) = -\frac{1}{2}\mu_x^2,$$
$$h_0(x) = \exp\left(-\frac{1}{2}\left(\log(2\pi) + x^2\right)\right), \ \ h_1(x) = x \tag{10.31}$$

とおくと，この確率分布は 1 パラメータの指数型分布族に属しており，かつ $g_1(\mu_x) = \mu_x$ は単調増加関数であることがわかる．したがって，この尤度比は $h_1(x) = x$ について単調増加関数となっていることから，定理 10.2 において，(10.27) 式は単調尤度比であることがわかる． ■

10.4　仮説検定問題の定式化

今までは，単純帰無仮説と単純対立仮説に基づく統計的仮説検定問題を定式化してきた．これ以降は，複合対立仮説に基づく統計的仮説検定問題を考えていくことにしよう．

まず，帰無仮説 H_0 と対立仮説 H_1 が

$$\text{帰無仮説 } H_0 : \theta \le \theta_0, \quad \text{対立仮説 } H_1 : \theta > \theta_0$$

あるいは，帰無仮説の境界に着目して，

$$\text{帰無仮説 } H_0 : \theta = \theta_0, \quad \text{対立仮説 } H_1 : \theta > \theta_0$$

のように，対立仮説が帰無仮説の片側にだけ存在するような仮説検定問題を**片側仮説検定問題** (one-sided test) という．特に，帰無仮説 H_0 として $\theta \le \theta_0$ が設定される場合には**左側仮説検定問題** (left-sided test) といい，$\theta \ge \theta_0$ を帰無仮説とした場合には**右側仮説検定問題** (right-sided test) という．

一方，帰無仮説 H_0 と対立仮説 H_1 が

$$\text{帰無仮説 } H_0 : \theta = \theta_0, \quad \text{対立仮説 } H_1 : \theta \ne \theta_0$$

のように，帰無仮説の両側に対立仮説が存在する仮説検定問題を**両側仮説検定問題** (two-sided test) という．

> **定理 10.3** 確率変数 $X_1, X_2, \ldots, X_n$ を確率密度関数 $f_X(x : \theta)$ を持つ確率分布からの無作為標本とし，$f_X(\boldsymbol{x} : \theta)$ を $(X_1, X_2, \ldots, X_n)$ の同時確率密度関数とする．このとき，θ に関する片側仮説検定問題
>
> $$\text{帰無仮説 } H_0 : \theta \leq \theta_0, \quad \text{対立仮説 } H_1 : \theta > \theta_0$$
>
> に対して，θ に対する十分統計量 $T = T(X_1, X_2, \ldots, X_n)$ を用いて
>
> $$T \geq t \quad \Rightarrow \quad \text{有意水準 } \alpha \text{ で帰無仮説を棄却する}$$
> $$T < t \quad \Rightarrow \quad \text{有意水準 } \alpha \text{ で帰無仮説を棄却しない}$$
>
> という検定を考える．(10.27) 式が t の単調尤度比であるならば，この検定は有意水準 α の一様最強力検定である．

証明 $\theta_1 > \theta_0$ を満たすパラメータ θ_1 を任意に固定した単純な仮説検定

$$\text{帰無仮説 } H_0 : \theta = \theta_0, \quad \text{対立仮説 } H_1 : \theta = \theta_1$$

を考える．このとき，T は θ に対する十分統計量であることから，因数分解定理（定理 9.5）より

$$\frac{f_X(\boldsymbol{x} : \theta_1)}{f_X(\boldsymbol{x} : \theta_0)} = \frac{h(\boldsymbol{x}) g(t, \theta_1)}{h(\boldsymbol{x}) g(t, \theta_0)} = \frac{g(t, \theta_1)}{g(t, \theta_0)} \tag{10.32}$$

を得る．ここで，$\dfrac{f_X(\boldsymbol{x} : \theta_1)}{f_X(\boldsymbol{x} : \theta_0)}$ は t の単調尤度比なので，$\theta_1 > \theta_0$ に対して $\dfrac{g(t, \theta_1)}{g(t, \theta_0)}$ は t に関する単調増加関数である．このことから，$g(t, \theta)$ の定義域において，$T \geq t$ なる t が存在することと $\dfrac{g(T, \theta_1)}{g(T, \theta_0)} \geq k \left(= \dfrac{g(t, \theta_1)}{g(t, \theta_0)} \right)$ なる $k \geq 0$ が存在することは同値であることがわかる．そこで，ネイマン・ピアソンの補題にしたがって，棄却域 C を $C = \left\{ x : \dfrac{g(t, \theta_1)}{g(t, \theta_0)} \geq k \right\}$ でかつ $\mathrm{pr}(X \in C : \theta_0) = \alpha$ なる有意水準 α の検定を考えると，これは有意水準 α の最強力検定となっており，

$$\mathrm{pr}(X \in C : \theta_0) = \mathrm{pr}(T \geq t : \theta_0) = \alpha \tag{10.33}$$

となる．したがって，棄却域として $C' = \{T \geq t\}$ を考えると，この検定も有意水準 α の最強力検定である．$\theta_1 > \theta_0$ を満たす任意の θ_1 に対して成り立つことから，定理に述べる検定は一様最強力検定である．　　　　　　　□

定理 10.3 ででてきた十分統計量 T のように, 統計的仮説検定問題において帰無仮説を棄却するかどうかを判断するために使われる統計量のことを検定統計量という.

✔ 例 10.6　確率変数 $X_1, X_2, \ldots, X_n$ を正規分布 $N(\mu_x, 1)$ からの無作為標本としたとき,

$$\text{帰無仮説 } H_0 : \mu_x \leq \mu_x^*, \quad \text{対立仮説 } H_1 : \mu_x > \mu_x^*$$

という片側仮説検定問題を考えよう. 例 10.5 で述べたように, この正規分布 $N(\mu_x, 1)$ は 1 パラメータの指数型分布族に属する確率分布である. また, (10.27) 式は標本平均 $\bar{X}$ について単調尤度比であり, かつ $\bar{X}$ は μ_x の十分統計量である. そこで, $\bar{X}$ を検定統計量として

$$\bar{X} \geq x \ \Rightarrow \ \text{帰無仮説を棄却する}$$

$$\bar{X} < x \ \Rightarrow \ \text{帰無仮説を棄却しない}$$

という検定を考えよう. このとき, 有意水準 α を適当に定めれば, 定理 10.3 より, これは有意水準 α の一様最強力検定となる. そこで, $\bar{X}$ に基づく棄却域を決める x の値を求めることにしよう.

まず, $\mu_x > \mu_x^*$ を満たす μ_x を μ_x^{**} とおくと,

$$\frac{\prod_{i=1}^{n} f_{X|\mu_x^{**}}(x_i : \mu_x^{**})}{\prod_{i=1}^{n} f_{X|\mu_x^*}(x_i : \mu_x^*)} = \frac{\left(\dfrac{1}{\sqrt{2\pi}}\right)^n \exp\left(-\dfrac{1}{2}\sum_{i=1}^{n}(x_i - \mu_x^{**})^2\right)}{\left(\dfrac{1}{\sqrt{2\pi}}\right)^n \exp\left(-\dfrac{1}{2}\sum_{i=1}^{n}(x_i - \mu_x^*)^2\right)}$$

$$= \exp\left(n\left(\bar{x}(\mu_x^{**} - \mu_x^*) - \frac{\mu_x^{**2} - \mu_x^{*2}}{2}\right)\right) \qquad (10.34)$$

である. このことから, ネイマン・ピアソンの補題より,

$$\exp\left(n\left(\bar{x}(\mu_x^{**} - \mu_x^*) - \frac{\mu_x^{**2} - \mu_x^{*2}}{2}\right)\right) > k \qquad (10.35)$$

すなわち, $\mu_x^{**} \neq \mu_x^*$ の下で,

$$\bar{x} > \frac{\mu_x^{**} + \mu_x^*}{2} + \frac{\log k}{n(\mu_x^{**} - \mu_x^*)}(= x) \qquad (10.36)$$

となる棄却域を定めればよい. したがって,

$$\mathrm{pr}(\bar{X} > x : \mu_x = \mu_x^*) = \alpha \tag{10.37}$$

となる定数 x を定めると, $\bar{X} > x$ のときに帰無仮説 $H_0 : \mu_x = \mu_x^*$ を棄却する検定は有意水準 α の最強力検定となる.

さて, 帰無仮説 $H_0 : \mu_x = \mu_x^*$ の下で, 標本平均 $\bar{X}$ は正規分布 $N(\mu_x^*, 1/n)$ にしたがうことから

$$\mathrm{pr}\left(\frac{\bar{X} - \mu_x^*}{\sqrt{1/n}} > x' = \frac{x - \mu_x^*}{\sqrt{1/n}} \right) = \alpha \tag{10.38}$$

である. したがって, たとえば, $x' = 1.65$ (標準正規分布の上側 95%点) とおけば, その棄却域は $\bar{X} > \mu_x^* + 1.65/\sqrt{n}$ となる. これは片側仮説検定における有意水準 5% の最強力検定を構成する棄却域であり, $\mu_x^{**} > \mu_x^*$ に対してその検出力は, $\sqrt{n}(\bar{X} - \mu_x^{**}) \geq \sqrt{n}(\mu_x^* - \mu_x^{**}) + 1.65$ より,

$$\mathrm{pr}\left(\bar{X} > \mu_x^* + \frac{1.65}{\sqrt{n}} : \mu_x = \mu_x^{**} \right) = \int_{\sqrt{n}(z_a - \mu_x^{**})}^{\infty} \frac{1}{\sqrt{2\pi}} \exp\left(-\frac{1}{2}z^2 \right) dz$$

$$= \mathrm{pr}\left(Z > 1.65 + \sqrt{n}(\mu_x^* - \mu_x^{**}) \right) \tag{10.39}$$

である. ここに, (10.39) 式の Z は標準正規分布にしたがう確率変数であり, $z_a = \mu_x^* + 1.65/\sqrt{n}$ である. この式からわかるように, サンプルサイズ n が一定の場合, μ_x^* と μ_x^{**} が離れれば離れるほど検出力は大きくなり ($\mu^{**} > \mu^*$ より, μ^{**} が大きくなると, $1.65 + \sqrt{n}(\mu^* - \mu^{**})$ は負の方向へ発散する), 第二種の誤りをおかす確率は小さくなる (帰無仮説 H_0 が棄却されやすくなる). 同様に, μ_x^* と μ_x^{**} の差が小さくても 0 でない限りは, n の値が大きくなるほど検出力は大きくなり, 第二種の誤りをおかす確率は小さくなる (帰無仮説 H_0 が棄却されやすくなる). この問題は, 次章で紹介するサンプルサイズの設計問題に関係する. ■

　与えられたデータ・セットに対して, 帰無仮説 H_0 を棄却できる最小の有意水準を p 値 (p-value) や **有意確率** (significant probability) という. 実際のデータ解析において, p 値を帰無仮説が正しい可能性, 解析結果の重要性や再現性などといったことを示す指標として用いられることがある. しかし, p 値は帰

無仮説 H_0 も想定する確率分布が正しいとの仮定に基づいて計算される値であり，p 値の数学的定義の中に帰無仮説の正しさや解析結果の重要性，再現性といった概念は含まれていない（大雑把にいえば，「帰無仮説が正しい $\Rightarrow$ p 値のとる値が有意水準よりも大きい」であって，p 値のとる値が有意水準よりも大きければ帰無仮説が正しいというわけではない）．すなわち，帰無仮説の正しさを判断する際には，p 値はデータ解析の一側面をとらえているだけにすぎないことを踏まえて，検出力や解析目的，実質科学的知見も考慮すべきであるといえる．事実，統計的に有意ではなかったことが，学術分野やビジネス分野において無意味であることを意味しているわけではないし，むしろ，重要な知見を与えることも稀ではない．

例 10.2 が示すもう一つの重要な知見として，(10.38) 式に着目してみよう．この式は，サンプルサイズを n とした確率試行を 100 回繰り返した場合，検定統計量 $(\bar{X} - \mu_x^*)/\sqrt{1/n}$ が概ね $100 \times \alpha$ 回ほど x' の値を超える可能性があることを意味する．すなわち，帰無仮説がどんなに正しくても，$100 \times \alpha$ 回は帰無仮説が棄却される危険性がある．この問題は，サイコロ投げの場合，1 回の施行において 1 の出る確率は $1/6$ であるが，n 回の試行を行ったとき少なくとも 1 回は 1 の出る確率は $1 - (5/6)^n$，すなわち，試行回数が増えるにつれて少なくとも 1 回は 1 の出る確率が 1 に近づいていくのを思い浮かべればわかるであろう．これと同じ論理で帰無仮説の下で有意水準 α の検定を n 回行ったとき，少なくとも 1 回は帰無仮説が棄却される確率は $1 - (1 - \alpha)^n$ となる．たとえば，有意水準 0.05 の検定を 10 回繰り返せば，少なくとも一度は帰無仮説が棄却される確率は 0.401 となり，かなり大きくなる．その 1 回がいつあらわれるのかは誰にもわからない．

10.5 不偏検定

✔ **例 10.7** 例 10.6 の続きとして，有意水準を $\alpha = 0.05$ とした両側仮説検定問題

$$\text{帰無仮説 } H_0 : \mu_x = 0, \quad \text{対立仮説 } H_1 : \mu_x \neq 0$$

を考えることにしよう．

まずは，μ_x に対する十分統計量は標本平均 $\bar{X}$ であり，この正規分布は単調

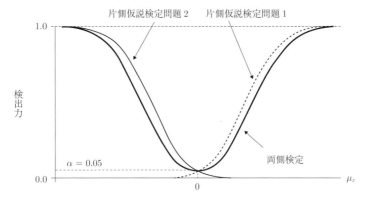

図 10.4 検出力曲線

尤度比を持つ1パラメータの指数型分布族に属することに注意しておく．このことを踏まえて，この両側仮説検定問題を2つの片側仮説検定問題，すなわち，

片側仮説検定問題1：帰無仮説 $H_0 : \mu_x = 0$，　対立仮説 $H_1^* : \mu_x > 0$

片側仮説検定問題2：帰無仮説 $H_0 : \mu_x = 0$，　対立仮説 $H_1^{**} : \mu_x < 0$

に分ける．このとき，例 10.6 で説明したように，片側仮説検定問題1と片側仮説検定問題2に対する棄却域はそれぞれ $C_1 = \left\{\bar{X} : \bar{X} > 1.65/\sqrt{n}\right\}$ と $C_2 = \left\{\bar{X} : \bar{X} < -1.65/\sqrt{n}\right\}$ で与えられる．一方，両側仮説検定の棄却域を $C_3 = \left\{\bar{X} : |\bar{X}| > x\right\}$ として，有意水準 $\alpha = 0.05$ の検定を考えると，正規分布の確率密度関数は平均 μ_x について左右対称であることから

$$\mathrm{pr}(|\bar{X}| > x : \mu_x = 0) = 2\mathrm{pr}(\bar{X} > x : \mu_x = 0) = 0.05$$
$$\Rightarrow \quad \mathrm{pr}(\bar{X} > x : \mu_x = 0) = 0.025$$

$$(10.40)$$

となり，$x = 1.96/\sqrt{n}$（1.96 は標準正規分布の上側 97.5%点）を得る．

さて，例 10.6 より，Z を標準正規分布にしたがう確率変数とすると，それぞれの片側仮説検定に対する検出力は

$$1 - \beta(C_1) = \mathrm{pr}\left(Z > 1.65 - \sqrt{n}\mu_x\right)$$

$$(10.41)$$

$$1 - \beta(C_2) = \mathrm{pr}\left(Z < -1.65 - \sqrt{n}\mu_x\right) \tag{10.42}$$

と書くことができる. また, 例 10.6 と同様な計算により, 両側仮説検定に対する検出力は,

$$1 - \beta(C_3) = \mathrm{pr}\left(Z > 1.96 - \sqrt{n}\mu_x\right) + \mathrm{pr}\left(Z < -1.96 - \sqrt{n}\mu_x\right) \tag{10.43}$$

となることがわかる. ここで, 簡単のために, あえて, $n = 1, \mu_x = -0.31$ としてみると,

$$1 - \beta(C_1) = \mathrm{pr}\left(Z > 1.65 + 0.31\right) = \mathrm{pr}\left(Z > 1.96\right) = 0.025 \tag{10.44}$$

となり, 同様な計算により

$$1 - \beta(C_2) = \mathrm{pr}\left(Z < -1.34\right) = 0.09 \tag{10.45}$$

$$1 - \beta(C_3) = \mathrm{pr}\left(Z > 2.27\right) + \mathrm{pr}\left(Z < -1.65\right) = 0.06 \tag{10.46}$$

を得る (値については巻末の正規分布表を参照). したがって, 検出力は小さいほうから順に棄却域を C_1, C_3, C_2 としたものになっている. 同様に, $\mu_x = 0.31$ とすると, 検出力は棄却域を C_2, C_3, C_1 とした順に高くなる. この様子をあらわしたものが図 10.4 である. すなわち, $\mu_x > 0$ においては C_1 を棄却域とする検定が最強力であり, $\mu_x < 0$ においては C_2 を棄却域とする検定が最強力となる. ∎

例 10.7 から推察されるように, 一般に, 両側仮説検定問題に関しては, 一様最強力検定は存在しない. その場合の対策として, 不偏検定という検定に限定して議論を進めることが考えられる. すなわち,

$$\text{帰無仮説 } H_0 : \theta \in \Theta_0, \quad \text{対立仮説 } H_1 : \theta \in \Theta_1$$

となる仮説検定問題において, 有意水準 α の検定において, 任意の $\theta \in \Theta_1$ に対する検出力が α 以上, すなわち

$$1 - \beta(C) = \mathrm{pr}(X \in C : H_1) \geq \alpha \geq \alpha(C) = \mathrm{pr}(X \in C : H_0) \tag{10.47}$$

であるとき, 有意水準 α の**不偏検定** (unbiased test) という. 帰無仮説が正し

くないときに帰無仮説を棄却する確率が，帰無仮説が正しいときにそれを棄却する確率よりも大きい検定が不偏検定であると解釈することができる.

有意水準 α の不偏検定のなかで，任意の $\theta \in \Theta_1$ に対して検出力の大きいものが存在するとき，それを有意水準 α の**一様最強力不偏検定** (uniformly most powerful unbiased test) という．この一様最強力不偏検定を定式化するにあたっては，$\mathrm{pr}(X \in C : H_0) \leq \alpha$ の下で，任意の $\theta \in \Theta_1$ と任意の検定関数 $\psi^*(x)$ に対して，

$$1 - \beta_\psi(C) = E\left[\psi(X) : \theta\right] \geq 1 - \beta_{\psi^*}(C^*) = E\left[\psi^*(X) : \theta\right] \geq \alpha \qquad (10.48)$$

となるような検定関数 $\psi(x)$ を構成することになる．この定式化は，有意水準 α の不偏検定のなかで，任意の $\theta \in \Theta_1$ に対して検出力が最大となるような棄却域 C を構成することと言い換えてもよい.

✔ **例 10.8** X を指数分布 $\mathrm{Ex}(\lambda)$ にしたがう確率変数とするとき，

$$\text{帰無仮説 } H_0 : \lambda = 1, \quad \text{対立仮説 } H_1 : \lambda \neq 1$$

なる仮説検定問題を考え，この問題の有意水準 $\alpha = 0.05$ の不偏検定を構成してみよう．いま，

$$C = [0, c_1] \cup [c_2, \infty) \qquad (10.49)$$

を棄却域とすると，検出力関数は

$$
\begin{aligned}
1 - \beta(C) &= \mathrm{pr}(X \in C : H_1) \\
&= \int_0^{c_1} \frac{1}{\lambda} \exp\left(-\frac{x}{\lambda}\right) dx + \int_{c_2}^{\infty} \frac{1}{\lambda} \exp\left(-\frac{x}{\lambda}\right) dx \\
&= 1 - \exp\left(-\frac{c_1}{\lambda}\right) + \exp\left(-\frac{c_2}{\lambda}\right) \qquad (10.50)
\end{aligned}
$$

と書くことができ，λ に関して図 10.5 のようなグラフとなる．ここで，有意水準 $\alpha = 0.05$ の不偏検定を得るために，第一種の誤りをおかす確率を計算すると

$$\alpha(C) = \mathrm{pr}(X \in C : H_0) = 1 - \exp\left(-c_1\right) + \exp\left(-c_2\right) = 0.05 \quad (10.51)$$

を得る．また，有意水準 $\alpha = 0.05$ の不偏検定であるならば，検出力関数 (10.50)

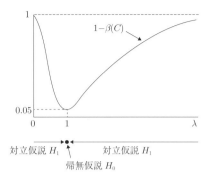

図 10.5 検出力関数

式は $\lambda = 1$ で極小値をとることになる．したがって，(10.50) 式が $\lambda > 0$ で微分可能なことから

$$\left.\frac{d(1 - \beta(C))}{d\lambda}\right|_{\lambda=1} = c_1 \exp(-c_1) - c_2 \exp(-c_2) = 0 \tag{10.52}$$

を得る．(10.51) 式と (10.52) 式を c_1 と c_2 について解くと（たとえば，多次元ニュートン・ラプソン法などを用いる），$c_1 = 0.042$, $c_2 = 4.73$ を得る．したがって，棄却域 C は

$$C = [0, 0.042] \cup [4.73, \infty) \tag{10.53}$$

となる．　　　　　　　　　　　　　　　　　　　　　　　　　　　　　　　■

補足 10.1　ニュートン・ラプソン法は，$f(x) = 0$ の近似解を求めるアルゴリズムの一つであり，その背景にある定理は以下のようなものである：2 回微分可能な関数 $f(x)$ がある点 x_0 において $f(x_0) > 0$ を満たし，x_0 より小さな点 a において $f(a) < 0$ を満たすとする．また，区間 $[a, x_0]$ において $f(x)$ が単調増加で下に凸な関数であるとする．このとき，

$$x_n = x_{n-1} - \frac{f(x_{n-1})}{f'(x_{n-1})}$$

によって定義される数列 $\{x_n\}$ は，区間 (a, x_0) にある $f(x) = 0$ の解に収束する．

演習問題

問題 10.1 確率変数 $X_1, X_2, \ldots, X_n$ を正規分布 $N(\mu_x, \sigma_{xx})$ からの無作為標本とするとき,

$$帰無仮説 \ H_0 : \mu_x = \mu_0, \quad 対立仮説 \ H_1 : \mu_x \neq \mu_0$$

なる仮説検定問題に対して, 棄却域を

$$\frac{\sqrt{n}|\bar{X} - \mu_0|}{\sqrt{\sigma_{xx}}} \geq z_{\alpha/2} \tag{10.54}$$

とする検定は, 有意水準 α の一様最強力不偏検定であることを示せ. ただし, σ_{xx} は与えられているものとし, $z_{\alpha/2}$ は標準正規分布の上側確率が $\alpha/2$ となるような Z の値とする.

第 11 章

統計的仮説検定の周辺

11.1 仮説検定の手続きの概要

統計的仮説検定は，概ね次のような手続きで行われる．

Step 1：帰無仮説を設定する．

Step 2：有意水準を設定し（α とする），検出力 β で帰無仮説を棄却するのに
必要なサンプルサイズを計算する．

Step 3：データを採取する．

Step 4：データから検定統計量および p 値を計算する．

Step 5：p 値が α 以下であるとき有意水準 α で帰無仮説を棄却し，そうでな
いとき帰無仮説を棄却しないと判定する．

Step 5 の判定では，p 値は α 以下かそうでないかだけが問われ，p 値の大きさ
は問われない．しかし，前章からわかるように，一般に p 値はサンプルサイズ
に依存しており，どんなに小さい効果でも，サンプルサイズが大きければ p 値
は有意水準 α よりも小さくなりうる．このことは，統計的仮説検定においては，
その判断がサンプルサイズに依存することを示している．それゆえに Step 2 は
客観的な判断を下すうえで重要な役割を果たす．また，p 値は帰無仮説の下で
計算された検定統計量の値から得られるものであり，何の知見もなければ p 値
それ自身が解析結果の重要性や帰無仮説の正しさを示すものではない．このこ
とを念頭に置きながら，次節では，Step 4 に着目し，検定統計量のいくつかを
紹介する．

11.2 いくつかの検定統計量

11.2.1 t 検定

● 1 標本の母平均の検定

本項では，確率変数 $X_1, X_2, \ldots, X_n$ を正規分布 $N(\mu_x, \sigma_{xx})$ からの無作為標本とするとき，平均 μ_x に関する仮説検定問題

$$\text{帰無仮説 } H_0 : \mu_x = \mu_0, \quad \text{対立仮説 } H_1 : \mu_x \neq \mu_0 \tag{11.1}$$

を考えることにしよう．この問題において，分散 σ_{xx} の値がわからない状況を想定し，この推定量として標本不偏分散 $\hat{\sigma}_{xx}$（(1.24) 式）を用いることにする．このとき，6.3.2 項で述べたように，標本不偏分散 $\hat{\sigma}_{xx}$ と標本平均 $\bar{X}$ は独立である．また，$(n-1)\hat{\sigma}_{xx}/\sigma_{xx}$ は自由度 $n-1$ のカイ二乗分布 $\chi^2(n-1)$ にしたがい，$\bar{X}$ は正規分布 $N(\mu_x, \sigma_{xx}/n)$ にしたがう．よって，6.6 節より，帰無仮説 H_0 の下で

$$t = \frac{\bar{X} - \mu_0}{\sqrt{\sigma_{xx}/n}} \bigg/ \sqrt{\frac{(n-1)\hat{\sigma}_{xx}}{(n-1)\sigma_{xx}}} = \frac{\bar{X} - \mu_0}{\sqrt{\hat{\sigma}_{xx}/n}} \tag{11.2}$$

は自由度 $n-1$ の t 分布にしたがうことがわかる．(11.2) 式を t **検定統計量** (Student's t-statistic)，確率変数 $X_1, X_2, \ldots, X_n$ にデータを代入することによって得られる値を t 値 (t-value) という．この得られた t 値から p 値を求め，あらかじめ定めた有意水準以下であれば，帰無仮説を棄却するといった手続きがとられる．

● 2 標本問題の母平均の差に関する検定（対応関係がない場合）

次に，確率変数 $X_1, X_2, \ldots, X_n$ を正規分布 $N(\mu_x, \sigma_{xx})$ からの無作為標本とし，確率変数 $Y_1, Y_2, \ldots, Y_m$ を正規分布 $N(\mu_y, \sigma_{yy})$ からの無作為標本とする．また，これらは独立に無作為抽出されている（すなわち，$X_1, X_2, \ldots, X_n$ と $Y_1, Y_2, \ldots, Y_m$ の間に対応関係がない）ものとする．このとき，平均 μ_x と μ_y の間に差があるかどうか，すなわち，$\delta = \mu_y - \mu_x$ に関する仮説検定問題

$$\text{帰無仮説 } H_0 : \delta = 0, \quad \text{対立仮説 } H_1 : \delta \neq 0 \tag{11.3}$$

を考えることにしよう.

　まず, 分散 σ_{xx} と σ_{yy} の値はわからないものの, これらが等しい (**等分散性**: equal variance) ことがあらかじめ仮定できる状況を考える. このとき, これを $\sigma_{xx} = \sigma_{yy} = \sigma$ とおくと, その不偏推定量は

$$S = \frac{(n-1)\hat{\sigma}_{xx} + (m-1)\hat{\sigma}_{yy}}{n+m-2} \tag{11.4}$$

で与えられ, $\bar{X} - \bar{Y}$ とは独立である. ここに, (11.4) 式を**合併分散** (pooled variance) という. カイ二乗分布の再生性より, $((n-1)\hat{\sigma}_{xx} + (m-1)\hat{\sigma}_{yy})/\sigma$ は自由度 $n+m-2$ のカイ二乗分布 $\chi^2(n+m-2)$ にしたがい, $\bar{X} - \bar{Y}$ は正規分布 $N\left(\mu_x - \mu_y, \left(\dfrac{1}{n} + \dfrac{1}{m}\right)\sigma\right)$ にしたがう. したがって, 帰無仮説 H_0 の下で,

$$t = \frac{\bar{X} - \bar{Y}}{\sqrt{\left(\dfrac{1}{n} + \dfrac{1}{m}\right)\sigma}} \bigg/ \sqrt{\frac{(n+m-2)S}{(n+m-2)\sigma}} = \frac{\bar{X} - \bar{Y}}{\sqrt{\left(\dfrac{1}{n} + \dfrac{1}{m}\right)S}} \tag{11.5}$$

は自由度 $n+m-2$ の t 分布にしたがうことがわかる. (11.2) 式と同様に, (11.5) 式を t 検定統計量という. (11.5) 式に確率変数 $X_1, X_2, \ldots, X_n, Y_1, Y_2, \ldots, Y_m$ にデータを代入することによって得られる t 値から p 値を求め, あらかじめ定めた有意水準以下であれば, 帰無仮説を棄却するといった手続きがとられる.

　一方, 分散 σ_{xx} と σ_{yy} が等しいことがあらかじめ仮定できない場合には**ウェルチの検定** (Welch's t-test) と呼ばれる仮説検定法が使われる.

　ウェルチの検定における検定統計量は

$$t = \frac{\bar{X} - \bar{Y}}{\sqrt{\dfrac{\hat{\sigma}_{xx}}{n} + \dfrac{\hat{\sigma}_{yy}}{m}}} \tag{11.6}$$

により定義される. ただし, この検定統計量の自由度 ν は

$$\nu \simeq \frac{\left(\dfrac{\hat{\sigma}_{xx}}{n} + \dfrac{\hat{\sigma}_{yy}}{m}\right)^2}{\dfrac{\hat{\sigma}_{xx}^2}{n^2(n-1)} + \dfrac{\hat{\sigma}_{yy}^2}{m^2(m-1)}} \tag{11.7}$$

で与えられる. この自由度は**サタスウェイトの公式** (Satterthwaite equation)

と呼ばれ，一般に整数値にはならない．この検定統計量は，等分散性という仮定に基づいておらず，したがって，推定された合併分散を用いないという点で，(11.5) 式で与えた t 検定統計量とは異なる．

● 2 標本問題の母平均の差に関する検定（対応関係がある場合）

本項の最後に，確率変数ベクトル $(X_1, Y_1), (X_2, Y_2), \ldots, (X_n, Y_n)$ を二次元正規分布 $N\left(\begin{pmatrix} \mu_x \\ \mu_y \end{pmatrix}, \begin{pmatrix} \sigma_{xx} & \sigma_{xy} \\ \sigma_{xy} & \sigma_{yy} \end{pmatrix}\right)$ からの無作為標本とする．このような標本を**対標本** (paired sample) という．このとき，μ_x と μ_y の間に差があるかどうか，すなわち

$$\text{帰無仮説 } H_0 : \mu_x = \mu_y, \quad \text{対立仮説 } H_1 : \mu_x \neq \mu_y \tag{11.8}$$

という仮説検定問題を考えることにする．

$\delta_1 = X_1 - Y_1, \delta_2 = X_2 - Y_2, \ldots, \delta_n = X_n - Y_n$ は正規分布 $N(\mu_x - \mu_y, \sigma_{xx} - 2\sigma_{xy} + \sigma_{yy})$ にしたがう．したがって，この仮説検定問題は，$\delta = \mu_y - \mu_x$ に関する仮説検定問題

$$\text{帰無仮説 } H_0 : \delta = 0, \quad \text{対立仮説 } H_1 : \delta \neq 0 \tag{11.9}$$

すなわち，この仮説検定問題は 1 標本の母平均の仮説検定問題 (11.1) 式に帰着され，自由度 $n - 1$ の t 検定統計量が利用される．

11.2.2 F 検定

本項では，確率変数 $X_1, X_2, \ldots, X_n$ を正規分布 $N(\mu_x, \sigma_{xx})$ からの無作為標本とし，確率変数 $Y_1, Y_2, \ldots, Y_m$ を正規分布 $N(\mu_y, \sigma_{yy})$ からの無作為標本とする．また，これらは独立に無作為抽出されている（すなわち，$X_1, X_2, \ldots, X_n$ と $Y_1, Y_2, \ldots, Y_m$ の間に対応関係がない）ものとする．このとき，分散 σ_{xx} と σ_{yy} の間に差があるかどうか，すなわち

$$\text{帰無仮説 } H_0 : \sigma_{xx} = \sigma_{yy}, \quad \text{対立仮説 } H_1 : \sigma_{xx} \neq \sigma_{yy} \tag{11.10}$$

を考えることにしよう．σ_{xx} と σ_{yy} をそれぞれの標本不偏分散 $\hat{\sigma}_{xx}$ と $\hat{\sigma}_{yy}$ で推定することにすれば，6.5 節より，帰無仮説 H_0 の下で

$$F_{n-1,m-1} = \frac{\hat{\sigma}_{xx}/\sigma_{xx}}{\hat{\sigma}_{yy}/\sigma_{yy}} = \frac{\hat{\sigma}_{xx}}{\hat{\sigma}_{yy}} \tag{11.11}$$

は自由度 $(n-1, m-1)$ の F 分布にしたがうことがわかる．(11.11) 式に確率
変数 $X_1, X_2, \ldots, X_n, Y_1, Y_2, \ldots, Y_m$ にデータを代入することによって得られ
る値を F 値という．この得られた F 値から p 値を求め，あらかじめ定めた有
意水準以下であれば，帰無仮説を棄却するといった手続きがとられる．

11.2.3　尤度関数に基づく検定統計量

本節では，簡単のために，パラメータ θ に関する仮説検定問題

$$\text{帰無仮説 } H_0 : \theta = \theta_0, \quad \text{対立仮説 } H_1 : \theta \neq \theta_0 \tag{11.12}$$

を考え，対数尤度関数に基づく検定統計量として，スコア検定統計量，ワルド
検定統計量，対数尤度比検定統計量を紹介する．

　スコア検定統計量 (score statistic) は，その名のとおり，スコア関数が漸近
的に正規分布にしたがうことを利用した検定統計量である．スコア検定統計量
は**ラグランジュ乗数検定** (Lagrange multiplier test) とも呼ばれる．9.2 節の定
理 9.3（最尤推定量の漸近正規性）の証明のなかで述べたように，定理 9.3 で与
えた条件の下で，スコア関数

$$S(\theta : \boldsymbol{X}) = \sum_{i=1}^{n} \frac{\partial \log f_X(X_i : \theta)}{\partial \theta} \tag{11.13}$$

に関して，$S(\theta : \boldsymbol{X})/\sqrt{n}$ は漸近的に正規分布 $N(0, I(\theta))$ にしたがう．このこ
とを踏まえて，スコア検定統計量は，θ に帰無仮説の下でのパラメータの値 θ_0
を代入した

$$\frac{S(\theta_0 : \boldsymbol{X})}{\sqrt{n \times I(\theta_0)}} \tag{11.14}$$

で与えられ，これが帰無仮説の下で漸近的に標準正規分布 $N(0, 1)$ にしたがう，
あるいは

$$\frac{S(\theta_0 : \boldsymbol{X})^2}{n \times I(\theta_0)} \tag{11.15}$$

が自由度 1 のカイ二乗分布にしたがうことを利用して仮説検定が行われる．

　スコア検定統計量と同様に，**ワルド検定統計量** (Wald statistic) も定理 9.3 に基づくものであり，最尤推定量が漸近的に正規分布にしたがうことを利用した仮説検定統計量である．定理 9.3 より $\sqrt{n \times I(\theta)}(\hat{\theta} - \theta)$ は漸近的に標準正規分布 $N(0, 1)$ にしたがう．このとき，$I(\hat{\theta})$ が $I(\theta)$ の一致推定量であるならば，これを代入した $\sqrt{n \times I(\hat{\theta})}(\hat{\theta} - \theta)$ も漸近的に正規分布にしたがう．このことを踏まえて，ワルド検定統計量は

$$\sqrt{n \times I(\hat{\theta})}(\hat{\theta} - \theta_0) \tag{11.16}$$

により定式化され，これが帰無仮説の下で漸近的に正規分布 $N(0, 1)$ にしたがう．あるいは

$$n \times I(\hat{\theta})(\hat{\theta} - \theta_0)^2 \tag{11.17}$$

が自由度 1 のカイ二乗分布にしたがうことを利用して仮説検定が行われる．

　最後に，**対数尤度比検定統計量** (log-likelihood ratio statistic) を紹介しよう．

$$\text{帰無仮説 } H_0 : \theta \in \Theta_0, \quad \text{対立仮説 } H_1 : \theta \in \Theta_1$$

とする仮説検定問題を考えるとき，対数尤度比検定統計量は

$$-2 \log \left(\frac{\sup\limits_{\theta \in \Theta_0} f_X(\boldsymbol{x} : \theta)}{\sup\limits_{\theta \in \Theta} f_X(\boldsymbol{x} : \theta)} \right) \tag{11.18}$$

により定義される．括弧 "$(\cdot)$" 内の関数について，対数尤度関数の上限のとる際の θ の範囲は分子よりも分母のほうが広いため，この関数は $[0, 1]$ の値をとる．したがって，対数尤度比検定統計量は非負の値をとることがわかるであろう．

> **定理 11.1**　定理 9.3 と同じ条件の下で，1 パラメータ θ に関する単純仮説検定問題
>
> $$\text{帰無仮説 } H_0 : \theta = \theta_0, \quad \text{対立仮説 } H_1 : \theta \neq \theta_0$$
>
> における対数尤度比検定統計量
>
> $$-2 \log \left(\frac{f_X(\boldsymbol{x} : \theta_0)}{f_X(\boldsymbol{x} : \hat{\theta})} \right) \tag{11.19}$$

は，帰無仮説 H_0 の下で，漸近的に自由度 1 のカイ二乗分布 $\chi^2(1)$ にしたがう．

証明 対数尤度関数 $\log(f_X(\boldsymbol{x} : \theta))$ を θ の最尤推定量 $\hat{\theta}$ の付近でテイラー展開すると，

$$
\begin{aligned}
\log(f_X(\boldsymbol{x} : \theta)) &= \log(f_X(\boldsymbol{x} : \hat{\theta})) + \left.\frac{d\log(f_X(\boldsymbol{x} : \theta))}{d\theta}\right|_{\theta=\hat{\theta}} (\theta - \hat{\theta}) \\
&\quad + \frac{1}{2}\left.\frac{d^2 \log(f_X(\boldsymbol{x} : \theta))}{d\theta^2}\right|_{\theta=\theta'} (\theta - \hat{\theta})^2 \\
&= \log(f_X(\boldsymbol{x} : \hat{\theta})) + \frac{1}{2}\left.\frac{d^2 \log(f_X(\boldsymbol{x} : \theta))}{d\theta^2}\right|_{\theta=\theta'} (\theta - \hat{\theta})^2 \quad (11.20)
\end{aligned}
$$

を得る $(\theta' = t\theta + (1-t)\hat{\theta}, \, 0 < t < 1)$. したがって，

$$
\begin{aligned}
-2\log\left(\frac{f_X(\boldsymbol{x} : \theta_0)}{f_X(\boldsymbol{x} : \hat{\theta})}\right) &= -\left.\frac{d^2 \log(f_X(\boldsymbol{x} : \theta))}{d\theta^2}\right|_{\theta=\theta'} (\theta_0 - \hat{\theta})^2 \\
&= -\frac{1}{n}\sum_{i=1}^{n}\left(\left.\frac{d^2 \log(f_X(x_i : \theta))}{d\theta^2}\right|_{\theta=\theta'}\right)\left\{\sqrt{n}(\theta_0 - \hat{\theta})\right\}^2 \quad (11.21)
\end{aligned}
$$

を得る．ここで，定理 9.3 の証明と同様の手続きにより，

$$
-\frac{1}{n}\sum_{i=1}^{n}\left(\left.\frac{d^2 \log(f_X(x_i : \theta))}{d\theta^2}\right|_{\theta=\theta'}\right) \quad (11.22)
$$

がフィッシャー情報量 $I(\theta_0)$ に確率収束すること，そして，$\sqrt{n}(\theta_0 - \hat{\theta})$ が漸近的に正規分布 $N(0, 1/I(\theta_0))$ にしたがうことがわかる．すなわち，

$$
\sqrt{-\frac{1}{n}\sum_{i=1}^{n}\left(\left.\frac{d^2 \log(f_X(x_i : \theta))}{d\theta^2}\right|_{\theta=\theta'}\right)}\left\{\sqrt{n}(\theta_0 - \hat{\theta})\right\} \quad (11.23)
$$

は，漸近的に標準正規分布 $N(0,1)$ にしたがうことから，6.3.2 項より，これを 2 乗した (11.19) 式は自由度 1 のカイ二乗分布 $\chi^2(1)$ にしたがうことがわかる． $\square$

3 つの検定統計量の違いは，対数尤度関数における帰無仮説と対立仮説の間の距離の測り方にある．例として，縦軸に対数尤度関数の値，横軸にパラメータの値をとった図 11.1 を考えてみよう．$\hat{\theta}_{\mathrm{MLE}}$ は対立仮説の下で計算された最尤推定量であり，θ_0 は帰無仮説の下での θ の値である．このとき，スコア検定統計量は帰無仮説 θ_0 における傾きに着目したものであり，ワルド検定統計量は横軸上の $\hat{\theta}_{\mathrm{MLE}}$ と帰無仮説 θ_0 の差異に着目したものである．一方，対数尤度比

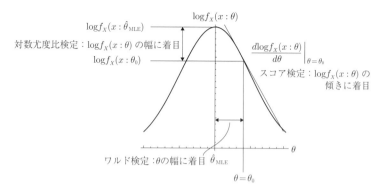

図 11.1 ワルド検定統計量，スコア検定統計量，対数尤度比検定統計量の違い

検定統計量は，縦軸上の $\log(f_X(x : \hat{\theta}_{\mathrm{MLE}}))$ と $\log(f_X(x : \theta_0))$ の違いを考察したものといえる．帰無仮説の下では，これら 3 つの検定統計量は漸近的には同じ確率分布にしたがうことから，サンプルサイズが大きくなるにつれて検定統計量による解析結果の差異は小さくなる．しかし，3 つの検定統計量は異なる視点に基づいて導かれており，解析結果が完全に一致するわけではない．実際に仮説検定を行うにあたっては検出力などを踏まえた考察が必要となるため，どの検定統計量が優れているかといった優劣関係があるわけではない．

11.3 区間推定

第 9 章と第 10 章では点推定量を構成し，データをその実数値関数に代入することで得られる単一の値（推定値）を用いてパラメータの値を評価するものであった．しかし，点推定量は確率変数の実数値関数であるから，採取されるデータ・セットごとに値が異なる（ばらつきを持つ）．したがって，点推定値のような 1 つの値だけではこのようなばらつきを考察することができない．そこで，何らかの形で一定の幅を持たせてパラメータを評価することが重要となる．このような問題意識に基づいて，データを用いてパラメータが含まれるであろう範囲（上限と下限）を推定する方法が**区間推定** (interval estimation) である．

確率変数 $X_1, X_2, \ldots, X_n$ を確率密度関数 $f_X(x : \theta)$ を持つ確率分布からの無作為標本とし，$f_X(\boldsymbol{x} : \theta)$ を $X_1, X_2, \ldots, X_n$ の同時確率密度関数とする．このとき，与えられた α $(0 \leq \alpha \leq 1)$ に対して

$$\mathrm{pr}(L(\boldsymbol{X}) \leq \theta \leq U(\boldsymbol{X})) \geq 1 - \alpha \tag{11.24}$$

を満たす区間 $\mathrm{CI}_\alpha = [L(\boldsymbol{X}), U(\boldsymbol{X})]$ を θ に対する**信頼率** (confidence level)$1 - \alpha$ の**信頼区間** (confidence interval) という．ここに，統計量 $L(\boldsymbol{X})$ は信頼率 $1 - \alpha$ の**下側信頼限界** (lower confidence limit) と呼ばれ，統計量 $U(\boldsymbol{X})$ は信頼率 $1 - \alpha$ の**上側信頼限界** (upper confidence limit) と呼ばれる．統計的仮説検定の立場からいえば，α は有意水準に対応するものであるが，区間推定の立場からは**危険率** (critical level) と呼ばれることがある．

なお，区間推定では，下側信頼限界と上側信頼限界が確率変数，すなわち，変動するのは信頼区間であって，パラメータ θ が変動するわけではない（未知の定数であって，ばらつきを持った確率変数ではない）ことに注意されたい．すなわち，パラメータ θ に対する信頼率 $1 - \alpha$ の信頼区間とは，想定する（あるパラメータ値 θ（真値）により規定された）確率分布が正しいとの前提に立ち，同じ条件の下で n 回の無作為抽出を k 回繰り返し行い，そのそれぞれから得られた k 個の信頼区間のうち，$(1 - \alpha) \times k$ 個程度がパラメータ θ の真値を含む区間となることを意味する．また，一般に，信頼率 $1 - \alpha$ を満たす信頼区間は無数に構成することができる．しかし，パラメータの評価の観点からいえば，同じ信頼率ならば，パラメータの存在範囲の絞り込みを行えるという意味で，区間幅がもっとも小さい信頼区間のほうがよい．たとえば，区間 $(-\infty, \infty)$ は信頼率 1 の信頼区間であるが，パラメータの評価の観点からは役に立つものではない．

✔ 例 11.1 簡単のために，$X_1, X_2, \ldots, X_n$ を分散 σ_{xx} を既知とする正規分布 $N(\mu_x, \sigma_{xx})$ からの無作為標本とするとき，μ_x に対する信頼率 $1 - \alpha$ の信頼区間を構成してみよう．μ_x の不偏推定量は標本平均 $\bar{X}$ であり，これは正規分布 $N(\mu_x, \sigma_{xx}/n)$ にしたがう．したがって，μ_x に対する信頼率 $1 - \alpha$ の信頼区間は，標準正規分布の上側 $\alpha/2$ 点 $z_{\alpha/2}$ を用いて

$$\mathrm{pr}\left(\left| \frac{\bar{X} - \mu_x}{\sqrt{\sigma_{xx}/n}} \right| < z_{\alpha/2} \right) = \mathrm{pr}\left(\bar{X} - z_{\alpha/2}\sqrt{\frac{\sigma_{xx}}{n}} < \mu_x < \bar{X} + z_{\alpha/2}\sqrt{\frac{\sigma_{xx}}{n}} \right)$$
$$= 1 - \alpha \tag{11.25}$$

となる．ここで，この区間推定が区間幅のもっとも小さい信頼区間を与えているかどうかを調べるために，

$$\mathrm{pr}\left(\bar{X} + x_1\sqrt{\frac{\sigma_{xx}}{n}} < \mu_x < \bar{X} + x_2\sqrt{\frac{\sigma_{xx}}{n}}\right) = 1 - \alpha \tag{11.26}$$

を満たす信頼率 $1 - \alpha$ の信頼区間を考えてみよう. ここで, (11.26) 式の極値を求めるために, x_2 を微分可能な x_1 の実数値関数とみなして, (11.26) 式の両辺を x_1 で微分すると,

$$f_X(x_2)\frac{dx_2}{dx_1} - f_X(x_1) = 0 \tag{11.27}$$

である. ここに, $f_X(x)$ は標準正規分布の確率密度関数である. また, 区間幅 $(x_2 - x_1)\sqrt{\sigma_{xx}/n}$ の最小値 (極小値) を見つけるために, この関数を微分すると

$$\frac{dx_2}{dx_1} - 1 = 0 \tag{11.28}$$

を得る. (11.27) 式と (11.28) 式から, $f_X(x_1) = f_X(x_2)$ が得られるが, 標準正規分布の対称性と $x_1 \neq x_2$ であることから, $x_2 = -x_1$ を得る. したがって, 信頼率 $1 - \alpha$ の信頼区間で区間幅のもっとも狭いものは

$$\left(\bar{X} - z_{\alpha/2}\sqrt{\frac{\sigma_{xx}}{n}}, \bar{X} + z_{\alpha/2}\sqrt{\frac{\sigma_{xx}}{n}}\right) \tag{11.29}$$

となる. ■

　有意水準の定義からわかるように, 仮説検定問題で使われる有意水準は帰無仮説の下で導かれる統計量の分布に対して設定される. これに対して, 区間推定で使われる危険率 (信頼率) の場合には, そのような制約をおくことなくパラメータを評価するために構成された統計量の分布に対して設定されている.

　一方, 有意水準や信頼率の定式化からわかるように, 区間推定と統計的仮説検定問題は密接な関係がある. まず, 任意の $\theta_0 \in \Theta$ に対して

$$\text{帰無仮説 } H_0 : \theta = \theta_0, \qquad \text{対立仮説 } H_1 : \theta \neq \theta_0$$

なる仮説検定問題を考え, このときの有意水準 α の検定の棄却域を C_{θ_0} とおくと

$$\mathrm{pr}(X \notin C_{\theta_0} : H_0) \geq 1 - \alpha \tag{11.30}$$

が成り立つ. ここで, 任意の θ_0 に対して棄却域 C_{θ_0} が与えられるとき, $\mathrm{CI}_\alpha = \{\theta | X \notin C_\theta, \theta \in \Theta\}$ とおくと

$$\mathrm{pr}(X \notin C_\theta) = \mathrm{pr}(\theta \in \mathrm{CI}_\alpha) \geq 1 - \alpha \tag{11.31}$$

すなわち, CI_α は信頼率 $1 - \alpha$ の信頼区間となる. 一方, CI_α を θ に対する信頼率 $1 - \alpha$ の信頼区間とすると, $\theta = \theta_0$ に対して

$$\mathrm{pr}(\theta_0 \in \mathrm{CI}_\alpha : H_0) = \mathrm{pr}(X \notin C_{\theta_0} : H_0) \geq 1 - \alpha \tag{11.32}$$

となり, C_{θ_0} が有意水準 α の検定の棄却域となることがわかる.

パラメータ θ に対する信頼率 $1 - \alpha$ の信頼区間を CI_α とし, θ に対するもう一つの信頼率 $1 - \alpha$ の信頼区間を CI_α^* とする. 任意の θ^* $(\theta^* \neq \theta)$ に対して

$$\mathrm{pr}(\theta^* \in \mathrm{CI}_\alpha : \theta) \leq \mathrm{pr}(\theta^* \in \mathrm{CI}_\alpha^* : \theta) \tag{11.33}$$

であり, これが任意の θ で成り立つとき, CI_α は θ に対する信頼率 $1 - \alpha$ の**一様最精密信頼区間** (uniformly most accurate confidence interval) という. パラメータ θ に対する信頼率 $1 - \alpha$ の信頼区間のなかで, 真でないパラメータの値 θ^* を含む確率の小さい信頼区間が一様最精密信頼区間であると解釈される.

11.4 サンプルサイズの設計

さて, サンプルサイズによって, 検定結果が変化することを述べたところであるが, これについてもう少し詳しく見ていくことにしよう. 本節では, サンプルサイズの設計問題の詳細については触れず, 簡単な例をとおして統計的仮説検定を実施する際の問題点を紹介する. 詳しくは, 永田 (2003) などを参照してほしい.

いま, 確率変数 $X_1, X_2, \ldots, X_n$ を分散 σ_{xx} を既知とする正規分布 $N(\mu_x, \sigma_{xx})$ からの無作為標本とするとき, 有意水準 α の統計的仮説検定問題

帰無仮説 $H_0 : \mu_x = \mu_0$,　　対立仮説 $H_1 : \mu_x \neq \mu_0$

を考えることにしよう. このとき, この仮説検定を行うための検定統計量は,

$$Z = \frac{\bar{X} - \mu_0}{\sqrt{\sigma_{xx}/n}} = \sqrt{n}\frac{\bar{X} - \mu_0}{\sqrt{\sigma_{xx}}} \tag{11.34}$$

で与えられ，n 個のデータ $x_1, x_2, \ldots, x_n$ を代入したときの $|Z|$ の値が $z_{\alpha/2}$（標準正規分布の上側確率が $\alpha/2$ となるような Z の値）を超える，すなわち，

$$|Z| = \left| \sqrt{n} \frac{\bar{X} - \mu_0}{\sqrt{\sigma_{xx}}} \right| > z_{\alpha/2} \tag{11.35}$$

であれば帰無仮説 H_0 を棄却する．一方，$z_{\alpha/2}$ を超えていない，すなわち，

$$|Z| = \left| \sqrt{n} \frac{\bar{X} - \mu_0}{\sqrt{\sigma_{xx}}} \right| \leq z_{\alpha/2} \tag{11.36}$$

であれば帰無仮説 H_0 を棄却しない．これらの定式化を見ればわかるように，$\bar{X}$ の値が μ_0 と一致しない限り，サンプルサイズ n が大きくなると $|Z|$ の値も大きくなり，わずかな違いであっても帰無仮説が棄却される傾向があることがわかる．一方，$\bar{X}$ の値が μ_0 と大きく異ならない場合には，サンプルサイズ n が小さくなると $|Z|$ の値も小さくなり，帰無仮説が棄却されにくくなる傾向があることがわかる．μ_x の真の値と μ_0 に大きな隔たりがあるのにもかかわらず，サンプルサイズが小さいゆえに帰無仮説を棄却できないとなると重要な情報を見逃してしまうことになりかねない．このような問題を回避するために，適切なサンプルサイズを決めておく必要がある．これを**サンプルサイズの設計** (sample size design) という．

この問題を回避する方策として，検出力に着目する．対立仮説の下では

$$\sqrt{n} \frac{\bar{X} - \mu_x}{\sqrt{\sigma_{xx}}} \tag{11.37}$$

が標準正規分布にしたがうことに注意すると，

$$\text{pr}\left(\left| \sqrt{n} \frac{\bar{X} - \mu_0}{\sqrt{\sigma_{xx}}} \right| > z_{\alpha/2} \right) = \text{pr}\left(\left| \sqrt{n} \frac{\bar{X} - \mu_x + (\mu_x - \mu_0)}{\sqrt{\sigma_{xx}}} \right| > z_{\alpha/2} \right)$$

$$= \text{pr}\left(\sqrt{n} \frac{\bar{X} - \mu_x}{\sqrt{\sigma_{xx}}} > z_{\alpha/2} - \sqrt{n} \frac{\mu_x - \mu_0}{\sqrt{\sigma_{xx}}} \right)$$

$$+ \text{pr}\left(\sqrt{n} \frac{\bar{X} - \mu_x}{\sqrt{\sigma_{xx}}} < -z_{\alpha/2} - \sqrt{n} \frac{\mu_x - \mu_0}{\sqrt{\sigma_{xx}}} \right) \tag{11.38}$$

を得る．ここに，$\mu_x - \mu_0$ を**効果量**（エフェクトサイズ：effect size）といい，この効果量を標準偏差で割った

$$\Delta = \frac{\mu_x - \mu_0}{\sqrt{\sigma_{xx}}} \tag{11.39}$$

を**標準化された効果量** (standardized effect size) という．このように，検出力はサンプルサイズと効果量に基づいて定まる（分散が未知パラメータとなっている場合には分散も考慮しなければならない）．

残念ながら，効果量 Δ の真値はわからない．しかし，Δ が正の値であっても負の値であっても検出力は変わらない．そこで，$\Delta > 0$ を仮定して，少なくとも必要とされる検出力の大きさ $1 - \beta$ と $\Delta > \Delta_0$ なる閾値 $\Delta_0 > 0$ をあらかじめ設定すると，

$$z_{\alpha/2} - \sqrt{n}\Delta < z_{\alpha/2} - \sqrt{n}\Delta_0 \tag{11.40}$$

すなわち，(11.38) 式より

$$
\begin{aligned}
1 - \beta(C) &\geq \mathrm{pr}\left(\sqrt{n}\frac{\bar{X} - \mu_x}{\sqrt{\sigma_{xx}}} > z_{\alpha/2} - \sqrt{n}\Delta\right) \\
&> \mathrm{pr}\left(\sqrt{n}\frac{\bar{X} - \mu_x}{\sqrt{\sigma_{xx}}} > z_{\alpha/2} - \sqrt{n}\Delta_0\right)
\end{aligned} \tag{11.41}
$$

を得る．したがって，$\Delta = \Delta_0$ としておけば，少なくとも必要とする検出力に対するサンプルサイズを計算することができる．その値は，$z_{\alpha/2} - \sqrt{n}\Delta_0$ が検出力 $1 - \beta(C)$ の下限 $1 - \beta$ と一致すればよいので，これを $z_{1-\beta}$ とおくと，必要なサンプルサイズは

$$z_{\alpha/2} - \sqrt{n}\Delta_0 = z_{1-\beta}, \quad \text{すなわち } n = \left(\frac{z_{1-\beta} - z_{\alpha/2}}{\Delta_0}\right)^2 \tag{11.42}$$

となる．この式は，同じ仮説検定問題の下で同じ検出力を得ようとするならば，効果量が大きい場合にはサンプルサイズは小さくてもかまわないが，効果量が小さい場合にはサンプルサイズは大きくなければならないことを意味している．

ここで，上記と同じく，確率変数 $X_1, X_2, \ldots, X_n$ を分散 σ_{xx} を既知とする正規分布 $N(\mu_x, \sigma_{xx})$ からの無作為標本とするとき，区間推定の観点からサンプルサイズの設計方法についても簡単に触れておこう．このとき，母平均 μ_x に対する信頼区間は例 11.1 で与えた (11.29) 式になるが，この信頼区間の区間幅を一定の範囲内 δ に収まるようにサンプルサイズを設計することになる．すなわち，信頼率 $1 - \alpha$ 信頼区間の区間幅は

$$\bar{x} + z_{\alpha/2}\sqrt{\frac{\sigma_{xx}}{n}} - \left(\bar{x} - z_{\alpha/2}\sqrt{\frac{\sigma_{xx}}{n}}\right) = 2z_{\alpha/2}\sqrt{\frac{\sigma_{xx}}{n}} \tag{11.43}$$

であるから，これが δ よりも小さければよい．これより，

$$2z_{\alpha/2}\sqrt{\frac{\sigma_{xx}}{n}} \leq \delta, \ \ \text{すなわち} \ \ n \geq 4z_{\alpha/2}^2 \frac{\sigma_{xx}}{\delta^2} \tag{11.44}$$

となる．この式より，信頼区間の幅を δ の半分にしたければ，サンプルサイズを 4 倍にしなくてはならないことがわかる．

✔ 例 11.2 （標本調査）　標本調査においては，どのくらいの標本誤差が見込まれるかを予測し，それを踏まえて標本の大きさを決めて調査を設計する必要がある．そこで，例として，$M + N$ 世帯が住んでいる町で自動車の所有率 $p = N/(M + N)$ を調査する状況を考えよう．ここに，N は自動車を所有している世帯数，M は自動車を所有していない世帯数である．このとき，自動車所有率 p に対する標本誤差は，n を抽出された調査対象数として，x/n の標準偏差

$$\sqrt{\frac{M + N - n}{M + N - 1}\frac{p(1-p)}{n}} \tag{11.45}$$

で与えられる（5.3 節を参照）．標本調査において，$\sqrt{(M + N - n)/(M + N - 1)}$ は母集団の大きさに対する標本の大きさの割合をあらわしており，**抽出率** (sampling rate) と呼ばれる．母集団の大きさ $M + N$ に対して，サンプルサイズ n が小さい場合には抽出率は 1 に近くなり，二項分布の標準偏差により近似できる．なお，この標準誤差は $p = 0.5$ のとき，すなわち，この町の自動車の所有率が 50% だった場合に最大となる．したがって，p が未知である場合には，$p = 0.5$ とみなしてサンプルサイズ n を決めるということが考えられる．なお，抽出率が 1 に近い場合には，母集団の大きさには関係なく標本誤差は概ね同じになるが，抽出率が小さい場合には $\sqrt{(M + N - n)/(M + N - 1)}$ を考慮しておく必要がある．　■

演習問題

問題 11.1　確率変数 X と Y がともに 2 値の確率変数であり，これに対応するデータが右の表のようにまとめられているとする．ただし，$n_{i\cdot} = n_{i1} + n_{i2}$，$n_{\cdot i} = n_{1i} + n_{2i}$ $(i = 1, 2)$，$n = \displaystyle\sum_{i,j=1}^{2} n_{ij}$ である．

	x_1	x_2	計
y_1	n_{11}	n_{12}	$n_{1\cdot}$
y_2	n_{21}	n_{22}	$n_{2\cdot}$
計	$n_{\cdot 1}$	$n_{\cdot 2}$	n

このとき，サンプルサイズ n が与えられた下で，X と Y の独立性を検定するためのワルド検定統計量，スコア検定統計量，対数尤度比検定統計量を求めよ．

問題 11.2　確率変数 $X_1, X_2, \ldots, X_n$ を正規分布 $N(\mu_x, \sigma_{xx})$ からの無作為標本とするとき，σ_{xx} の信頼率 $1 - \alpha$ の両側信頼区間を求めよ．

問題 11.3　確率変数 $X_1, X_2, \ldots, X_n$ を指数分布 $\mathrm{Ex}(\lambda)$ からの無作為標本とするとき，λ の信頼率 $1 - \alpha$ の両側信頼区間を求めよ．

問題 11.4　任意に固定した $\theta_0 \in \Theta$ に対する仮説検定問題

$$\text{帰無仮説 } H_0 : \theta = \theta_0, \qquad \text{対立仮説 } H_1 : \theta \neq \theta_0$$

の有意水準 α の一様最強力検定の棄却域を C_θ とする．このとき，$\mathrm{CI} = \{\theta \in \Theta | x \notin C_\theta\}$ は信頼率 $1 - \alpha$ の一様最精密信頼区間である．このことを示せ．

第 12 章

ベイズ推論

12.1 頻度論統計学とベイズ統計学の違い

これまで紹介してきた統計的推測法では，興味ある母集団分布を特徴づける
パラメータに値がすでに割り当てられている（しかし，その値は我々にはわから
ない）という状況が想定されていた．この状況の下で，「得られたデータ・セッ
トは，どのくらいの頻度（確率）でその母集団から生成しうるのか」という問
題意識に基づいて，パラメータを適切に推定するうえで望ましい性質を紹介し
てきたのが第 8 章〜第 11 章である．これらの手続きにおいては，「興味あるパ
ラメータ」は母集団を特徴づける「定数（統計的推測問題においては，ばらつ
きを持たない変数）」とみなされ，母集団から採取された「データ」一つひとつ
は「確率変数」に対して（不確実性をともなって）割り当てられた実現値と解
釈される．このような考え方に基づいて，データを利用して母集団分布の特徴
づけ（パラメータの推測）を行う統計学を**頻度論** (frequentist statistics) に基
づく統計学という．

これに対して，頻度論に基づく統計学とは異なる考え方を利用して，母集団
分布の特徴づけを行うのが**ベイズ統計学** (Bayesian statistics) である．ベイズ
統計学では，データ・セットが得られている状況の下で，「そのデータ・セット
を生成した母集団分布は，どのようなパラメータの値を持つ可能性（確率）が
高いのか」といった観点から，データ・セットによるパラメータの推測が行わ
れる．この手続きにおいては，観測するたびに異なるデータが得られるとはい
え，得られてしまった以上は「データ」一つひとつは母集団分布を特徴づける
「定数」と形式的にみなされる．そのうえで，「パラメータ」をそのデータ・セッ
トの制約を受ける「確率変数」とみなし，この情報を利用してパラメータの確
率分布（事前分布）を更新し，新たな確率分布（事後分布）を得る．

実は，確率変数に割り当てられた実現値を定数とみなし，そのデータ・セッ

トをうまく説明できる（確率密度関数の最大値を与える）パラメータ値を探索するという考え方は最尤法でも使われている．最尤法の場合，興味の対象となるパラメータは確率分布を持たない（パラメータの推定量はばらつくが，パラメータそのものが不確実性をともなって与えられることはない）．一方，ベイズ統計学の場合には，パラメータそのものも不確実性をともなう．このパラメータの不確実性を表現するために，ベイズ統計学ではパラメータに対して何らかの確率分布（事前分布）が導入される．

例として，大学生の身長を興味の対象とし，平均 μ_x cm，標準偏差 $\sqrt{\sigma_{xx}}$ cm の正規分布にしたがうものとしよう．母集団から n 人の大学生を調査した結果，標本平均が $\bar{x}$ cm であったとき，$\bar{x}$ を正規分布 $N(\mu_x, \sigma_{xx}/n)$ にしたがう確率変数の実現値とみなすのが頻度論的な考え方である．これに対して，ベイズ論的な考え方では，μ_x の確率分布（事前分布）は $\bar{x}$ による制約を受け，標本平均を $\bar{x}$ とするような確率分布（事後分布）へ更新される．

ベイズ統計学の根本にあるのは，2.3 節で述べたベイズの定理（定理 2.2）であり，そこで得られる結果は事後分布に基づくものである．すなわち，ベイズ統計学では，事後分布の平均や最頻値などといった統計量を用いてパラメータの評価が行われる．ベイズの公式は

$$f_{\theta|X}(\theta|x) = \frac{f_{X,\theta}(x,\theta)}{f_X(x)} = \frac{f_{X|\theta}(x|\theta)f_\theta(\theta)}{\int_{D_\theta} f_{X|\theta}(x|\theta)f_\theta(\theta)d\theta} \propto f_{X|\theta}(x|\theta)f_\theta(\theta) \quad (12.1)$$

とあらわすことができる．2.3 節で述べたときと同様に，$f_{\theta|X}(\theta|x)$ は**事後分布**，$f_{X|\theta}(x|\theta)$ は**尤度**，$f_\theta(\theta)$ は**事前分布**と呼ばれる．また，$\int_{D_\theta} f_{X|\theta}(x|\theta)f_\theta(\theta)d\theta$ は**周辺尤度**と呼ばれ，θ に依存しないので定数として扱われる．(12.1) 式からわかるように，事後分布 $f_{\theta|X}(\theta|x)$ は事前分布 $f_\theta(\theta)$ と尤度 $f_{X|\theta}(x|\theta)$ の積に比例する．すなわち，最尤法では，X の条件付き確率密度関数 $f_{X|\theta}(x|\theta)$ を最大にする θ が「データをもっともうまく実現できる」推定量とみなされる．これに対して，ベイズ統計学の場合には，事後分布 $f_{\theta|X}(\theta|x)$ あるいは X と θ の同時確率密度関数 $f_{X,\theta}(x,\theta) = f_{X|\theta}(x|\theta)f_\theta(\theta)$ を（何らかの意味で）「最適」にする θ を「データをもっともうまく実現できる」推定量とみなす．なお，パラメータ θ の事前分布も「パラメータ」を持つことがあるが，ここでの推定対象とされるパラメータは尤度に含まれているものであり，パラメータを推測する

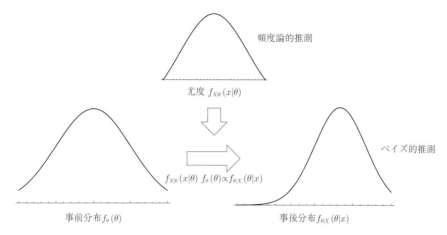

頻度論的推測

尤度 $f_{X|\theta}(x|\theta)$

$f_{X|\theta}(x|\theta)\ f_\theta(\theta)\propto f_{\theta|X}(\theta|x)$

ベイズ的推測

事前分布 $f_\theta(\theta)$

事後分布 $f_{\theta|X}(\theta|x)$

図 12.1 ベイズ推論の考え方

際には両者を明確に区別しておく必要がある．ここでは，最尤法とベイズ推定との対比の観点から，尤度関数に基づいて行われるパラメータ推測を頻度論的推測，事後分布に基づいて行われるパラメータ推測をベイズ的推測と呼ぶ（図12.1 を参照）．

　ベイズ的推測では，パラメータの推定よりもむしろ事後分布の推測が重視され，そこから導かれる事後分布の平均，中央値，あるいは最頻値を用いてパラメータの点推定量を与えることが多い．このことを踏まえて，次節では，その代表例として，ベイズ推定量と最大事後確率推定量を紹介することにしよう．なお，本章はベイズ推論の概要を示すものであることに注意されたい．詳細については間瀬 (2016)，松原 (2010) などを参照してほしい．

12.2　パラメータ推定法

12.2.1　ベイズ推定量

　確率変数 $X_1, X_2, \ldots, X_n$ を確率密度関数 $f_{X|\theta}(x|\theta)(= f_X(x:\theta))$ を持つ確率分布からの無作為標本とし，統計量 $T = T(\boldsymbol{X})$ を θ に対する推定量とする．また，θ に対する T の損失を $L(\theta, T)$ であらわす．

　損失関数 $L(\theta, T)$ として，二乗損失 $(T - \theta)^2$ や絶対損失 $|T - \theta|$ などといったさまざまな関数を考えることができる．そこで，本項では，二乗損失

$$L(\theta, T) = (T - \theta)^2 \tag{12.2}$$

を取り上げる．このとき，θ を与えたときの平均二乗誤差 $R(\theta, T)$

$$R(\theta, T) = \int_{D_X} L(\theta, T) f_{X|\theta}(\boldsymbol{x}|\theta) d\boldsymbol{x} = \int_{D_X} (T - \theta)^2 f_{X|\theta}(\boldsymbol{x}|\theta) d\boldsymbol{x}$$
$$= E\left[(T - \theta)^2 | \theta\right] \tag{12.3}$$

をリスク (risk) という．この式においては，θ は与えられた定数とみなされている．

　残念ながら，実際には θ がどのような値をとるのかはわからない．そこで，θ を確率変数とみなしたときの**平均リスク** (average risk)

$$r(T) = \int_{D_\theta} R(\theta, T) f_\theta(\theta) d\theta = \int_{D_\theta} \int_{D_X} (T - \theta)^2 f_{X|\theta}(\boldsymbol{x}|\theta) f_\theta(\theta) d\boldsymbol{x} d\theta \tag{12.4}$$

を考え，これを最小化するような統計量 T を求めることにする．(12.4) 式を最小化する T があるとき，T を事前分布 $f_\theta(\theta)$ に対する**ベイズ推定量** (Bayes estimator) または**ベイズ解** (Bayes solution) という．

　ここで，

$$f_{X|\theta}(\boldsymbol{x}|\theta) f_\theta(\theta) = f_{X,\theta}(\boldsymbol{x}, \theta) = f_{\theta|X}(\theta|\boldsymbol{x}) f_X(\boldsymbol{x}) \tag{12.5}$$

であることに注意すると，θ に対するベイズ推定量を求めることと

$$r(T) = \int_{D_\theta} \int_{D_X} (T - \theta)^2 f_{X|\theta}(\boldsymbol{x}|\theta) f_\theta(\theta) d\boldsymbol{x} d\theta$$
$$= \int_{D_X} \left(\int_{D_\theta} (T^2 - 2T\theta + \theta^2) f_{\theta|X}(\theta|\boldsymbol{x}) d\theta \right) f_X(\boldsymbol{x}) d\boldsymbol{x}$$

を最小化する統計量 T を求めることは同値となる．このことを踏まえて，被積分関数を

$$\int_{D_\theta} (T^2 - 2T\theta + \theta^2) f_{\theta|X}(\theta|\boldsymbol{x}) d\theta$$
$$= T^2 \int_{D_\theta} f_{\theta|X}(\theta|\boldsymbol{x}) d\theta \quad - 2T \int_{D_\theta} \theta f_{\theta|X}(\theta|\boldsymbol{x}) d\theta + \int_{D_\theta} \theta^2 f_{\theta|X}(\theta|\boldsymbol{x}) d\theta$$
$$= T^2 - 2T E[\theta|\boldsymbol{X}] + E[\theta^2|\boldsymbol{X}] \tag{12.6}$$

と変形する. (12.6) 式を**事後リスク** (posterior risk) という. 事後リスクを推定量 T に関する二次関数とみなせば, その最小値を与える

$$T^* = E[\theta|\boldsymbol{X}] \tag{12.7}$$

すなわち, θ の事後分布の平均 (**事後平均**：posterior mean) が θ に対するベイズ推定量となる. この意味において, 次項で述べる最大事後確率推定量と明確に区別するために, このベイズ推定量を**期待事後推定量** (expected a posterior (EAP) estimator) ということもある. また, θ に対するベイズ推定量を平均リスク (12.4) 式に代入したときの $r(\theta, T^*)$ を**ベイズリスク** (Bayes risk) という. (12.6) 式において $T = T^*$ を代入すると, 事後リスクとして

$$E[\theta^2|\boldsymbol{X}] - E[\theta|\boldsymbol{X}]^2 = \mathrm{var}[\theta|\boldsymbol{X}] \tag{12.8}$$

が得られる. したがって, ベイズリスクは

$$r(\theta, T^*) = \int_{D_X} \mathrm{var}\,[\theta|\boldsymbol{X}]\,f_X(\boldsymbol{x})d\boldsymbol{x} = E\,[\mathrm{var}\,[\theta|\boldsymbol{X}]] \tag{12.9}$$

すなわち, θ の事後分布の分散 (**事後分散**：posterior variance) の期待値として与えられることがわかる.

以上の考察から, 次の定理が導かれる.

定理 12.1 (12.4) 式に基づく θ のベイズ推定量は θ の事後平均で与えられ, そのときのベイズリスクは θ の事後分散の期待値で与えられる.

✔ 例 12.1 確率変数 $X_1, X_2, \ldots, X_n$ を分散 σ_{xx} を既知とする正規分布 $N(\mu_x, \sigma_{xx})$ からの無作為標本とし, 平均 μ_x は事前分布として正規分布 $N(\mu_{\mu_x}, \sigma_{\mu_x\mu_x})$ にしたがうものとする. このとき, 平均 μ_x に対する推定量として標本平均 $\bar{X}$ を得たとすると, これは正規分布 $N(\mu_x, \sigma_{xx}/n)$ にしたがう. このことから, $\bar{X}$ と μ_x の同時分布は

$$f_{\bar{X}|\mu_x}(\bar{x}|\mu_x)f_{\mu_x}(\mu_x)$$
$$= \frac{\sqrt{n}}{\sqrt{2\pi\sigma_{xx}}} \frac{1}{\sqrt{2\pi\sigma_{\mu_x\mu_x}}} \exp\left(-\frac{n}{2\sigma_{xx}}(\bar{x}-\mu_x)^2 - \frac{1}{2\sigma_{\mu_x\mu_x}}(\mu_x-\mu_{\mu_x})^2\right) \tag{12.10}$$

と書ける．この同時確率密度関数のネイピア数 e の指数部分に着目すると，

$$\frac{n}{\sigma_{xx}}(\bar{x}-\mu_x)^2 + \frac{1}{\sigma_{\mu_x\mu_x}}(\mu_x - \mu_{\mu_x})^2$$

$$= \left(\frac{n}{\sigma_{xx}}+\frac{1}{\sigma_{\mu_x\mu_x}}\right)\mu_x^2 - 2\left(\frac{n\bar{x}}{\sigma_{xx}}+\frac{\mu_{\mu_x}}{\sigma_{\mu_x\mu_x}}\right)\mu_x + \left(\frac{n\bar{x}^2}{\sigma_{xx}}+\frac{\mu_{\mu_x}^2}{\sigma_{\mu_x\mu_x}}\right)$$

$$= \left(\frac{n}{\sigma_{xx}}+\frac{1}{\sigma_{\mu_x\mu_x}}\right)\left(\mu_x - \frac{\dfrac{n\bar{x}}{\sigma_{xx}}+\dfrac{\mu_{\mu_x}}{\sigma_{\mu_x\mu_x}}}{\dfrac{n}{\sigma_{xx}}+\dfrac{1}{\sigma_{\mu_x\mu_x}}}\right)^2 + \left(\frac{n\bar{x}^2}{\sigma_{xx}}+\frac{\mu_{\mu_x}^2}{\sigma_{\mu_x\mu_x}}\right)$$

$$- \frac{\left(\dfrac{n\bar{x}}{\sigma_{xx}}+\dfrac{\mu_{\mu_x}}{\sigma_{\mu_x\mu_x}}\right)^2}{\dfrac{n}{\sigma_{xx}}+\dfrac{1}{\sigma_{\mu_x\mu_x}}}$$

となる．したがって，μ_x の事後分布は

$$\text{平均：} \frac{n\sigma_{\mu_x\mu_x}\bar{x}+\sigma_{xx}\mu_{\mu_x}}{n\sigma_{\mu_x\mu_x}+\sigma_{xx}}, \quad \text{分散：} \frac{\sigma_{\mu_x\mu_x}\sigma_{xx}}{n\sigma_{\mu_x\mu_x}+\sigma_{xx}} \tag{12.11}$$

の正規分布となることがわかる．この正規分布の平均が μ_x のベイズ推定量となり，ベイズリスクもこの正規分布の分散と一致する．

　この式からわかるように，ベイズ推定量は標本平均と事前分布の平均の重みづけとして与えられる．また，$\sigma_{\mu_x\mu_x}$ が大きくなる，つまり，信頼できる事前情報が得られていない状況においては事後分布の平均は標本平均に近づくことが考察できる．逆に，$\sigma_{\mu_x\mu_x}$ が小さくなる，すなわち，信頼できる事前情報が得られている場合には，事後分布の平均は事前平均に近づくことが確認できる．なお，(12.11) 式と事前分布を規定する分散を直接比較すれば，事後確率分布を規定する分散が事前確率分布の分散より小さくなっていることがわかるであろう． ■

✔ 例 12.2　コイン投げを n 回行い，表が出る回数を X とし，表が出る確率を p とすると，X は二項分布 BN(n,p) にしたがう．このとき，p に対する事前分布としてベータ分布 Beta(α,β) が与えられていると仮定すると，尤度と事前分布はそれぞれ

$$f_{X|p}(x|p) = {}_nC_x p^x (1-p)^{n-x} \tag{12.12}$$

$$f_p(p) = \frac{1}{B(\alpha,\beta)} p^{\alpha-1}(1-p)^{\beta-1}, \quad 0 \le p \le 1 \tag{12.13}$$

で与えられる. したがって, ベイズ推定量は事後分布の期待値として,

$$T = \frac{\displaystyle\int_0^1 p f_{X|p}(x|p) f_p(p) dp}{\displaystyle\int_0^1 f_{X|p}(x|p) f_p(p) dp} = \frac{\displaystyle\int_0^1 p^{x+\alpha}(1-p)^{n-x+\beta-1} dp}{\displaystyle\int_0^1 p^{x+\alpha-1}(1-p)^{n-x+\beta-1} dp}$$

$$= \frac{B(x+\alpha+1, n-x+\beta)}{B(x+\alpha, n-x+\beta)} = \frac{x+\alpha}{n+\alpha+\beta} \tag{12.14}$$

となる.

ここで, 具体的に $n=5$ としたケースを考えることにしよう (ここでの議論は, 本質的にはラプラスの継起則 (例6.4) と同じである). このとき, p に対する最尤推定量は $x/5$ であるから, その最尤推定値は, 1回も表が出なかった場合には0, 1回だけ表が出た場合には $1/5, \ldots,$ 5回とも表が出た場合には1となる. 一方, このコインには偏りがなく, p がベータ分布 Beta$(1/2, 1/2)$ にしたがっていると仮定すると, そのベイズ推定量は $(2x+1)/12$ であるから, その推定値として1回も表が出なかった場合には $1/12$, 1回だけ表が出た場合には $3/12, \ldots,$ 5回とも表が出たとしても $11/12$ となる. 最尤推定量の立場に立てば, 5回とも表が出た場合には「コイン投げで裏は出ない」, 5回とも裏が出た場合には「コイン投げで表は出ない」という判断が下されかねないが, ベイズ推定量の立場であれば, 5回とも表が出ても裏が出る可能性は残されており, 5回とも裏が出た場合であってもコイン投げで表が出る可能性が残されている. 事前情報がどの程度信頼できるものかを判断するのが難しいこともあるが, この例の場合には 最尤推定量よりもベイズ推定量のほうは我々の感覚にあうものということができそうである. ■

12.2.2 最大事後確率推定量

前項では, 事後分布の期待値としてベイズ推定量を定義したが, 事後分布の最頻値を推定量とすることも考えられる. この考え方に基づいて得られるパラメータ θ の推定量

$$\hat{\theta} = \arg \max_{\theta} \{ f_{\theta|X}(\theta|\boldsymbol{x}) | \theta \in \Theta \} \tag{12.15}$$

を**最大事後確率推定量** (maximum a posterior (MAP) estimator) という. ここに, $\arg \max\{\cdot\}$ は中括弧内の値のなかで最大値を与える θ を意味する.

確率変数 $X_1, X_2, \ldots, X_n$ を確率密度関数 $f_{X|\theta}(x|\theta)$ を持つ確率分布からの無作為標本とし, θ がしたがう事前分布の確率密度関数を $f_\theta(\theta)$ とするとき, θ の最大事後確率推定量 $\hat{\theta}$ は事後分布の確率密度関数

$$f_{\theta|X}(\theta|\boldsymbol{x}) = \frac{f_{X|\theta}(\boldsymbol{x}|\theta) f_\theta(\theta)}{\int_{D_\theta} f_{X|\theta}(\boldsymbol{x}|\theta) f_\theta(\theta) \, d\theta} \tag{12.16}$$

の最大値を与える θ として求められる. ただし, この式の分母はパラメータ θ に依存しないことに注意すると, 結局のところ, その分子にあたる

$$f_{X|\theta}(\boldsymbol{x}|\theta) f_\theta(\theta) \tag{12.17}$$

の最大値を与える θ が最大事後確率推定量となる. ちなみに, $\log \left(f_{X|\theta}(\boldsymbol{x}|\theta) \times f_\theta(\theta) \right)$ が θ に関する二次導関数を持ち, 任意の θ に対して負値をとっていれば

$$\frac{\partial}{\partial \theta} \log f_{X|\theta}(\boldsymbol{x}|\theta) + \frac{d}{d\theta} \log f_\theta(\theta) = 0 \tag{12.18}$$

を θ について解くことによって, 最大事後確率推定量を求めることができる. 特に, θ の事前分布として 12.4.2 項で紹介する無情報事前分布を用いる場合には, θ の最大事後確率推定量は最尤推定量に一致する.

✔ **例 12.3** 例 12.1 と同じ問題設定に基づいて, μ_x の最大事後確率推定量を求めると, μ_x の事後分布は (12.11) 式で与えられる平均と分散を持つ正規分布となる. 正規分布の最頻値はその平均で与えられることに注意すると, μ_x の最大事後確率推定量はベイズ推定量と一致することがわかる. ■

✔ **例 12.4** 例 12.2 と同じ問題設定に基づいて, p の最大事後確率推定量を求めることにしよう. このとき, p の事後分布の確率密度関数の対数をとり, p について微分すると,

$$\frac{x+\alpha-1}{p} - \frac{n-x+\beta-1}{1-p} = 0 \;\; \Rightarrow \;\; \hat{p} = \frac{x+\alpha-1}{n+\alpha+\beta-2} \tag{12.19}$$

が得られる. このことから, $n \geq x - \beta + 1$ かつ $x \geq 1 - \alpha$ であるとき, 最大

事後確率推定量は (12.19) 式で与えられ，例 12.2 で与えたベイズ推定量とは異なることがわかる． ∎

12.3 予測分布

ここで，X と Y をそれぞれ現在得られているデータと予測値とし，それぞれ独立に確率密度関数 $f_{X|\theta}(x|\theta)$ と $f_{Y|\theta}(y|\theta)$ を持つ確率分布にしたがうものとしよう．このとき，X を与えたときの Y の条件付き確率分布として

$$\hat{f}_{Y|X}(y|x) = \int_{D_\theta} f_{Y|\theta}(y|\theta) f_{\theta|X}(\theta|x) d\theta \tag{12.20}$$

を定義し，これを**ベイズ予測分布** (Bayes predictive distribution) という．ベイズ予測分布の「良さ」を評価するために，損失関数を

$$\int_{D_Y} f_{Y|\theta}(y|\theta) \log f_{Y|X}(y|x) dy \tag{12.21}$$

と定義し，これを最大にする $f_{Y|X}(y|x)$ を良い予測分布ということにしよう．このとき，X が確率変数であることと θ に対する事前分布も考慮したうえで，上記の損失関数の期待値を以下のように変形する．

$$\int_{D_\theta} \int_{D_Y} \int_{D_X} f_{Y|\theta}(y|\theta) f_{X|\theta}(x|\theta) f_\theta(\theta) \log f_{Y|X}(y|x) dx dy d\theta$$
$$= \int_{D_X} \left\{ \int_{D_Y} \log f_{Y|X}(y|x) \left(\int_{D_\theta} f_{Y|\theta}(y|\theta) f_{\theta|X}(\theta|x) d\theta \right) dy \right\} f_X(x) dx \tag{12.22}$$

ここで，$\{\cdot\}$ 内の関数についてカルバック・ライブラー情報量（演習問題 3.3 参照）の性質より

$$\int_{D_Y} \log \left(\frac{f_{Y|X}(y|x)}{\int_{D_\theta} f_{Y|\theta}(y|\theta) f_{\theta|X}(\theta|x) d\theta} \right) \left(\int_{D_\theta} f_{Y|\theta}(y|\theta) f_{\theta|X}(\theta|x) d\theta \right) dy$$
$$= \int_{D_Y} \log f_{Y|X}(y|x) \left(\int_{D_\theta} f_{Y|\theta}(y|\theta) f_{\theta|X}(\theta|x) d\theta \right) dy$$
$$- \int_{D_Y} \log \left(\int_{D_\theta} f_{Y|\theta}(y|\theta) f_{\theta|X}(\theta|x) d\theta \right) \times \left(\int_{D_\theta} f_{Y|\theta}(y|\theta) f_{\theta|X}(\theta|x) d\theta \right) dy$$
$$\leq 0 \tag{12.23}$$

であるから，(12.20) 式がカルバック・ライブラー情報量を最小にするという意
味で良い予測分布，すなわち，事後分布 $f_{\theta|X}(\theta|X)$ が得られたならば，(12.20)
式を使うことによりカルバック・ライブラー情報量の意味で最良の予測ができ
ることを示唆している．

12.4 事前分布

12.4.1 共役事前分布

ベイズ統計学の場合，解析に先立って事前分布を設定しておかなくてはならな
い．ところが，想定する事前分布によっては事後分布の計算が複雑になるため，
事後分布を解析的に求める（明示的に表現する）ことが困難となるケースがある．
この複雑な計算を回避する方策として，マルコフ連鎖モンテカルロ (MCMC)
法などの計算アルゴリズムが使われることが多い．

一方，ベイズ推定量を解析的に求めることを目的とした場合には，共役事前分
布と呼ばれる事前分布が用いられることがある．ここに，与えられた事前分布
に基づいて得られた事後分布が事前分布と同じクラスに属するとき，その事前
分布を**共役事前分布** (conjugate prior distribution) という．表 12.1 に共役事
前分布，尤度，事後分布の対応関係のいくつかを示す．本書では紹介しなかっ
た確率分布もあるが，これについてはベイズ統計学の教科書を参照してほしい．

12.4.2 無情報事前分布

事前分布を設定するための情報や根拠が乏しい場合，**無情報事前分布**（non-
informative prior distribution）と呼ばれる事前分布が用いられることがある．
たとえば，コインを 10 回投げて 8 回表が出たとき，表が出る確率の事後分布を

表 12.1 共役事前分布，尤度，事後分布の関係

共役事前分布	尤度	事後分布
ベータ分布	ベルヌーイ分布	ベータ分布
ベータ分布	二項分布	ベータ分布
正規分布	正規分布（分散が既知）	正規分布
逆ガンマ分布	正規分布（分散が未知）	逆ガンマ分布
ガンマ分布	ポアソン分布	ガンマ分布
ディリクレ分布	多項分布	ディリクレ分布

求める問題を考えてみよう．このとき，コインの表／裏が出る事象はベルヌーイ試行であるから，事前分布としてベータ分布を設定するというのが自然な流れであろう．しかし，ベータ分布 $\text{Beta}(\alpha, \beta)$ には $\alpha > 0$ と $\beta > 0$ というパラメータが含まれており，これらにどのような値を割り当てたらよいのか判断するのが難しい．何の根拠もなくパラメータの値を決めたりすれば，解析結果に解析者の恣意性が現れることになり，その解釈を誤ることになりかねない．このような状況において，「事前に情報がない」ことを根拠として，（事前分布としての設定が正しいかどうかは別にして）無情報事前分布が利用されることがある．無情報事前分布としてよく利用されるものとして，6.1 節で紹介した一様分布や非正則事前分布がある．

事前分布として一様分布を仮定した場合，その確率密度関数が定義された区間内において，パラメータがどのような値をとっても同じ確率であることを示唆している．パラメータ値の違いに応じて出現確率が異なることが，パラメータを特定の値に定める根拠を与える際の重要な情報となるが，一様分布の場合には，（大雑把にいえば）パラメータがどのような値をとってもその出現確率が同じである．すなわち，一様分布はパラメータを特定の値に定める情報を提供しているわけではなく，この意味において，無情報事前分布である．

無情報事前分布として一様分布を用いたとき，2 つの問題が生じる．一つは，パラメータの定義域に関する問題である．たとえば，正規分布 $N(\mu_x, \sigma_{xx})$ は，平均 μ_x は $-\infty < \mu_x < \infty$，分散 σ_{xx} は $\sigma_{xx} > 0$ の下で定義される確率分布であるため，平均や分散に対する無情報事前分布として有界な区間で定義された一様分布を用いることは適切ではないということになる．

この問題を解決するために，一様分布とは異なる無情報事前分布として使われるのが，確率分布の定義を満たさない**非正則事前分布** (improper prior distribution) と呼ばれるものである．定義域で積分したときに積分値を持たない非負実数値関数を非正則な密度関数といい，ベイズ統計学では，非正則な無情報事前分布として

$$f_\theta(\theta) = C, \quad \theta \in \Theta \tag{12.24}$$

といった形式のものがよく使われる．ただし，C は正の定数である．この定義からわかるように，非正則事前分布は，一様分布の確率密度関数の定義域を広

げたものにすぎない. ただし, 区間 $(-\infty, \infty)$ でこの関数を積分しても値が存在しないことからわかるように, (12.24) 式は確率分布の定義を満たさない. しかし, 尤度 $f_{X|\theta}(\boldsymbol{x}:\theta)$ と事前分布 $f_\theta(\theta)$ の積について

$$\int_{-\infty}^{\infty} f_{X|\theta}(\boldsymbol{x}:\theta) f_\theta(\theta) d\theta \tag{12.25}$$

の値が存在すれば, ベイズの定理に基づいて事後分布 $f_{\theta|X}(\theta|\boldsymbol{x})$ を定義することができる. 実際, 事後分布 $f_{\theta|X}(\theta|\boldsymbol{x})$ が事前分布と $\boldsymbol{X}$ の同時分布 $C \times f_{X|\theta}(\boldsymbol{x}|\theta)$ に比例することから, その比例定数 $g_X(\boldsymbol{x})$ を用いて, 形式的に

$$f_{\theta|X}(\theta|\boldsymbol{x}) = C \frac{f_{X|\theta}(\boldsymbol{x}|\theta)}{g_X(\boldsymbol{x})} = h_X(\boldsymbol{x}) f_{X|\theta}(\boldsymbol{x}|\theta) \tag{12.26}$$

と書くことができる. このことからわかるように, パラメータ θ の事後分布を推測するのに C の値に関する情報は必要なく, 尤度だけで行うことが可能となる.

　上述の非正則な無情報事前分布にも, パラメータ変換に対する不変性という問題が存在する. たとえば, パラメータ θ が無情報事前分布にしたがう (パラメータ θ に関して事前情報がない) と仮定したならば, θ^2 も無情報事前分布にしたがう (θ^2 に対しても事前情報がない) と考えるのが妥当であろう. しかし, パラメータ θ が非正則な無情報事前分布にしたがうと仮定しても, θ^2 のしたがう事前分布は

$$f_{\theta^2}(\theta) = \frac{C}{2\sqrt{\theta}}, \quad 0 < \theta \tag{12.27}$$

となり, 無情報事前分布とはならない. この問題を解決する方法の一つとして, ジェフリーズの事前分布がある.

　ジェフリーズの**事前分布** (Jeffreys prior distribution) はフィッシャー情報量 $I(\theta)$ の正の平方根 $\sqrt{I(\theta)}$ に比例するように定義される. このとき, θ の事後分布 $f_{\theta|X}(\theta|\boldsymbol{x})$ は

$$f_{X|\theta}(\boldsymbol{x}|\theta)\sqrt{I(\theta)} \tag{12.28}$$

に比例する形式で与えられる.

　ここで, θ に関して微分可能な単調増加関数 $g(\theta)$ を用いてパラメータ η が

$\eta = g(\theta)$ とあらわされるとしよう．このとき，η に関するスコア関数は

$$S(\eta|\boldsymbol{X}) = \frac{\partial \log f_{X|g}(\boldsymbol{X}|\eta)}{\partial \eta} = \frac{\partial \log f_{X|g}(\boldsymbol{X}|g(\theta))}{\partial \theta}\frac{\partial \theta}{\partial \eta} \tag{12.29}$$

で与えられる．η は $\boldsymbol{X}$ の関数ではないため，η に関するフィッシャー情報量

$$I(\eta) = E\left[\left(\frac{\partial L(\theta : \boldsymbol{X})}{\partial \theta}\right)^2\right]\left(\frac{\partial \theta}{\partial \eta}\right)^2 \tag{12.30}$$

を得る．したがって，$f_{X|\eta}(\boldsymbol{x}|\eta)\sqrt{I(\eta)}$ に対して変数変換（4.3 節を参照）を適用することによりパラメータ変換後の事後分布も

$$\begin{aligned}f_{X|\eta}(\boldsymbol{x}|\eta)\sqrt{I(\eta)} &= f_{X|\eta}(\boldsymbol{x}|g(\theta))\sqrt{I(g(\theta))}\frac{\partial \eta}{\partial \theta}\\ &= f_{X|\theta}(\boldsymbol{x}|\theta)\left(\sqrt{I(\theta)}\frac{\partial \theta}{\partial \eta}\right)\left(\frac{\partial \eta}{\partial \theta}\right) = f_{X|\theta}(\boldsymbol{x}|\theta)\sqrt{I(\theta)}\end{aligned} \tag{12.31}$$

に比例し，パラメータ変換に対して不変であることがわかる．

✔ 例 12.5　二項分布 $\mathrm{BN}(n, p)$ のパラメータ p に対するスコア関数は

$$S(p : X) = \frac{X}{p} - \frac{n - X}{1 - p} = \frac{X - np}{p(1 - p)} \tag{12.32}$$

であるから，フィッシャー情報量は $I(p) = n/p(1-p)$，すなわち，ジェフリーズの事前分布は $(p(1-p))^{-1/2}$ に比例する形式（ベータ分布 $\mathrm{Beta}(1/2, 1/2)$）で与えられ，事後分布は $p^{x-(1/2)}(1-p)^{n-x-(1/2)}$ に比例する形式で与えられる． ■

12.5　ベイズ流の区間推定

　ここで，ベイズ統計学の立場から，区間推定の考え方を紹介しておこう．頻度論的な区間推定や仮説検定とは異なり，ベイズ統計学ではパラメータは確率変数として扱われる．すなわち，興味あるパラメータ θ の事前分布を $f_\theta(\theta)$，尤度を $f_{X|\theta}(x|\theta)$ とおくと，θ は

$$f_{\theta|X}(\theta|x) = \frac{f_{X|\theta}(x|\theta)f_\theta(\theta)}{\displaystyle\int_{D_\theta} f_{X|\theta}(x|\theta)f_\theta(\theta)d\theta} \tag{12.33}$$

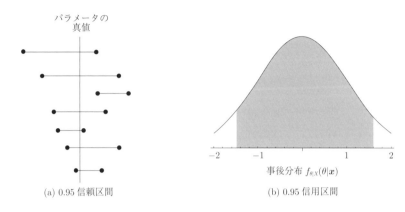

(a) 0.95 信頼区間　　　　　　　　(b) 0.95 信用区間

図 12.2 信頼区間と信用区間の違い

を確率密度関数とする事後分布にしたがう．θ は確率変数なので，

$$\int_{l}^{u} f_{\theta|X}(\theta|x)dx = 1 - \alpha \tag{12.34}$$

を満たす区間 $[l, u]$ を構成することができれば，興味あるパラメータ θ が $[l, u]$ に含まれる確率は $1 - \alpha$ であるということができる．この区間を $1 - \alpha$ **信用区間**（**確信区間**：credible interval）という．この式からわかるように，頻度論的な区間推定（信頼区間）とベイズ的な区間推定（信用区間）ではその解釈が異なる（図 12.2 を参照）．前者の場合，パラメータは固定された（未知の）値であり，信頼区間の上限や下限は確率変数（の関数）である．したがって，想定する（パラメータ値 θ（真値）により規定された）確率分布（尤度）が正しいとの前提の下で，信頼率 0.95 の信頼区間の場合には「標本抽出して信頼率 0.95 の信頼区間を計算するという操作を 100 回繰り返したとき，そのうちの 95 回程度はその区間にパラメータの真値が含まれる」であることが期待される．一方，後者の場合には，データは与えられた値であり，パラメータは確率変数とみなされる．したがって，95% 信用区間は，「パラメータの事後確率分布において，95% の確率でパラメータがとりうる区間」と解釈され，直感的に理解しやすい．

　区間 $[l, u]$ のとり方として，等裾信用区間や最大事後密度区間などがある（図 12.3 を参照）．**等裾信用区間** (equal-tailed interval) は事後分布について

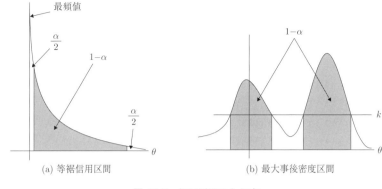

図 12.3 信用区間のとり方

$$\int_u^\infty f_{\theta|X}(\theta|x)dx = \int_{-\infty}^l f_{\theta|X}(\theta|x)dx = \frac{\alpha}{2} \tag{12.35}$$

となるように下側信用限界 l と上側信用限界 u を選択するものである．等裾信用区間は事後分布の中央値を常に含むものの，最頻値がこの信用区間に含まれることは保証されない（図 12.3(a)）．**最大事後密度区間**（HPD 区間：highest posterior density interval）はこの欠点を解消するものであり，

$$C = \{\theta | f_\theta(\theta|x) > k\} \tag{12.36}$$

でかつ k が $\mathrm{pr}(C|X = x) = 1 - \alpha$ を満たすような集合として定義される．最大事後密度区間は中央値を含まない可能性があるものの，常に最頻値を含む．また，事後分布が単峰型でなくても適用できるという利点もある（図 12.3(b)）．

✔ 例 12.6 例 12.1 の続きとして．X を正規分布 $N(\mu_x, \sigma_{xx})$ にしたがう確率変数とし，平均 μ_x は正規分布 $N(\mu_{\mu_x}, \sigma_{\mu_x \mu_x})$ にしたがうものとしよう．このとき，例 12.1 で述べたように，μ_x の事後分布は

$$\text{平均：} \frac{n\sigma_{\mu_x\mu_x}\bar{x} + \sigma_{xx}\mu_{\mu_x}}{n\sigma_{\mu_x\mu_x} + \sigma_{xx}}, \quad \text{分散：} \frac{\sigma_{\mu_x\mu_x}\sigma_{xx}}{n\sigma_{\mu_x\mu_x} + \sigma_{xx}} \tag{12.37}$$

の正規分布となることがわかる．このことから，$1 - \alpha$ の等裾信用区間（この場合には最大事後密度区間にもなっている）の下側限界と上側限界はそれぞれ

$$\frac{n\sigma_{\mu_x\mu_x}\bar{x} + \sigma_{xx}\mu_{\mu_x}}{n\sigma_{\mu_x\mu_x} + \sigma_{xx}} - z_{\alpha/2}\sqrt{\frac{\sigma_{\mu_x\mu_x}\sigma_{xx}}{n\sigma_{\mu_x\mu_x} + \sigma_{xx}}} \tag{12.38}$$

$$\frac{n\sigma_{\mu_x\mu_x}\bar{x} + \sigma_{xx}\mu_{\mu_x}}{n\sigma_{\mu_x\mu_x} + \sigma_{xx}} + z_{\alpha/2}\sqrt{\frac{\sigma_{\mu_x\mu_x}\sigma_{xx}}{n\sigma_{\mu_x\mu_x} + \sigma_{xx}}} \tag{12.39}$$

で与えられる. ∎

12.6 仮説検定的な考え方

一般に,パラメータ θ に関する仮説検定は,

$$\text{帰無仮説 } H_0 : \theta \in \Theta_0, \quad \text{対立仮説 } H_1 : \theta \in \Theta\backslash\Theta_0 \tag{12.40}$$

という形式で定式化される. この問題設定の下で,有意水準 α を設定し,誤って H_0 を棄却してしまう確率が α 以下となるように検定手法を構成するのが頻度論的な仮説検定の大雑把な流れである. このとき,母集団のパラメータは固定された定数として扱われ,データが確率変数の実現値であることから,ベースとなっている確率は,帰無仮説が正しいときにデータが得られる確率 $\mathrm{pr}(x|H_0)$ と考えてよい.

これに対して,ベイズ統計学においては,母集団のパラメータも確率変数として扱われるため,それぞれの仮説に対して事前確率 $\mathrm{pr}(H_0)$ と $\mathrm{pr}(H_1) = 1 - \mathrm{pr}(H_0)$ を割り当てることが可能である. このとき,確率の比(**事前オッズ**:prior odds) $\mathrm{pr}(H_0)/\mathrm{pr}(H_1)$ が 1 を超えていれば仮説 H_0 が起こりやすく,1 を下回れば仮説 H_1 が起こりやすい. そして 1 であればどちらの仮説も同程度に起こりやすいということができるであろう.

ここで,θ の事前分布を

$$f_\theta(\theta) = f_\theta(\theta|\theta \in \Theta_0)\mathrm{pr}(\theta \in \Theta_0) + f_\theta(\theta|\theta \in \Theta_1)\mathrm{pr}(\theta \in \Theta_1) \tag{12.41}$$

とあらわすことにして,この事前分布 $f_\theta(\theta)$ に基づいて θ の事後分布を求めると,

$$
\begin{aligned}
f_{\theta|X}(\theta|x) &= \frac{f_{X|\theta}(x|\theta)f_\theta(\theta)}{\displaystyle\int_{D_\theta} f_{X|\theta}(x|\theta)f_\theta(\theta)d\theta} \\
&= \frac{f_{X|\theta}(x|\theta)f_\theta(\theta|\theta \in \Theta_0)\mathrm{pr}(\theta \in \Theta_0)}{\displaystyle\int_{D_\theta} f_{X|\theta}(x|\theta)f_\theta(\theta)d\theta} + \frac{f_{X|\theta}(x|\theta)f_\theta(\theta|\theta \in \Theta_1)\mathrm{pr}(\theta \in \Theta_1)}{\displaystyle\int_{D_\theta} f_{X|\theta}(x|\theta)f_\theta(\theta)d\theta}
\end{aligned}
$$

$$\tag{12.42}$$

を得る．ここで，右辺の各項を

$$\mathrm{pr}(\theta \in \Theta_0 | x) = \int_{D_\theta} \frac{f_{X|\theta}(x|\theta) f_\theta(\theta | \theta \in \Theta_0) \mathrm{pr}(\theta \in \Theta_0)}{\displaystyle\int_{D_\theta} f_{X|\theta}(x|\theta) f_\theta(\theta) d\theta} d\theta \tag{12.43}$$

$$\mathrm{pr}(\theta \in \Theta_1 | x) = \int_{D_\theta} \frac{f_{X|\theta}(x|\theta) f_\theta(\theta | \theta \in \Theta_1) \mathrm{pr}(\theta \in \Theta_1)}{\displaystyle\int_{D_\theta} f_{X|\theta}(x|\theta) f_\theta(\theta) d\theta} d\theta \tag{12.44}$$

とおくと，

$$
\begin{aligned}
\frac{\mathrm{pr}(\theta \in \Theta_0 | x)}{\mathrm{pr}(\theta \in \Theta_1 | x)} &= \frac{\displaystyle\int_{D_\theta} f_{X|\theta}(x|\theta) f_\theta(\theta | \theta \in \Theta_0) \mathrm{pr}(\theta \in \Theta_0) d\theta}{\displaystyle\int_{D_\theta} f_{X|\theta}(x|\theta) f_\theta(\theta | \theta \in \Theta_1) \mathrm{pr}(\theta \in \Theta_1) d\theta} \\[2mm]
&= \frac{\mathrm{pr}(\theta \in \Theta_0) \displaystyle\int_{D_\theta} f_{X|\theta}(x|\theta) f_\theta(\theta | \theta \in \Theta_0) d\theta}{\mathrm{pr}(\theta \in \Theta_1) \displaystyle\int_{D_\theta} f_{X|\theta}(x|\theta) f_\theta(\theta | \theta \in \Theta_1) d\theta}
\end{aligned}
\tag{12.45}
$$

が得られる．(12.45) 式を**事後オッズ** (posterior odds) という．事前オッズの場合と同様に，事後オッズが 1 を超えていれば仮説 H_0 が起こりやすく，1 を下回れば仮説 H_1 が起こりやすい，そして 1 であればどちらの仮説も同程度に起こりやすいということができるであろう．

(12.45) 式からわかるように，事後オッズは事前オッズの関数として記述されている．すなわち，事前オッズの値が非常に小さな値をとっていれば，データが追加されても仮説 H_0 が棄却される状況が変わることはないであろう．このことは，事後オッズを用いて帰無仮説と対立仮説のどちらを支持するのかといった判断を行った場合，その選択が事前分布に依存してしまう可能性があることを示唆する．この問題を回避するために，事後オッズを事前オッズで割った

$$\mathrm{BF} = \frac{\displaystyle\int_{D_\theta} f_{X|\theta}(x|\theta) f_\theta(\theta | \theta \in \Theta_0) d\theta}{\displaystyle\int_{D_\theta} f_{X|\theta}(x|\theta) f_\theta(\theta | \theta \in \Theta_1) d\theta} = \frac{\mathrm{pr}(x|\theta \in \Theta_0)}{\mathrm{pr}(x|\theta \in \Theta_1)} \tag{12.46}$$

が用いられる．これを**ベイズファクター** (Bayes factor) という．統計的にベイズファクターの値が小さい場合には相対的に帰無仮説よりも対立仮説が支持さ

れることになり，大きい場合には相対的に対立仮説よりも帰無仮説のほうが支持されることになる．

演習問題

問題 12.1 X を二項分布 $\mathrm{BN}(n, p)$ にしたがう確率変数とするとき，以下の事前分布を用いて p の EAP 推定量を求めよ．

(1) 無情報事前分布
(2) 共役事前分布
(3) ジェフリーズの事前分布

問題 12.2 例 12.2 を参考に，ベータ分布を事前分布とし，二項分布を尤度としたときのベイズ予測分布を導いてみよ．

参考文献

本書を執筆するにあたって，以下の文献を参考にさせていただいた．

[1] Berndt, E. R. and Savin, N. E. (1977). Conflict among criteria for testing hypotheses in the multivariate linear regression model. *Econometrics*, **45**, 1263-1278.

[2] Bickel, P. J., Hammel, E. A. and O'Connell, J. W. (1975). Sex Bias in Graduate Admissions: Data From Berkeley. *Science*, **187**, 398-404.

[3] Bortkiewicz, L. V. (1898). *Das Gesetz der kleinen Zahlen*, University of Wasington Library.

[4] Curtiss, J. H. (1942). A note on the theory of moment generating functions. *Annals of Mathematical Statistics*, **13**, 430-433.

[5] de Moivre, A. (1738). *The Doctorine of Chances*, London: Woodfall.

[6] Freedman, D., Pisani, R. and Purves, R. (2007). *Statistics, 4th edition*, WW Norton and Company.

[7] Pearl, J. (2009). *Causality, the 2nd edition*, Cambridge University Press.

[8] Rao, C. R. (2001). *Linear Statistical Inference and Its Applications, 2nd edition*. Wiley-Interscience.

[9] 赤平昌文 (2003). 統計解析入門，森北出版.

[10] 石井吾郎 (1968). 数理統計入門，培風館.

[11] 稲垣宣生 (2003). 数理統計学，裳華房.

[12] 掛下伸一 (1973). 確率論—統計基礎，サイエンス社.

[13] 岸正倫・藤本坦孝 (2000). 複素関数論，学術図書出版社.

[14] 久保川達也 (2017). 現代数理統計学の基礎，共立出版.

[15] 黒木学 (2009). 統計的因果推論 —モデル・推論・推測—，共立出版.

[16] 黒木学 (2017). 構造的因果モデルの基礎，共立出版.

[17] 小林貞一 (1977). 集合と位相，培風館.

[18] 洲之内源一郎 (1977). フーリエ解析とその応用，サイエンス社.

[19] 多賀保志 (1978). 理工系のための統計的推論 —推定・検定・予測，山海堂.

[20] 高橋渉 (1999). 微分積分学，横浜図書.

[21] 竹之内脩 (1980)．ルベーグ積分，培風館．

[22] 戸田暢茂 (1988)．微分積分学要論，学術図書出版社．

[23] 永田靖 (2003)．サンプルサイズの決め方，朝倉書店．

[24] 野田一雄・宮岡悦良 (1990)．入門・演習数理統計，共立出版．

[25] 間瀬茂 (2016)．ベイズ法の基礎と応用—条件付き分布による統計モデリングと MCMC 法を用いたデータ解析—，日本評論社．

[26] 松原望 (2010)．ベイズ統計学概説—フィッシャーからベイズへ—，培風館．

[27] 柳川堯 (2018)．P 値：その正しい理解と適用，近代科学社．

[28] 柳川堯 (1990)．統計数学，近代科学社．

[29] 山田秀・松浦峻 (2019)．統計的データ解析の基本，サイエンス社．

付表　正規分布表

$$\Phi(z) = \frac{1}{\sqrt{2\pi}} \int_{-\infty}^{z} e^{-x^2/2} dx$$

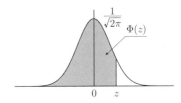

z	0.00	0.01	0.02	0.03	0.04	0.05	0.06	0.07	0.08	0.09
0.0	0.5000	0.5040	0.5080	0.5120	0.5160	0.5199	0.5239	0.5279	0.5319	0.5359
0.1	0.5398	0.5438	0.5478	0.5517	0.5557	0.5596	0.5636	0.5675	0.5714	0.5753
0.2	0.5793	0.5832	0.5871	0.5910	0.5948	0.5987	0.6026	0.6064	0.6103	0.6141
0.3	0.6179	0.6217	0.6255	0.6293	0.6331	0.6368	0.6406	0.6443	0.6480	0.6517
0.4	0.6554	0.6591	0.6628	0.6664	0.6700	0.6736	0.6772	0.6808	0.6844	0.6879
0.5	0.6915	0.6950	0.6985	0.7019	0.7054	0.7088	0.7123	0.7157	0.7190	0.7224
0.6	0.7257	0.7291	0.7324	0.7357	0.7389	0.7422	0.7454	0.7486	0.7517	0.7549
0.7	0.7580	0.7611	0.7642	0.7673	0.7704	0.7734	0.7764	0.7794	0.7823	0.7852
0.8	0.7881	0.7910	0.7939	0.7967	0.7995	0.8023	0.8051	0.8078	0.8106	0.8133
0.9	0.8159	0.8186	0.8212	0.8238	0.8264	0.8289	0.8315	0.8340	0.8365	0.8389
1.0	0.8413	0.8438	0.8461	0.8485	0.8508	0.8531	0.8554	0.8577	0.8599	0.8621
1.1	0.8643	0.8665	0.8686	0.8708	0.8729	0.8749	0.8770	0.8790	0.8810	0.8830
1.2	0.8849	0.8869	0.8888	0.8907	0.8925	0.8944	0.8962	0.8980	0.8997	0.9015
1.3	0.9032	0.9049	0.9066	0.9082	0.9099	0.9115	0.9131	0.9147	0.9162	0.9177
1.4	0.9192	0.9207	0.9222	0.9236	0.9251	0.9265	0.9279	0.9292	0.9306	0.9319
1.5	0.9332	0.9345	0.9357	0.9370	0.9382	0.9394	0.9406	0.9418	0.9429	0.9441
1.6	0.9452	0.9463	0.9474	0.9484	0.9495	0.9505	0.9515	0.9525	0.9535	0.9545
1.7	0.9554	0.9564	0.9573	0.9582	0.9591	0.9599	0.9608	0.9616	0.9625	0.9633
1.8	0.9641	0.9649	0.9656	0.9664	0.9671	0.9678	0.9686	0.9693	0.9699	0.9706
1.9	0.9713	0.9719	0.9726	0.9732	0.9738	0.9744	0.9750	0.9756	0.9761	0.9767
2.0	0.9772	0.9778	0.9783	0.9788	0.9793	0.9798	0.9803	0.9808	0.9812	0.9817
2.1	0.9821	0.9826	0.9830	0.9834	0.9838	0.9842	0.9846	0.9850	0.9854	0.9857
2.2	0.9861	0.9864	0.9868	0.9871	0.9875	0.9878	0.9881	0.9884	0.9887	0.9890
2.3	0.9893	0.9896	0.9898	0.9901	0.9904	0.9906	0.9909	0.9911	0.9913	0.9916
2.4	0.9918	0.9920	0.9922	0.9925	0.9927	0.9929	0.9931	0.9932	0.9934	0.9936
2.5	0.9938	0.9940	0.9941	0.9943	0.9945	0.9946	0.9948	0.9949	0.9951	0.9952
2.6	0.9953	0.9955	0.9956	0.9957	0.9959	0.9960	0.9961	0.9962	0.9963	0.9964
2.7	0.9965	0.9966	0.9967	0.9968	0.9969	0.9970	0.9971	0.9972	0.9973	0.9974
2.8	0.9974	0.9975	0.9976	0.9977	0.9977	0.9978	0.9979	0.9979	0.9980	0.9981
2.9	0.9981	0.9982	0.9982	0.9983	0.9984	0.9984	0.9985	0.9985	0.9986	0.9986
3.0	0.9987	0.9987	0.9987	0.9988	0.9988	0.9989	0.9989	0.9989	0.9990	0.9990
3.1	0.9990	0.9991	0.9991	0.9991	0.9992	0.9992	0.9992	0.9992	0.9993	0.9993
3.2	0.9993	0.9993	0.9994	0.9994	0.9994	0.9994	0.9994	0.9995	0.9995	0.9995
3.3	0.9995	0.9995	0.9995	0.9996	0.9996	0.9996	0.9996	0.9996	0.9996	0.9997
3.4	0.9997	0.9997	0.9997	0.9997	0.9997	0.9997	0.9997	0.9997	0.9997	0.9998
3.5	0.9998	0.9998	0.9998	0.9998	0.9998	0.9998	0.9998	0.9998	0.9998	0.9998

索 引

著者紹介

黒木 学 （くろき　まなぶ）

2001 年　東京工業大学大学院社会理工学研究科経営工学専攻博士後期課程修了.
同　年　東京工業大学大学院社会理工学研究科経営工学専攻 助手
2003 年　大阪大学大学院基礎工学研究科システム創成専攻 助教授
2011 年　統計数理研究所データ科学研究系 准教授
2016 年　統計数理研究所データ科学研究系 教授
2017 年　横浜国立大学大学院工学研究院知的構造の創成部門 教授（現職）
　　　　　この間，UCLA コンピュータサイエンス学科および北京大学数学科学学院において在外研究.
現　在　横浜国立大学大学院工学研究院 教授
　　　　　博士（工学）
専　攻　統計科学

主　著　『統計的因果推論―モデル・推論・推測―』（共立出版，2009，翻訳）
　　　　　『構造的因果モデルの基礎』（共立出版，2017）

数理統計学
―統計的推論の基礎―

Mathematical Statistics:
An Introduction to Statistical Inference

2020 年 1 月 31 日　初版 1 刷発行
2023 年 9 月 5 日　初版 4 刷発行

著　者　黒木 学 © 2020

発行者　南條光章

発行所　**共立出版株式会社**

〒112-0006
東京都文京区小日向 4-6-19
電話　03-3947-2511（代表）
振替口座　00110-2-57035
URL www.kyoritsu-pub.co.jp

印　刷　藤原印刷
製　本

一般社団法人
自然科学書協会
会員

検印廃止
NDC 417

ISBN 978-4-320-11429-6　Printed in Japan